KB056299

마스

LIFE ON MARS
by David A. Weintraub

Copyright ⓒ 2018 by Princeton University Press
All right reserved.

No part of this book may be reproduced or transmitted in any form or by any means,
electronic or mechanical, including photocopying, recording or by any information storage
and retrieval system, without permission in writing from the publisher.

Korean translation copyright ⓒ 2018 by Yeamoon Archive Co., Ltd.
Korean translation rights arranged with Princeton University Press through EYA(Eric Yang Agency).

MARS

마스

화성의 생명체를 찾아서

데이비드 와인트롭

홍경탁 옮김

예문아카이브

▌일러두기

- 본문의 각주와 미주는 모두 지은이의 것입니다.
- 본문에 등장하는 기관, 기업, 학회, 프로젝트 이름이나 신문, 잡지, 논문, 기사 제목 중 현재 통용되는 표기법이 없는 경우 상황에 따라 단어 뜻을 해석하거나 소리 나는 대로, 또는 혼용해서 표기했습니다. 단, 약자 표기가 국제적으로 통용되는 명칭의 경우 처음에만 풀어서 쓰고 이후 알파벳 약자 그대로 표기했습니다. 예) 생방송 머큐리 극장(Mercury Theater on the Air), 달과 행성 연구소(Lunar and Planetary Laboratory), 지구물리학 연구저널(Journal of Geophysical Research), 마스 글로벌 서베이어(Mars Global Surveyor), 사이언티픽아메리칸(Scientific American), ESA(European Space Agency, 유럽우주국).

행성에 관해 쓰인 어처구니없는 글들이 너무 많다.
여전히 화성이 매우 중요한 과학적 조사 대상이라는 사실을 간과한다.

· 피터 밀먼, 천문학자 ·
"화성에는 식물이 있을까?" 〈스카이(SKY)〉 3월호, 10~11쪽, 1939년

* CONTENTS *

01 왜 화성인가? | 8

02 마션 | 22

03 망원경의 시대 | 53

04 상상 속의 행성 | 66

05 안개 낀 붉은 땅 | 77

06 지적인 생명체 | 95

07 그 많던 물은 어디에 | 105

08 운하의 건설자들 | 119

09 엽록소와 이끼 그리고 조류 | 156

10 바이킹, 닻을 내리다 │ 195

11 뜨거운 감자 │ 213

12 메탄 발견 │ 245

13 잡음 감지 │ 269

14 내일은 없다 │ 286

15 큐리오시티와 화성의 냄새 │ 312

16 화성인의 것 │ 334

주 │ 346

찾아보기 │ 369

▶ MARS ◀

01
왜 화성인가?

우주에 생명체는 우리뿐일까? 지구는 온갖 생물이 존재하는 우주에서
유일한 생명의 오아시스일지도 모른다. 반대로 우주에는 생명체가 사는
행성이 무수히 많을 수도 있다. 만일 생명체가 흔하다면, 적절한 환경과
필수적인 기본 물질이 제공될 때 생명체가 쉽게 탄생할 수 있다면, 이웃
행성 화성에도 어떤 형태든 생명체가 살지 말란 법은 없을 것이다. 만일
지구의 생명체와는 독립적인 기원을 가진 생명체가 화성에서 발견된다
면, 우리는 안심하면서 "생명체는 우주 전역에 걸쳐 흔한 것"이라는 예측
을 할 수 있을 것이다. 더욱이 그런 발견은 매우 특별한 것이다. 그래서
화성이 중요하다.

화성은 그리스에서는 '아레스(Ares)', 로마에서는 '마르스(Mars)', 바빌
로니아에서는 '니르갈(Nirgal)', 인도에서는 '망갈라(Mangala)' 또는 '앙
가라카(Angaraka)'라는 '전쟁의 신'으로, 중국에서는 '불의 별(火星)'로 불
리면서 아주 오래전부터 관심을 끌어왔다. 잉카인들은 화성을 '아카쿠

(Auqakuh)'라고 불렀으며, 수메르인들은 '시무드(Simud)', 히브리인들은 '마딤(Ma'adim)'이라는 이름을 붙였다.

유사 이래 어디에서건 화성의 이름이 없던 적은 없었다. 하늘을 바라볼 수 있는 한 인류는 화성을 관찰해왔다. 고대 그리스인들이 '방랑하는 별'이라 불렀던 화성은 행성 중에서 더욱 특별하다. 지구에서 보면 밝기는 금성, 목성, 토성과 비슷하지만, 대체로 붉은 빛을 띠고 있는 화성은 망원경 없이 봐도 밤하늘의 행성 가운데 가장 화려하다. 그것이 화성의 매력일지도 모르겠다. 또한 화성의 그런 매력 때문에 신으로 가득한 고대의 하늘에서, 신화로 수놓인 천체에서, 사람들의 상상 속에서, 가장 가보고 싶은 특별한 곳인지도 모르겠다.

인류는 욕망과 상상력에 이끌리면서 오랫동안 화성의 생명체에 매료됐다. 수천 년 인류 역사에서 인간은 모든 문화에서 화성이라는 밝게 빛나는 붉은 행성에도 생명체가 존재하리라는 중세와 르네상스 시대의 기대감이 결합된 막대한 신화적 중요성을 부과했다. 그런 역사로 인해 화성이 지구와 비슷할 것으로 기대하게 된 천문학자들은 그들이 찾고 싶은 것을 발견하게 됐는지도 모른다. 망원경 발명 이후 화성의 모습을 자세히 볼 수 있게 되면서, 태양에서 네 번째로 가까운 행성인 화성이 생명과 관련한 많은 유사점을 지구와 공유한다는 사실이 드러났다. 그와 같은 사실을 인지하게 된 천문학자들이 화성에도 분명히 생명체가 살고 있으리라는 결론을 내린 것은 당연했다.

이제 인류가 화성을 식민화하게 될지도 모를 시점이 가까이 다가오고 있다. 따라서 우리는 우리 모두가 져야 하는 화성 생명체에 관한 역사적 부담을 이해해야 한다. 오늘날 과학자들이 이 붉은 행성을 조사하고 연구할 수 있는 원동력은 지난 400여 년 동안 이어온 화성 발견의 역사가 동기를 부여한 데에서 나왔기 때문이다.

화성에 생명체가 존재할까? 아마도 그럴 것이다. 그렇다면 화성인들 (Martians)은 작고 초록색일까? 그렇지 않을 것이다. 지표면 아래 물이 저장된 곳에 서식한 화성 최초의 미생물이 아직 살아있을까? 그럴 수도 있을 것이다. 오래 전 있었던 큰 충돌로 인해 화성에서 지구 또는 지구에서 화성으로 생식 세포가 전달될 수 있었을까? 그랬을 확률이 높을 것이다.

생명을 구성하는 가장 중요한 6가지 원소인 탄소(C), 산소(O), 질소(N), 수소(H), 인(P), 황(S)은 사실상 우주 어디에나 존재한다. 알려진 바와 같이 화학적 생명의 근간을 이루는 것은 탄소이며, 탄소는 화성에 풍부하게 존재한다. 화성에는 아미노산과 DNA의 필수 요소인 질소와 인도 많다. 화성에는 물이 있으며, 물은 수소와 산소로 이뤄져 있어서 두 원자가 결합하면 물이 되고 다른 화학적 과정을 거치면 분리돼 쉽게 구할 수 있다. 황은 설탕, 단백질, 핵산 등에 존재하는데, 이 또한 화성에 많다.

화성은 적어도 화학적으로는 생명체가 탄생하고 생존하는 데 필요한 모든 것을 갖추고 있다. 게다가 화성은 태양이 탄생한 이후 45억 년 중 일부를 태양계의 '골디락스 영역(Goldilocks zone)'에 있었다. 생명체 서식 가능 지대인 골디락스 영역에 있으면 특정 계절 동안은 기온, 기압, 밀도가 적당하기 때문에 액체 상태의 물이 화성 표면이나 표면 아래에 존재할 수 있다.

그러므로 원칙적으로 화성에는 생명체가 살 수 있다. 생명체가 탄생하는 장소가 될 수도 있고, 그곳에 오게 된 생명체를 양육할 수 있는 환경이 될 수도 있다. 또한 화성은 천문학자들이 최근에 발견한 항성 주변의 골디락스 영역에 위치한 다수의 행성에 생명체가 존재할 수 있는 가능성을 파악하는 데 도움이 되는 모델이 될 수도 있다.

일부 과학자들은 태양계의 생명체가 화성에서 처음 탄생했으며, 대규모 소행성이 화성과 충돌해 화성의 암석이 우주 공간에 흩어질 때 우연히 지구에 오게 됐을 수도 있다고 추론한다. 그게 아니라면, (역학적으로 더 어렵겠지만) 지구에서 먼저 생명체가 탄생했고 지구에 발생한 충격에 의해 생명체가 화성으로 옮겨졌을 수도 있다. 이 경우 화성이 다른 곳에서 형성된 생명의 형태를 양육하는 역할을 했을 수 있다.

지구와 화성은 대략 비슷한 시기인 약 45억 년 전에 태양 주변을 공전하는 가스와 먼지로 이뤄진 원반에서 형성됐다. 대규모의 소행성과 수많은 혜성이 수억 년 동안 (아마도 끊임없이) 지구와 화성의 표면을 초토화시켰던 초기 형성 기간을 겪고 난 뒤 태양계는 비로소 안정됐다. 행성에 단단한 땅이 생길만큼 온도가 내려가자, 지구와 화성의 표면에도 액체 상태의 물이 고이기 시작했다.

적어도 이들 두 행성 가운데 한 곳에서는 이런 초기 형성을 마친 뒤 얼마 지나지 않아 생명체가 등장했다. 최근 오스트레일리아의 지질학자 앨런 너트먼(Allen Nutman) 교수 연구 팀은 지구상에 최초의 생명체가 나타난 때가 37억 년 전이라고 주장했다. 너트먼 팀은 그린란드 이수아(Isua)에 있는 한 암석 지층에서 겹겹이 쌓인 암석 자체가 '스트로마톨라이트(stromatolite)'라는 사실을 발견했다.[1] 그런 암석은 시아노박테리아(cyanobacteria)와 같은 미생물의 화석이 점점 성장해 광물의 퇴적층을 구성하며 형성된다. 너트먼 팀의 연구에서 우리는 지구의 나이가 불과 8억 년에 불과했을 때는 지구의 얕은 바다에 스트로마톨라이트가 많았다는

오스트레일리아 햄린(Hamlin) 만의 해양 스트로마톨라이트.
_Kristina D. C. Hoepper, https://www.flickr.com/photos/dangerpudding/8613568728/

사실을 알 수 있다. 놀랍게도 생명체는 형성되자마자 지구에 정착한 것이 틀림없다. 마찬가지로 화성 역시 화성의 나이가 8억 년일 때는 기후가 따뜻하고 습기가 많았을 것이다. 그렇다면 비슷한 시기에 화성에 생명체가 형성돼 정착했을 수 있다. 따라서 스트로마톨라이트가 젊은 지구에 존재한다는 것은 젊은 화성에도 얕은 호수에 초기 생명체의 화석이 있었을 것이라는 사실을 강하게 암시한다.

화성은 의심할 여지없이 우리가 우주에서 외계 생명체를 발견할 수 있는 가장 가까운 곳이다. 수세기 동안 천문학자들은 화성에 생명체가 존재한다는 단서를 발견했다고 끊임없이 주장해왔다. 하지만 지금까지 이런 발견은 사실이 아니라고 밝혀지거나 거센 논란에 휩싸였다. 지금까지도 학계는 화성에 생명체가 있는지 또는 있었는지에 관한 질문에 어떻게 답해야 하는지 과학적인 합의는커녕 그와 비슷한 어떤 의견도 제시하지 못하고 있다. 이처럼 다양하면서도 많은 논란을 불러일으키는 주장이 끊이지 않는다는 사실은, 한때 화성에 생명체가 번성했다거나 심지어 현재에도 존재하고 있을지 모른다는 흥미로운 가능성을 보여준다. 그러나 여전히 화성에 생명체가 있었다거나 지금도 있다는 사실을 입증할 만한 논박 불가능한 단서는 없다. 확실한 결론을 내리기에는 여전히 증거가 부족한 것이다.

화성에서 생명체를 발견한다면 두말할 것도 없이 과학사에서 가장 근본적이고 중대한 발견이 될 것이다. 동시에 어마어마한 윤리적·도덕적 우려를 불러일으킬 것이다. 나아가 과학자들이 화성에 생명체가 존재한다는 결론을 내린다면, 생명체가 서식하고 있는 화성을 식민화하는 문제가 가장 중요한 이슈로 떠오를 것이다. 인류에게 다른 행성으로 이동할 수 있는 기술이 있다는 이유만으로 이계에 사는 생명체를 혼란에 빠뜨릴 수도 있는 행동을 할 권리가 있을까? 일부 윤리학자들은 화성이 생물학적으로 몇 종의 미생물이 모여 사는 행성에 불과하다면 정착해도 되겠지만, 다세포 생물이 존재하는 곳이라면 그것들을 방해해서는 안 된다고 주장하기도 한다.

이런 모든 논의를 차치하고, 그렇다면 인류는 언제쯤 화성에 갈 수 있을까? 미국항공우주국(National Aeronautics and Space Administration, 이하 NASA)은 2030년대까지 화성에 사람을 보내고 다시 지구로 안전하게 귀환하는 프로젝트를 진행하고 있다. 그런데 화성에 도달하는 일정이 지나치게 낙관적일 가능성이 높아서 점차 예상 일정을 뒤로 조정하고 있다. 그럼에도 불구하고 이번 세대 내에 우주비행사를 화성에 보낼 계획이다. 현재 달 궤도 안에 우주정거장을 건설하는 등 달 주변 개발이 제1단계에 포함돼 있는데, 이 우주정거장은 더 먼 우주, 달 너머 훨씬 먼 곳으로 향하는 관문이 될 것이다.

인간을 달과 화성으로 보내는 NASA의 임무는 플로리다 케이프커내버럴(Cape Canaveral)에 위치한 케네디우주센터(Kennedy Space Center)에서 시작될 것이다. 이곳에서 진행하고 있는 인간을 달 너머로 보내는 목표를 지원하도록 설계된 신형 추적 시스템 개발이 이미 완성 단계에 이르렀다. 우주 발사 시스템(Space Launch System, 이하 SLS)이 완성되면 아폴로 계획에서 달 탐사에 사용했고 135톤을 달의 궤도에 올릴 수 있었던 새턴 V(Saturn V) 로켓보다 20퍼센트 이상 강력해질 것이며, 우주 왕복 계획을 위해 개발됐고 오랜 사용으로 그 유효성이 입증된 로켓 기술과 동일한 기술을 이용해 제작될 것이다.

SLS의 엄청난 능력 덕분에 오리온 다목적 유인 우주선(Orion Multi-Purpose Crew Vehicle)은 결국 우주비행사를 화성에 보낼 것이다. 오리온은 16개월간의 화성 왕복여행에서 우주비행사가 생활하는 공간을 제공한다. 2018년 완성을 목표로 제작 중인 SLS 발사체 블록 1(Block 1)은 77톤을 수송할 수 있다. SLS의 첫 임무는 달을 지나는 궤도에 우주선을 쏘아 올린 다음 발사체를 지구로 되돌려 보내는 일이다. 블록 1의 업그레이드 버전으로 SLS의 2단계 설계인 블록 1B는 115톤 수송을 목표로 하고 있다. NASA의 계획은 우선 우주비행사를 달 너머 지구 가까운 곳에 있는 소행성까지 보내려는 의도로 진행되고 있다. SLS의 3단계인 블록 2에는 블럭 1의 로켓 부스터를 고체 또는 액체 추진체로 바꾸는 계획이 포함돼 있다. 설계상으로는 143톤을 운반할 수 있다.

현재까지의 예상으로는 화성까지 우주비행사를 보낼 SLS의 최종 구성은 무게 약 3,000톤(승객과 화물을 가득 실은 보잉 747 여객기 10대에 해당하는 무게)에 이른다. 이륙 시 추진력은 약 4,200톤으로 머슬카 콜벳(Corvette) 엔진 20만 8,000여 개에 필적하며, 높이는 무려 111미터로 30층 건물보다 높다.

오리온의 첫 번째 무인 궤도 시험 비행은 2014년 12월에 있었다. SLS 로켓과 오리온 탐사선을 결합해 우주비행사 없이 달 너머로 가는 최초의 발사·비행 임무인 '탐사 임무-1(Exploration Mission-1)' 일정은 2019년으로 결정됐다.[2] 실제 우주비행사가 오리온에 탑승하는 '탐사 임무-2'의 일정은 2021년으로 정해졌지만 연기될 가능성이 높다. 최종적으로 화성에 가는 탐사 임무-2는 2020년 말에 달 궤도의 우주정거장까지 가는 1년 동안의 유인 임무부터 시작될 것이다. 2030년대까지 NASA는 우주비행사의 생명 유지에 필요한 화물을 화성 궤도까지 보낸 뒤 다시 지구로 수송하는 데 필요한 시스템을 테스트할 예정이다.

화성에 우주비행사를 보낸 뒤 우주비행사가 살아서 화성 표면에 착륙한 다음 다시 화성을 떠나 지구로 안전하게 귀환하는 일은 아직까지는 NASA의 역량에서 벗어나 있다. 화성의 중력은 달의 약 2.5배다. 그렇기 때문에 우주비행사가 안전하게 착륙하려면 역추진 로켓을 이용하거나 우주선을 끌어당기는 중력 가속도를 줄여줄 다른 착륙 장치를 설계해야 한다. 마찬가지로 화성에서 우주선을 발사해 지구로 돌아오는 일은 우주비행사가 달에서 귀환하는 일보다 훨씬 커다란 도전이다. 지구에서 화성으로 가고 화성에서 지구로 돌아오는 일은 물론 화성에서 살기 위한 계획의 일부일 뿐이다. 그렇지만 NASA는 궁극적으로 화성에 식민지를 건설한다는 상상력 넘치는 계획을 세워놓았다.

우주를 탐험하고 화성에 가려는 야심찬 계획은 NASA의 전유물만은 아니다. 전기자동차로 유명한 테슬라(Tesla)의 CEO 일론 머스크(Elon Musk)는 2002년 민간 우주개발 기업 스페이스엑스(SpaceX)를 창립하면서 화성에 인류의 식민지를 건설하는 것이 자신의 목표라고 밝힌 바 있다. 말로만 그치지 않고 스페이스엑스는 이미 우주선 드래곤(Dragon)을 제작해 국제 우주정거장에 화물을 수송하는 데 성공했다. 드래곤은 언젠가는 우주비행사를 태우고 우주정거장으로 올라가 더 먼 우주로 가게 할 수 있을 것이다. 스페이스엑스가 현재 사용하는 발사체는 이단 로켓인 팰컨 9(Falcon 9)로서 최대 출력 보잉 747 5대의 추진력을 낼 수 있고 28톤을 궤도로 수송할 수 있다. 2015년 12월 팰컨 9의 1단 로켓 부분이 재사용을 위해 지구에 안전하게 착륙했으며 2017년 5월에는 1단 로켓을 재사용하는 데 성공했다. 스페이스엑스는 현재 55톤을 궤도에 올릴 수 있는 훨씬 강력한 로켓인 팰컨 헤비(Falcon Heavy)를 연구 중이다.

2016년 6월 일론 머스크는 〈워싱턴포스트(Washington Post)〉와의 인터뷰에서 2018년 화성에 무인 우주선을 보내는 대담한 계획을 처음으로 언급했다. 그후 2016년 9월 멕시코 과달라하라(Guadalajara)에서 열린 국제 우주비행사 대회(International Astronautical Congress, 이하 IAC)에서 자신의 계획을 더 자세하게 설명했다. 그리고 2년 뒤 오스트레일리아 애들레이드(Adelaide)에서 열린 IAC에서는 계획을 수정하면서 인류가 '다수의 행성에 사는 종(種)'이 되는 것에 관해 말했다.

일론 머스크의 스페이스엑스에서 계획하는 발사체는 행성 간 수송 시스템(Interplanetary Transport System, 이하 ITS), 빅팰컨로켓(Big Falcon Rocket, 이하 BFR) 등 여러 이름으로 불리고 있는데, 31대의 랩터(Raptor) 로켓 엔진을 이용해 5,400톤의 추진력으로 150톤의 화물을 궤도에 올릴 수 있게 될 것이다. BFR은 그동안 스페이스엑스에서 사용하던 로켓과 우주선 팰컨 9, 팰컨 헤비, 드래곤을 모두 대체할 것이다. 현재 계획에 따르면 스페이스엑스에서 설계하고 있는 랩터 엔진은 탄소 섬유(carbon-fiber) 탱크에 연료인 액체 메탄(methane)과 액체 산소를 각각 저장해 우주 공간에서 연료를 공급한다. 그러면 BFR은 150톤을 모두 화성으로 수송하는 데 사용할 수 있다. 스페이스엑스는 2022년 ITS 두 대를 이용해 드래곤에 화물을 실어 보낼 계획이다. 극단적으로 공격적인 일정(실제로 많은 학자들과 기술자들이 비현실적이라고 말한다)에 따라 연달아 발사가 이어진다면, 스페이스엑스는 2024년까지 로켓 네 대를 발사할 수 있다. 두 대는 화물을 수송하고 두 대는 화성에 착륙해 식민지를 건설하면서 물을 찾아낼 100명의 탐사대를 수송할 것이다. 여러분이 SF 마니아라면 이 같은 일론 머스크의 계획이 킴 스탠리 로빈슨(Kim Stanley Robinson)의 3부작 《붉은 화성》《녹색 화성》《파란 화성》과 비슷하다는 사실을 눈치 챘을지도 모르겠다. 이 소설에서 2026년 인류 최초의 화성 식민지 주민 100명이 붉은 행성으로 떠난다.

이후 40년 동안 머스크는 무려 100만 명의 식민지 개척자를 화성으로 실어 나르고 화성의 기후를 지구와 비슷하게 만들려는 계획이다. 이른바 '테라포밍(Terraforming)' 프로젝트다. 그는 지구와 화성을 왕복하는 로켓이 정기적으로 운행하기 때문에 화성 주민들이 화성에 정착해서 살아갈 수도 있고 지구에 돌아올 수 있다고 주장한다. 하지만 화성 식민지 주민들이 다시 지구로 돌아올 수 있다는 가정은 치명적인 방사선에 노출되는 환경에서의 생존 여부 그리고 태양 에너지를 이용해 화성 지표면 아래와 대기에 저장된 물과 이산화탄소를 통해 지구로 돌아가는 데 필요한 메탄과 산소 연료를 만들어낼 수 있는지 여부에 따라 달라진다. 머스크의 이 대담한 계획은 수백에서 수천억 달러의 비용이 들어가며, 그가 아무리 부자라고 해도 개인이 자금을 조달하기에는 너무나 큰 액수다.

아마존(Amazon)의 CEO 제프리 베조스(Jeffrey Bezos)도 자신이 설립한 민간 우주 개발 기업 블루오리진(Blue Origin)을 통해 로켓을 만들고 있다. 궁극적으로는 화성에 식민지를 건설한다는 계획의 일환이다. 2016년 블루오리진은 미국 최초의 우주비행사 앨런 셰퍼드(Alan Shepard)의 이름을 딴 첫 번째 로켓 뉴셰퍼드(New Shepard)의 발사·착륙 탄도 비행을 성공시켰다. 블루오리진은 또한 미국 최초로 지구의 궤도를 비행한 우주비행사 존 글렌(John Glenn)의 이름을 딴 더 강력한 로켓 뉴글렌(New Glenn)을 개발하고 있다. 뉴글렌은 케네디우주센터에 건설 중인 대규모 시설에서 발사될 예정이다. 2020년 처음 소개될 뉴글렌은 3단 로켓으로서 재사용 가능한 1단 로켓이 107미터 높이의 발사체의 일부로 포함돼 있으며, 액체 수소와 액체 산소를 연료로 사용한다. 베조스는 이 프로젝트를 마치는 데 수십 년이 걸릴 것으로 예상하고 있다. 베조스는 우선 블루오리진의 로켓을 이용해 달 개척지를 건설하는 데 필요한 장비를 실은 화물과 위성을 쏘아 올리고자 한다. 그후 화성 식민지를 개척하는 문제에 눈길을 돌릴 것이다. 베조스는 이렇게 말했다.

"먼저 달에 집을 마련해야 화성에 가기가 편할 것입니다."[3]

미국의 NASA와 경쟁할 또 하나의 민간 기업으로 네덜란드의 마스원 (Mars One)이 있다.[4] 바스 란스도르프(Bas Lansdorp)와 아르노 빌더르스 (Arno Wielders)가 2011년 설립한 마스원은 2020년에는 화성에 무인우주 선을, 2031년에는 첫 번째 승무원들을, 2033년에는 두 번째 승무원들을 보낼 계획이다. 마스원은 2013년부터 우주비행사를 선발하기 시작했으 며, 2017년부터 첫 번째 승무원들을 선발해 화성으로 가는 편도비행에 대비한 훈련을 시작했다. NASA, 스페이스엑스, 블루오리진과는 달리 마스원은 로켓이나 발사 시스템, 착륙선, 생명 유지 장치, 탐사 로버 등 을 설계하거나 제작하지 않는다. 대신 필요한 모든 것은 기존의 항공우 주 기업에서 구매할 예정이다. 마스원이 실제로 탐사 장치를 구매할지는 아직 두고 봐야 한다.

최근 또 다른 참가자가 화성 개척 계획을 발표했다. 2017년 2월 아랍 에미리트 두바이(Dubai)에서 열린 세계정상회담에서 두바이의 왕이자 아랍에미리트의 부대통령 셰이크 무함마드 빈 라시드 알 막툼(Sheikh Mohammed bin Rashid Al Maktoum)은 100년 이내에 아랍에미리트가 화 성에 도시를 건설하겠다는 포부를 밝혔다.[5] 아랍에미리트의 화성 2117 프로젝트는 현재로서는 구상에 불과하지만 아랍에미리트는 이미 2014 년에 담당 기관을 설립했고, 1971년 영국으로부터 정치적으로 독립한 지 50주년이 되는 2021년까지 화성에 무인 탐사선을 보낼 계획이다.[6]

이처럼 많은 사람이 화성에 관심을 기울이는 이유는 화성에 생명체가 존재할 가능성, 즉 미래에 우리가 화성에서 살거나 화성에 원래부터 생 명체가 존재하고 있을 가능성 때문이다. 현재 화성에 생명체가 살고 있 다면 어떨까? 21세기에 우주비행사가 화성에 개척지를 건설한다면 어떻게 될까? 유럽의 첫 번째 개척민이 천연두, 홍역, 백일해, 가래톳 페스트, 이질 등을 이 같은 질병에 속수무책인 신세계에 전파하면서 죽음과 파멸을 불러왔듯이, 우리가 화성에 죽음과 파멸을 불러오는 것은 아닐까? 더욱이 유럽인들이 가져온 말과 돼지는 생존 경쟁에서 토종 야생동물보다 우세한 경우가 많았다. 구세계의 질병과 동물이 신세계의 생물을 파괴해버렸다. 인류는 또한 오지의 야생지역을 보호하는 데 좋은 결과를 냈던 적이 없다. 북극과 남극 그리고 아마존의 생태계는 모두 수렵과 지구 온난화 등 인류 문명의 침범 위협에 시달리고 있다. 인간에게 북극곰, 펭귄, 수달이 지구라는 행성에서 생존하도록 도와줄 집단적인 의지가 없는데 하물며 현미경으로 봐야 보일 만큼 작은 화성 생명체가 생존하는 데 도움을 줄 수 있을까?

그건 그렇고 그토록 작은 화성인이 중요하기는 할까? 그렇다. 지구에 기원을 둔 생명체와는 완전히 독립적인 제2의 생명체가 화성에 나타날 수도 있는 것이다. 박테리아 크기의 생명체가 자외선 복사와 우주선 (cosmic ray)을 피해 물을 구할 수 있는 바위 틈 깊숙한 곳에 산다고 할지라도, 미세한 크기의 화성 생명체는 우리가 우주의 생명체를 이해하는 데 놀랄 만큼 중요한 역할을 한다. 지구의 생명체와는 다른 화성 생명체는 우리에게 우주생물학(exobiology)에 대한 분명한 메시지를 전달한다. 생명은 조건이 허락하는 한 어디서나 존재한다는 사실 말이다.

또는 DNA 기반의 미세한 생명체가 발견된다면 우주생물학에 관한 중요한 메시지와 함께 인간 진화의 오랜 역사에 대한 단서를 얻을 수 있을 것이다. 일단 생명체가 탄생하면 생명체는 널리 퍼지기 때문에 우리가 화성인이든 화성인이 우리이든 간에 우리는 모두 친족이다. 설사 화성이 미세한 생명체는커녕 아무것도 살지 못하는 척박한 곳이라고 해도 태양계를 비롯해 은하와 우주에는 기대와는 달리 생명체가 존재하지 않을 수 있다는 사실을 알게 될 것이다. 그 답이 무엇이든 그 답은 매우 중요하다. 화성은 정말로 중요한 행성이다.

 화성에 갈 가능성이 높아지면서 이 이웃 행성에 생명체가 있는지 알아내야 하는 긴급한 과제가 주어졌다. 화성 궤도에 우주인 몇 명이 진입한다고 해서 화성이 오염될 위험은 거의 없다. 하지만 거주용 장비와 함께 인간이 화성에 착륙해 개척지를 건설한다면, 붉은 행성을 충분히 탐사해 생명체 존재 여부를 살펴보기도 전 그곳에 존재할지 모를 생명체를 의도치 않게 파멸시킬 수도 있다.

 앞으로 이어질 장에서 우리는 17세기부터 지금까지 화성에 생명체가 있는지 알아내고자 한 수많은 시도를 뒤쫓아갈 것이다. 그동안 나온 주장과 발견들에 대해 살펴보면서 우리가 화성에서 살기 전에 짚고 넘어가야 할 몇 가지 걱정거리도 생각해볼 것이다. 화성을 개척해야 하는지에 대한 우리의 판단을 정치인, 천문학자, 우주비행사, 우주 탐험 지지자들, 지갑이 두둑한 벤처 투자자들의 손에만 맡겨서는 안 된다. 우리 모두가 화성에 대해 제대로 알고 이에 관한 대중적 논의에 참여해야 한다.

02
마션

화성에 관한 인류의 집단적 사고는 화성의 천문학적 관측이 점차 발전했던 두 세기 동안 그 윤곽이 잡히기 시작했다. 17세기 말에서 19세기 중반까지 망원경 성능이 월등히 좋아지면서 천문학자들은 그 어느 때보다 선명한 화성 표면을 관측할 수 있었다. 이들은 망원경을 이용해 화성에 화성인이 존재할 가능성을 밝혀낼 단서를 찾을 것이라고 굳게 믿었다.

천문학자들이 화성과 지구 사이에 흥미로운 유사점이 있다는 사실을 알아내자 전세계 천문학계에서는 수십 년이 걸리는 화성의 지도를 만드는 작업에 착수했다. 19세기 천문학자들은 당시로서는 최신 측정 기구인 망원경을 이용해 화성의 대기에서 물을 발견했다. 아니 적어도 그렇게 믿었다. 천문학자들이 지구와 비슷하다고 밝혀낸 대륙과 바다 등 화성 표면의 모습이 담긴 지도와 함께 대기, 바다, 극지방 만년설 사이를 순환하는 물이 있다는 단서를 찾았다는 확고한 믿음 덕분에 사람들은 화성이 대부분의 측면에서 지구와 닮았다고 확신했다.

19세기 말에 이르러 두 사람의 천문학자, 이탈리아의 조반니 스키아파 렐리(Giovanni Schiaparelli)와 미국의 퍼시벌 로웰(Percival Lowell)은 화성 과 지구의 관계를 재구성하는 새로운 관점을 구축했다. 1878년 스키아 파렐리는 화성에서 최초로 '카날리(canali)'를 발견했다. 이탈리아어로 카 날리는 영어의 캐널(cannal)을 뜻하는 단어로서 운하, 해협, 협곡 등을 가 리킬 때도 사용된다. 1890년대에 로웰은 스키아파렐리의 카날리에서 한 걸음 더 나아가 카날리는 우수한 지능을 가진 화성인 기술자가 건설한 것 이라고 발표했다. 현재까지도 인류가 끊임없이 화성의 생명체 존재에 관 한 단서를 찾으려는 시도들은 스키아파렐리의 발견과 로웰의 자유로운 상상력 그리고 화성에 대한 자신들의 의견을 대중에게 알리려는 노력의 유산이다.

로웰은 미국 전역을 누비며 고대 화성 문명에 관한 아이디어로 대중의 관심을 끌었다. 당시 영국의 소설가 허버트 웰스(Herbert George Wells)가 《우주전쟁(War of Worlds)》을 발표했는데, 내용 중에 지구를 공격하는 화 성인 선발대가 등장한다.

"이제 우리는 20세기 초에 인간의 지능보다 훨씬 뛰어난 지능을 가졌 고, 그 지능만큼 치명적인 존재가 우리를 면밀히 관찰하고 있었다는 사 실을 알게 됐다."[1]

1938년 10월 30일 일요일 저녁 CBS 라디오 〈생방송 머큐리 극장 (Mercury Theater on the Air)〉이 방영될 때 오손 웰즈(Orson Welles)가 했던 첫 번째 대사다. 오손 웰즈는 허버트 웰스가 1898년에 발표한 이 원작 소 설을 현대적으로 각색해 방송하고 있었다. 오손 웰즈가 이어서 내레이션 한다.

"인류가 다양한 관심사로 바쁠 때, 인간이 현미경을 이용해 한 방울의 물에 존재하는 생명체가 증식하는 모습을 면밀하게 관찰하듯이 인간도 어떤 존재에 의해 분석되고 연구되고 있었다."

계속해서 드라마는 아나운서가 전해주는 미국 북동부의 기상예보로 이어지고, 청취자는 생방송으로 뉴욕 파크플라자 호텔 머리디언 룸(Meridian Room)에서 밴드가 연주하는 음악을 듣게 된다. 그때 갑자기 다른 아나운서가 음악 중간에 끼어들어 청취자에게 인터콘티넨털 라디오 뉴스(Intercontinental Radio News)가 전하는 속보라고 하면서 일리노이 주 제닝스 산 천문대(Mount Jennings Observatory) 패럴(Farrell) 교수의 육성을 전한다.

"화성에서 규칙적으로 강렬한 빛과 함께 가스가 폭발하는 모습이 관측됐습니다."

프린스턴대학교의 천문학자 리처드 피어슨이 이 놀라운 관측을 확인해주었으나 화성을 관측해온 대부분의 천문학자들은 이 폭발의 원인을 제대로 설명하지 못한다. 잠시 후 거대한 운석이 불꽃에 휩싸이며 지구 대기를 통과해 뉴저지 주 그러버스밀(Grovers Mill)에 있는 윌무스(Wilmuth) 가족 농장에 떨어졌다는 소식이 흘러나온다.

그런데 윌무스 농장을 강타한 물체는 운석이 아니었다. 그것은 거대하고 표면이 매끈한 원통형의 금속 물체로, 땅에 충돌한 직후 '철컥' 하는 소리가 났다고 목격자들이 말한다. 라디오 리포터 칼 필립스(Carl Phillips)가 신기하게도 그 순간 충돌 현장에 도착해 잿빛 뱀처럼 생긴 무언가가 어둠 속에서 꿈틀거리고 있다고 말한다.

"놈들이 점점 늘어납니다. 제가 보기엔 촉수 같습니다. 저기, 몸체가 보입니다. 엄청나게 큽니다. 곰처럼 크고 물에 젖은 것처럼 번쩍거립니다. 저 모습은, 아… 여러분 말로 표현할 수가 없습니다. 계속 쳐다보기가 어렵습니다. 눈은 검고 뱀처럼 반짝입니다. V자 모양의 입에서는 형태를 구별할 수 없는 입술이 떨리면서 침이 흘러나옵니다."

화성의 침략자들은 윌무스 농장에 모여든 주민들에게 화염을 쏟아 붓기 시작하고 불길이 닿는 범위 내에 있는 모든 것을 불태운다. 폭발음과 함께 필립스의 목소리가 끊기자 라디오 아나운서가 방송을 이어가고 진지한 어조로 말한다.

"여러분, 중대한 발표를 하려고 합니다. 놀랍기는 하지만 과학적 관측은 물론 육안으로 보기에도 오늘밤 뉴저지의 한 농장에 착륙한 괴물은 화성에서 온 침략군 선봉대라는 결론을 피할 길이 없어 보입니다."

언론 보도에 따르면 《우주전쟁》이 라디오 드라마로 방송된 직후 화성 침략군이 공격해올지 모른다는 공포심이 많은 사람들에게서 나타났다. 역사학자 리처드 케첨(Richard Ketchum)은 자신의 책《덤으로 주어진 세월(The Borrowed Years)》에서 이렇게 쓰고 있다.

"공포에 휩싸인 뉴욕 시민들은 아파트를 떠나 일부는 공원으로, 일부는 자동차를 타고 꽉 막힌 리버사이드 도로로 향했다. 철도역이나 버스 터미널도 사람들로 붐볐다. 샌프란시스코 시민이 보기에 뉴욕이 파괴되고 있는 것 같았다. 인디애나폴리스에서는 한 여성이 교회로 달려가 '뉴욕이 파괴됐어요! 세상의 종말이 왔어요! 집에 가서 죽음을 맞이하세요!'라고 외쳤다."[2]

어떤 보도에 따르면 공포는 전국적으로 나타났다.

"뉴저지에서는 공포에 휩싸여 외계인 침략자를 피해 도망가려는 시민으로 고속도로가 꽉 들어찼다. 사람들은 경찰에게 독가스를 피할 수 있는 마스크를 달라고 애걸했고, 전기 회사에 화성인들이 자신의 모습을 보지 못하도록 가동을 중지해달라고 요청했다."[3]

《우주전쟁》으로 인한 소동은 프린스턴대학교의 심리학자 해들리 캔트릴(Hadley Cantril)이 1940년 〈화성으로부터의 침략: 공포의 심리학에 관한 연구(The Invasion from Mars: A Study in the Psychology of Panic)〉라는 제목으로 발표한 논문을 통해 알려졌다. 할아버지 세대 때의 일이라 교육을 제대로 받지 못해 남의 말을 곧이곧대로 믿는 사람들이 많아서 그랬다고 생각할 수도 있겠지만 캔트릴의 연구에는 중대한 오류가 있었다. 공포심이 전국적으로 확산된 것은 아니었다.

사실 당시 라디오 방송을 듣는 청취자들은 많지 않았고, 듣는 사람들도 〈생방송 머큐리 극장〉에만 주파수를 맞추지는 않았다. 집단 히스테리 증상을 일으킨 극소수의 사람들은 대부분 뉴저지와 뉴욕 인근에 살고 있었다. 저술가 A. 브래드 슈왈츠(A. Brad Schwartz)는 2015년 출간한 《방송 히스테리: 오손 웰즈의 우주전쟁과 가짜 뉴스의 기술(Broadcast Hysteria: Orson Welles's War of the Worlds and the Art of Fake News)》이라는 책을 통해 당시 라디오 방송에서 화성인 침략 소식을 듣는 동안, 그리고 듣고 난 직후 청취자에게 무슨 일이 있었는지에 관해 잘못 알려진 사실들을 바로잡고 있다.

슈왈츠에 따르면 캔트릴은 《우주전쟁》 라디오 드라마의 영향에 대해 사실과 다른 결론을 도출했다.

"캔트릴의 연구 팀은 방송을 듣고 공포심을 느낀 사람들을 의도적으로 표본에 많이 사용했고, 방송이 허구라는 사실을 아는 청취자들의 데이터는 무시했다. 그리고 모든 자료에서 가장 공포심이 극심했던 지역으로 꼽는 뉴저지 지역의 청취자만 인터뷰의 대상으로 삼았다."[4]

슈왈츠는 이렇게 덧붙였다.

"청취자들은 대부분 그 방송을 올바르게 이해했지만, 공포심에 휩싸인 극소수의 사람들은 전파를 통해 전달된 이야기를 허구로 받아들이지 않았다. 그들 나름대로 방송에 나온 정보를 입증하려는 경우가 많았다. 아무리 미미한 공포일지라도 일부 청취자가 아무것도 모르는 사람들에게 거짓 정보를 전달해서 공포와 혼란을 널리 퍼뜨려야만 시작된다. 이런 행동은 '공포'라는 단어가 암시하는, 현실에서의 급작스런 집단 도피는 아니었다."[5]

그럼에도 불구하고 화성을 소재로 한 소설을 각색한 라디오 드라마를 기꺼이 진실이라고 믿은 청취자들이 있었다는 사실은, 1930년대까지 화성이 인간의 사고와 개념에 어떤 영향을 미쳤는지 시사하는 부분이 많다. 1930년대에 오손 웰즈가 〈생방송 머큐리 극장〉에서 《우주전쟁》을 방송할 때까지 그 방송을 듣는 청취자 중에는 화성인에 관한 책을 읽었던 사람들이 많았다.

조르주 뒤 모리에(George du Maurier)가 《화성인(The Martian)》을 쓴 것은 1897년으로, 허버트 웰즈의 《우주전쟁》과 같은 비슷한 시기였다. 조르주 뒤 모리에의 이 소설에는 한 인간의 몸에 사는 '마샤(Martia)'라는 화성인이 나온다. 마샤는 별똥별에 붙어 화성에서 지구로 왔고 거의 100년 동안 다양한 생물의 몸에 살다가 마침내 바티 조슬린(Barty Josselin)이라는 영국 작가의 몸을 선택한다. 이 밖에도 존 맥코이(John McCoy)의 《예언자의 사랑: 화성에서 지구로(A Prophetic Romance: Mars to Earth)》

(1896), 개러트 세르비스(Garret Serviss)의《에디슨의 화성 정복(Edison's Conquest of Mars)》(1898), 에드윈 레스터 아놀드(Edwin Lester Arnold)의 《걸리버 존스 중위: 그의 휴가(Lieut. Gullivar Jones: His Vacation)》(1905), 아놀드 갤로팽(Arnould Galopin)의《닥터 오메가(Doctor Omega)》(1906) 등 화성인에 관한 소설이 대거 등장했다. C. S. 루이스(C. S. Lewis)도 화성인을 소재로《침묵의 행성 밖으로(Out of the Silent Planet)》(1938)를 쓰기도 했다.

뒤 모리에의《화성인》이 나온 지 20년이 채 되지 않아 에드거 라이스 버로스(Edgar Rice Burroughs)는 자신의 초기 소설《화성의 존 카터(John Carter on Mars)》이야기를《화성의 달 아래서(Under the Moons of Mars)》 (1912)라는 제목의 연작으로 내놓았다. 엄청난 인기를 구가하던 버로스의 캐릭터 연합군 대위 존 카터가 지구에서 바숨(Barsoom, 버로스가 화성을 대신해 설정한 행성)으로 공간이동을 한다. 버로스는 30년 동안《화성의 공주(A Princess of Mars)》(1917)를 비롯해 10여 권의 소설을 출간했다. 이 연작 소설의 배경이 되는 화성은 낡고 건조하다는 점에서, 미친 과학자 그리고 녹색과 붉은색의 화성 전사가 등장한다는 점에서, 존 카터가 사랑에 빠지는 공주 등으로 묘사되는 화성 문명이 쇠퇴하고 있다는 점에서 퍼시벌 로웰의 그것과 매우 유사하다.

존 카터가 화성의 공주와 사랑에 빠질 때쯤 영화관에서 〈화성으로 가는 여행(A Trip to Mars)〉이 개봉했다(그것도 두 번씩이나). 제작사 에디슨프로덕션(Edison Production)은 1910년 첫 번째 〈화성으로 가는 여행〉을 선보였는데, 한 과학자가 중력을 반대로 작용하게 하는 분말을 발견한다는 내용의 5분짜리 영화였다. 반중력 분말을 구성하는 화학물질이 유출되자 그 과학자는 화성으로 공간이동을 하게 된다. 화성에서는 거대한 나무가 빽빽한 숲에서 팔 달린 나무들이 과학자를 잡으려고 달려들고 우리의 영웅은 숲을 탈출해야 한다.

두 번째 〈화성으로 가는 여행〉은 원래 《우주선(Himmelskibet)》이라는 덴마크 영화인데 1918년 제목을 바꿔 장편(80분) 무성 영화로 개봉됐다. 이 〈화성으로 가는 여행〉은 과학자로 이뤄진 팀이 화성으로 날아가 평화를 사랑하는 화성 문명과 조우하는 이야기를 보여준다.

한편 두 편의 〈화성으로 가는 여행〉이 개봉하던 중간 시기인 1913년 영국에서는 〈화성에서 온 메시지〉라는 상영 시간 1시간짜리 영화를 개봉했다. 리처드 갠토니(Richard Ganthoney)가 1899년 처음 공연한 희곡을 원작으로 하는 영화로, 지구인들을 도움으로써 스스로 구제받기 위해 지구로 온 화성인이 등장한다. 1934년 영화 〈화성의 호랑이 인간과의 행성 간 전투(An Interplanetary Battle with the Tiger Men of Mars)〉에서 주인공 벅 로저스(Buck Rogers)는 지구를 지키기 위해 전투에 뛰어들고, 1938년 총 15편에 이르는 시리즈 영화 〈플래시 고든의 화성 여행(Flash Gordon's Trip to Mars)〉에서 플래시 고든은 몽고(Mongo) 행성의 무자비한 악당 밍(Ming)이 화성에 설치한 광선총에 맞서 몇 주 동안 싸움을 벌인다.

1930년대 〈사이언티픽아메리칸(Scientific American)〉〈대중천문학(Popular Astronomy)〉〈사이언스뉴스(Science News)〉와 같은 과학 잡지를 읽었던 비과학 전공의 수많은 일반 교양인들은 화성인의 존재를 믿었다. 할리우드는 원작 소설을 읽지 않은 사람들을 위해 벅 로저스와 플래시 고든 말고도 화성인이 나오는 만화 영화를 제작했다. 〈고양이 펠릭스, 운명의 장난(Felix the Cat Flirts with Fate)〉(1926), 〈화성까지(Up to Mars)〉(1930),

〈행운의 토끼 오스왈트: 화성(Oswald the Lucky Rabbit: Mars)〉(1930), 〈스크래피의 화성 여행(Scrappy's Trip to Mars)〉(1937), 〈믿거나 말거나(Believe It or Else)〉(1939), 〈화성: 환상의 여행기(Mars: A Fantasy Travelogue)〉(1943), 〈화성에 간 뽀빠이 로켓(Popeye's Rocket to Mars)〉(1946) 등 매우 많았다.

화성을 중요하게 여기는 사람들에게 화성의 생명체는 '가정(if)'이 아니다. 화성의 생명체에 관한 공개적인 논쟁은 "화성인이 존재하는가?"라는 근본적인 의문이 아니라 "화성인은 어떤 존재일까?"에 관한 것이었다. 고도의 문명을 이룩한 화성인들이 침략군을 태운 우주선을 수천만 킬로미터 떨어진 행성에 보낸다는 상상력이 1938년 오손 웰즈의 라디오 드라마 청취자들에게 충격을 준 것은 놀라운 일도 아니다. 더 놀라운 것은 채 100년이 지나기도 전에 우리가 우주선을 발사해 태양계를 가로질러 화성에 지구인 침략군을 보낸다는 사실이다.

고대와 중세를 살았던 일부 위대한 사상가들에게 지구 이외의 세상은 생명체로 가득했다. 비록 이런 생각의 토대가 된 것은 지구 밖에도 생명체가 있어야 하는 철학적 선택이었지만 말이다.[6] 그리스의 철학자 에피쿠로스(Epicurus, 기원전 341~270)는 생명체로 가득한 다른 세상이 반드시 존재한다고 주장했다. 그는 이렇게 썼다.

"무수히 많은 세계가 존재한다. 우리와 비슷한 세상도 있고 그렇지 않은 세상도 있을 것이다. 하나의 세상에만 모든 것이 존재한다고, 동물과 식물의 근원이 포함돼 있다고 증명할 수 있는 사람은 없을 것이다."[7]

600여 년이 지나 누군가는 이렇게 주장했다.

"달은 지구와 같아서 생명체가 살며, 지구 동물보다 더 큰 동물과 아름답고 희귀한 식물이 서식한다."[8]

이후 종교학자들도 같은 결론을 내린다. 존경받는 유대교 권위자 모세스 마이모니데스(Moses Maimonides, 1135~1204)는 이렇게 말했다.

"육체적으로 엄청난 크기와 수를 자랑하는 존재에 대해 생각해보라. 인간이라는 종은 우월한 존재들과 비교할 때 가장 열등한 종이다. 내가 말하는 것은 천체와 별이다."[9]

그로부터 200년 뒤 로마 가톨릭 추기경 니콜라우스 쿠사누스(Nicolaus Cusanus, 1401~1464)는 이렇게 기록했다.

"생명체가 지구에서 인간과 동물과 식물의 형태로 존재하듯이 태양계와 항성의 영역에서는 더 고차원적인 형태로 발견될 수도 있는 것이다. 우리는 모든 지역에 생명체가 산다고 가정할 것이다. 태양계에는 태양을 비롯해 총명하고 개화된 생물과, 달에 사는 생명체처럼 영적으로 타고난 존재가 있다고 추측할 수 있다."[10]

이런 식의 사고는 이탈리아의 도미니코 수도회 사제이자 자연철학자 조르다노 브루노(Giordano Bruno, 1548~1600)에 이르러 정점을 이뤘다. 1584년 브루노는 《무한 우주와 모든 세계에 관하여(Dell' infinito universo e mondi)》라는 저서에서 "태양은 무수히 많고, 태양 주위에는 무한대의 지구가 태양을 중심으로 돌고 있으며, 불타는 세상 태양에도 생명체가 존재한다"고 말했다. 그러면서 "우리 지구와 정확히 같지는 않더라도, 더 고귀하지는 않더라도, 적어도 지구만큼 많은 생명체가 지구에서처럼 고귀하게 살 것"이라고 주장했다.[11]

로마 종교 재판소는 1600년 2월 17일 로마 캄포 데 피오레 광장에서 브루노를 화형에 처했다. 브루노가 사형 선고를 받은 이유를 정확히는 알 수 없다. 논란이 많았던 외계 생명체에 관한 브루노의 견해가 문제가 된 것은 사실이지만, 브루노가 이단으로 낙인찍힌 데에는 몇 가지 다른 이유가 있었다. 브루노는 그리스도가 눈속임으로 기적을 일으킨 솜씨 좋은 마법사라고 주장했고, 금서에 탐닉했으며, 삼위일체와 재림, 지옥의 존재 여부, 성찬전례 때 사제가 축성하는 순간 빵과 포도주가 그리스도의 몸과 피로 변한다는 '화체설(化體說, transubstantiation)' 등에 대해 가톨릭의 기존 교리와 어긋나는 관점을 가졌다는 혐의로 고발당한 것이었다.[12]

갈릴레오가 망원경을 발명해 인류를 관음증 환자로 만들기까지 우리는 다섯 행성과 태양, 달이 존재한다는 것 말고는 천체가 어떻게 생겼는지 전혀 알지 못했다. 태양과 달, 행성에 생명체가 있다는 주장을 포함한 모든 생각은 그저 추측일 뿐이었다. 그 무렵인 1610년 갈릴레오 갈릴레이(Galileo Galielei)는 네덜란드의 안경 제조업자 한스 리퍼세이(Hans Lippershey)가 새롭게 개발한 망원경을 이용해 천문학자들에게 하늘의 장막을 여는 방법을 알려주었다. 이후 수십 수백 년에 걸쳐 형이상학, 즉 과학적 근거에 바탕을 두기보다는 이성적 사유를 근간으로 설명하는 물리학 저편의 학문은 태양을 중심으로 한 궤도에 여러 행성이 공전하고 있다는 지동설에 자리를 내주었지만, 그 이후로도 인류의 지식은 지속적으로 철학적인 편향에 영향을 받았다.

망원경이 등장하면서 인류의 지성이 그동안 천 년 넘게 성장하며 발견한 '충만의 원리(principle of plenitude, 존재할 수 있는 모든 형태는 우주에 나타난다)'는, 답할 수 없는 것으로 보였던 르네상스 시대 학자들의 질문에 명확한 답을 제공했다. 다른 행성에 생명체가 존재하는가? 존재한다. 충만의 원리에 따라 외계 생명체는 반드시 존재한다. 왜냐하면 신의 선의에 따르면 금성, 화성, 목성, 토성, 달 그리고 태양까지 모든 세계에 신을 숭배하는 지적인 생명체가 살아야 하기 때문이다.

결국 충만의 원리에 따르자면 신이 그런 존재를 창조한 이유는 그런 존재에게 숭배받기 위해서다. 외계 생명체가 반드시 존재한다는 믿음과 갈릴레오의 기술적 혁신 덕분에 외계 생명체는 자신이 사는 행성과 지구 사이를 가로막는 '공간의 깊이'라는 보호막 너머 천문학자들이 보이지 않는 곳으로 숨지 못하게 됐다. 망원경을 통해 육안으로 화성을 본 뒤에도 인류는 가장 가까운 이웃 행성에 생명체가 존재한다고 믿었다.

하지만 망원경이 존재하는 근대라는 세상에 태어난 학자들이 규칙을 바꿔버렸다. 자연주의 철학과 형이상학은 데이터 중심의 과학과 실험 물리학에 자리를 내주었다. 17세기에는 갈릴레오 갈릴레이와 로버트 보일(Robert Boyle)과 같은 총명한 관찰자와 요하네스 케플러(Johannes Kepler), 아이작 뉴턴(Isaac Newton)과 같은 수학 천재의 계산에 의한 측정으로 새로운 지식이 탄생해 형이상학의 낡고 진부한 개념, 즉 아리스토텔레스의 지구 중심적 우주론과 프톨레마이오스(Ptolemaios)의 주전원(周轉圓, epicycle) 개념을 역사의 쓰레기통으로 던져버렸다.

비록 느리지만 착실하고 확실하게 이탈리아의 조반니 도메니코 카시니(Giovanni Domenico Cassini)와 네덜란드의 크리스티안 하위헌스(Christiaan Huygens)와 같은 17세기의 위대한 천문학자들이 그 어느 때보다 발전한 망원경을 이용해 진지하게 관측하면서 달과 태양, 다른 다섯 행성에 사는 상상의 이웃을 추적하기 시작했다. 천문학적 지식은 앞선 시대의 추측을 대체했고, 태양계는 점차 인류에게 외로운 장소가 되어갔다. 마침내 화성은 외계 생명체가 존재할지 모르는 태양계의 유일한 장소로 남게 될 참이었다. 그 시점에서 지구 너머에 생명체가 살 가능성을 찾으려는 천문학자들의 지성적·감성적 에너지는 모두 오롯이 하나의 행성에 집중됐다.

달에 생명체가 있을까? 달에는 아무런 도움 없이 눈에만 의존해서 달을 관측했던 고대인들에게도 분명히 보이는 어두운 얼룩이 있다. 그리고 그 주위를 그보다는 밝고 넓은 지역이 감싸고 있다. 고대에서부터 천문학자들은 달의 어두운 얼룩을 '바다'라고 불렀다. 지구의 바다를 우주 공간에서 본다면 주위에 있는 모래 빛깔의 대륙보다 어두워 보일 것이라고 생각했기 때문이다. 지구의 커다란 물웅덩이와 색깔과 모양이 비슷하게 보였기 때문에 달에 있는 바다 역시 물로 가득 차 있으리라고 추정했다. 밝게 보이는 넓은 지역은 달의 바다보다 높은 곳에 있는 넓은 평원일 것이다. 갈릴레오는 망원경을 이용해 관측한 지 얼마 되지 않아 바다와 평원 외에도 평원에 긴 그림자를 드리운 산(달의 표면보다 수백에서 수천 미터 높은 산악지대)의 모습을 발견했다.

바다와 산 그리고 평원이 어우러져 달은 지구와 비슷하게 보였고, 지구와 비슷한 세상에는 틀림없이 생명체가 살 것이었다. 18세기 말 프랑스의 생물학자 조르주 루이 르클레르 드 뷔퐁(Georges Louis Leclerc de Buffon)은 달에 생물체가 있다는 의견을 지지하면서 다양한 주장을 내놓았다. 비슷한 시기에 독일 출신의 영국의 천문학자로 천왕성을 발견했던 윌리엄 허셜(William Herschel)은 '쌍성계(binary star system)'에 속하는 항성은 다른 항성의 궤도를 공전한다는 사실을 증명했고, 우리은하(Milky Way Galaxy)의 형태를 지도로 만들기까지 했다. 그 역시 '월인(Lunarian)', 즉 달에 사는 생명체가 존재할 가능성을 긍정적으로 기술했다.[13]

달에 있는 바다와 산 때문에 달이 지구와 비슷하게 보였다면, 달의 가장자리와 어두운 공간은 달을 지구와는 다르게 보이게 한다. 달에 지구처럼 대기가 있다면, 머나먼 별이 달의 가장자리에 가까이 접근해 별빛이 달의 대기를 지나면 별빛이 반짝거리게 된다. 반면 달에 대기가 없다면 별빛은 별이 달에 아무리 근접하더라도 아무런 영향을 받지 않는다.

19세기 초 독일의 천문학자 프리드리히 빌헬름 베셀(Friedrich Wihelm Bessell)은 달의 가장자리가 어두운 공간으로 급격히 바뀌는 모습을 망원경으로 관측했다. 미국 과학아카데미 창립 회원이던 하버드대학교 고생물학자 루이 아가시(Louis Agassiz)*는 1874년 출간한 소논문에서 달에 대기가 없는 이유에 관해 설명했다. 그는 달에 대기가 있다면 햇빛이 산란돼 그늘진 지역을 비추게 되므로 그늘진 지역이 밝아질 것이라고 생각했다. 뿐만 아니라 달에 있는 산에서 완벽한 암흑이 보인다는 것은 달에 대기가 없음을 증명한다고 주장했다. 그는 이것이 "달에 대기라고 할 만한 것이 없다는 최초의 증명"이라고 썼다. 아가시는 베셀이 관측한 달이 배경 항성에 가리거나 드러날 때 급격하게 바뀌는 현상을 달에 대기가 없는 것을 증명하는 추가적인 근거로 제시했다.[14]

달에 대기가 없다는 주장으로 달에 생명체가 있다는 가설은 신뢰를 잃었다. 천문학자들은 달에 있는 '바다'에는 대부분 실제로 물이 없을 것이라고 생각했다. 그 바다는 달 표면에 있는 어두운 색의 지형일 뿐이었다. 또한 대기가 없다면 동물이나 식물이 호흡하는 데 필요한 공기도 없을 것

---

* 정확히 말하면 아가시는 반다윈주의자이자 백인우월주의에 과학적인 토대가 있다고 믿은 인종차별주의자였다.

이었다. 결론은 분명했다. 대기가 없다면 물도 공기도 없다는 의미이며, 물이나 공기가 없다면 생명체가 없다는 뜻이다. 달의 표면에는 생명체가 존재할 수 없었다. 따라서 19세기 중반까지 천문학자들은 비록 달의 겉모습은 지구와 비슷하지만 달과 지구는 분명히 다르다고 인정했다. 달의 표면 아래 생명체가 살지는 모르지만, 일부 비주류 천문학자의 몇 가지 예외적인 의견만 남고 달에 생명체가 산다는 가설은 천문학자들이 망원경을 이용해 달을 주의 깊게 연구하는 방법을 배우고 나자 금세 사라졌다. 현대의 망원경을 이용한 관측과 함께 달 표면에 우주비행사를 착륙시켰던 1960년대 아폴로 계획과, 그보다 최근인 21세기 달 궤도 탐사 임무 등의 결과로 달의 구조와 역사에 관한 지식이 급격히 늘어나면서 우리는 과학이 허락하는 만큼의 확실성으로 달이 '생물학적으로 척박한 환경'이라는 사실을 알게 됐다.

그러면 태양에는 생명체가 있을까? 매우 존경받는 몇몇 석학이 태양인(Solarian)의 존재에 관해 추측했는데, 그중에는 1776년부터 1960년까지 매년 발간된 천문 연감* 〈베를린 천문 연감(Berliner Astronomisches Jahrbuch)〉을 창간했던 18세기 독일의 천문학자 요한 엘레르트 보데(Johann Elert Bode)가 가장 유명하다. 대부분의 천문학자들은 태양이 지구에 빛과 열을 전해주는 원천이라고 생각했다. 이들은 또한 다른 우주에도 태양이 빛과 열을 전달할지 모른다고 추측했다. 그런 열을 모두 전달하기 위해서는 태양이 엄청나게 뜨거운 곳임에 틀림없다는 올바른 결론을 내렸다. 그런데 보데는 자신이 생각했던 태양인이 눈부시게 밝은

---

* 천문연감에는 매년 갱신되는 천체의 위치 정보가 담겨 있었다.

태양의 빛과 강렬한 열을 견딜 수 있다고 생각했다. 물론 불타는 태양에 생명체가 살 것이라는 주장을 진지하게 받아들이는 학자들은 거의 없었다. 과학적인 문화가 자리 잡아가던 19세기 천문학계에서 태양은 어떤 형태의 외계 생명체도 살 수 없는 곳이었다.

21세기에 우리는 태양의 온도 분포(중심부의 온도는 섭씨 1,111만 도에 달하고, 표면은 섭씨 약 5,500도)와 태양을 구성하는 물질(거의 대부분 수소와 헬륨으로, 하나 이상의 전자가 떨어져나간 원자인 플라스마 상태)에 대해 정확히 알게 됐다. 인공위성 몇 기가 쉬지 않고 태양의 활동, 예컨대 플레어(flares), 흑점(sunspots), 코로나 질량 분출(coronal mass ejections)을 측정하고 감시한다. 태양에는 그 어떤 형태의 생명체도 숨을 곳이 없으며, 태양에서 나오는 강렬한 자외선과 엑스레이 복사장은 가까운 곳에 있는 모든 생명체를 곧바로 파괴할 것이다. 의심의 여지없이 태양에는 달과 마찬가지로 아무런 생명체도 존재하지 않는다.

하늘에서 가장 밝게 빛나는 천체 두 곳이 생명체가 살 수 있는 곳에서 제외되자, 갈릴레오 이후 시대의 천문학자들이 생명체가 서식할 가능성이 있는 곳으로 조사할 장소는 당연하게도 태양계의 다른 행성인 수성, 금성, 화성, 목성, 토성이었다. 천왕성과 해왕성은 각각 1781년과 1846년에 발견됐다. 그리고 아직도 명왕성을 행성에 포함하고 싶어 하는 사람들이 많을 텐데, 2006년 국제천문연맹(International Astronomical Union, 이하 IAU)에 의해 왜소행성(dwarf planet)으로 분류된 명왕성이 발견된 때는 1930년이었다.

수성은 어떨까? 17세기에 망원경으로 관측했을 때 수성은 작고 특징 없는 행성으로 보였다. 사실 20세기 내내 망원경으로 관측했을 때에도 수성은 작고 별다른 특징이 없었다. 반지름이 지구의 절반이 채 되지 않으며 공전 궤도의 직경이 지구가 태양을 공전하는 궤도의 절반이 되지 않는 수성은 지구와 가장 가까웠을 때 약 9,700만 킬로미터 떨어져 있다. 달이 지구와 가장 가까웠을 때의 거리보다 약 250배 멀다.

수성의 물리적인 크기가 작고 지구의 망원경으로부터의 거리가 상당히 멀리 떨어진 곳에 있다는 사실은 수성이 보름달보다 늘 100배 이상 작게 보인다는 것을 뜻한다. 또한 수성은 태양계 내행성(inner planet)이기 때문에 위상의 변화가 생긴다. 수성이 지구와 가장 가까워서 가장 크게 보일 때 우리에게 보이는 것은 행성의 어두운 면뿐이다. 수성이 궤도의 나머지 절반에서 보름달처럼 완전한 모습이 보일 때가 되면, 막상 지구에서는 태양에 가려 수성을 볼 수 없다. 그 사이 우리가 수성을 실제로 관측할 수 있을 때 우리에게 보이는 모습은 초승달 모양뿐이다.

관측하는 시점에 원형이 아니라 늘 작고 기다랗게 보인다면 우리가 알아낼 수 있는 사실은 거의 없다. 또한 수성이 태양 주위를 도는 궤도가 작기 때문에 지구에서 본 수성은 태양에서 28도(약 5,600만 킬로미터)를 벗어나지 않는다. 수성은 때로 새벽녘에 태양보다 먼저 떠서 낮까지 동쪽 지평선 하늘에 보이기도 한다. 하지만 꼭 이럴 때면 하늘이 금세 밝아져 우리 눈에 잘 보이지 않는다. 평소에는 해가 지자마자 수성도 따라 저물기 때문에 밝은 하늘이 어두워질 무렵 수성을 볼 수 있지만, 수성은 곧 해를 따라 지평선 아래로 황급히 사라진다. 수성은 태양에 가까우므로 온도가 높을 것으로 추정됐고, 크기가 작고 관측이 어려워 18세기와 19세기의 천문학자들은 수성의 생명체가 사는지에 대한 문제에 그다지 열정을 내비치지 않았다.

오늘날의 지식으로 우리가 확신할 수 있는 것은 수성이 생명체가 살기에 부적절한 행성이라는 사실이다. 수성은 태양과 너무 가까워 햇빛을 직접 받는 곳은 표면 온도가 섭씨 427도까지 올라간다. 또한 매우 느리게 자전하기에 수성의 하루는 176일에 달한다.* 지표면을 뒤덮어 여러 지역의 낮과 밤의 온도 격차를 줄여줄 대기가 없기 때문에 한 번에 몇 달 동안 태양에 노출되는 곳은 열기로 인해 타버린다. 반면 행성의 반대편은 섭씨 영하 173도까지 내려가 얼어붙는다. 그렇기 때문에 수성의 표면은 생명체가 살기에 너무 뜨겁거나 너무 차갑기만 하다. 수성에 그 중간 온도는 없다.

수성의 작은 크기와 태양과의 가까운 위치가 결합되면 수성에 생명체가 사는 데 부정적인 영향이 더해진다. 크기가 작다는 것은 지구보다 질량이 작다는 의미다(약 5.6퍼센트). 크기가 작고 질량이 작아 표면 중력도 지구의 38퍼센트에 불과한데 이는 화성의 중력과 거의 같다. 수성과 화성 모두 지표면에서 상대적으로 중력이 약한 탓에 대기를 고정하기가(잡아두기가) 어렵다.

수성의 주간 온도는 대기의 원자나 분자가 기온이 훨씬 낮은 화성의 대기보다 훨씬 올라가는 속도가 높아지고, 속도가 높아지면 결국 수성의 대기에 있는 물질이 상승해 표면을 쉽게 벗어나 행성을 완전히 이탈한다. 또한 최대 초당 수백 킬로미터의 속도로 태양풍(solar wind)에 실려 빠르게 이동하는 수성 대기의 입자가 수성을 벗어나 탈출 속도(escape

---

* 수성의 '하루'는 지구 기준으로 175.97일이다. 이는 수성의 느린 자전 주기(58.65일)와 87.97일의 공전주기가 기이하게 결합된 결과다.

velocity)까지 가속하는 데 힘을 실어준다. 따라서 수성은 대기를 유지하거나 표면에 물을 보유할 수 없다. 그런데 한 가지 흥미로운 예외가 있다. 최근 관측에 따르면 수성에는 아주 작은 양의 얼음이, 영원히 햇빛이 닿지 않는 곳인 북극과 남극 가까운 곳에 충돌로 인해 형성된 크레이터(crater) 깊숙이 존재한다고 한다. 수성에는 외기권이라는, 지표면에서 쫓겨나 탈출하기 전단계인 가벼운 기체로 이뤄진 미약한 대기만 존재한다.

금성은 어떨까? 금성은 지구에서 가장 가까운 행성이다. 그리고 물리적인 크기(반경) 차이도 지구와 비교해 5퍼센트 이내이며 질량은 지구의 81퍼센트다. 하지만 지구에서 가까운 거리와 비슷한 크기, 비슷한 표면 중력(지구의 90퍼센트)에도 불구하고 천문학자들은 대부분 지구에서 가장 가까운 곳에 있는 이웃 행성을 무시한다. 그 까닭은 망원경으로 관찰해보면 연구할 만한 것이 전혀 없기 때문이다.

금성은 근대의 행성 탐사 이전에 잠시 천문학계의 관심을 끈 적은 있었지만 외계 생명체와 관련된 이유로는 거의 없었다. 1609년 갈릴레오가 첫 망원경을 하늘로 향했을 때 발견한 것처럼 금성은 망원경으로 봤을 때 크기와 형태가 뚜렷이 달라진다. 금성은 지구에 가까워질 때는 크게 보이고 지구에서 멀어질 때는 작게 보인다. 갈릴레오는 금성이 달과 비슷하게 초승달에서 상·하현달의 단계를 거치는데, 상·하현달일 때보다 초승달 모양일 때 훨씬 크게 보인다는 사실을 발견했다.

이 같은 위상 변화에는 혁명적인 의미가 담겨 있었다. 갈릴레오는 금성의 크기가 그 모양과 함께 바뀐다는 것을 이용해 금성이 지구가 아닌 태양의 주위를 공전한다는 사실을 증명할 수 있다고 설명했다. 그리고 갈릴레오의 설명은 옳았다. 갈릴레오의 금성 관측은 아리스토텔레스의 우주 구조에 관한 근본적인 개념 중 하나인 '지구가 모든 궤도의 중심'이라는 주장이 틀렸다는 점을 명백히 보여주었다. 그래서 갈릴레오는 지구를 비롯한 다른 행성들이 태양의 주위를 공전한다는 코페르니쿠스의 주장에 동의했다.

그러나 갈릴레오의 생각은 옳았지만 금성의 위상 변화가 코페르니쿠스의 주장을 증명하는 것은 아니었다. 그래도 갈릴레오는 성서를 재해석해 우주를 지구 중심적이 아닌 태양 중심적 맥락에서 이해해야 한다고 주장했다. 하지만 갈릴레오의 관측과 논리만으로는 로마 가톨릭 교회 지도자를 설득해 아리스토텔레스의 지구 중심적 우주 모델을 포기하게 만들기에는 충분치 않았다. 그들이 믿는 지구 중심적 우주 모델은 논리적으로나 신학적으로 오랜 전통에 의해 옳은 것으로 인식돼 있었으며, 그런 의미에 따라 성서의 몇 가지 구절도 해석됐다. "해는 떴다가 지며 그 떴던 곳으로 빨리 돌아가고"(전도서 1장 5절)와 같은 구절이 대표적이다. 이 구절은 천동설의 증거로 자주 거론됐다.

갈릴레오는 자신은 천문학적인 문제라고 믿지만 교회는 신학적인 문제라고 믿는 것에 관해 교회의 관점을 바꾸려고 시도했다. 그 결과 1616년 코페르니쿠스가 옳다고 주장하는 모든 책이 금서 목록에 포함됐다. 그런데 역설적이게도 코페르니쿠스 자신이 직접 쓴 《천구의 회전에 관하여(On the Revolutions of the Heavenly Spheres)》는 '수정할 때까지 유예'됐고 수정판이 1620년에 출간됐다. 17년 뒤인 1633년 로마 종교 재판소는 갈릴레오에게 이단 혐의로 유죄를 선고했고 8년 동안 가택 연금에 처했다.

물론 금성은 천문학과 과학의 역사에서 중요했다. 금성에 관한 몇 안 되는 갈릴레오의 관측은 과학 역사상 가장 중요하고 혁명적인 발견이었다. 그렇지만 그 관측 덕분에 금성이 추가적인 연구를 해야 할 만큼 흥미로운 대상이 되거나, 외계 생명체에 관한 추측에 힘을 실어준 것은 아니었다. 커다란 초승달 모양에서 작지만 원에 가까운 모양으로 바뀐 뒤 다시 커다란 초승달 모양으로 되돌아가는 반복 말고는 늘 똑같이 특징 없는 모습을 하고 있었기 때문이다.

금성의 위상 변화가 뜻하는 것은 금성이 가깝게 다가와 크게 보일 때 지구에서는 금성의 일부분을 볼 뿐이며, 원에 가까운 모습으로 변화할 때는 지구에서 점점 멀어져 관측하기가 어려웠다. 지구에만 있는 천문학자가 금성의 모습을 확대해서 보기 위해 망원경을 아무리 크게 만들더라도, 영상 필터를 아무리 정교하게 만들더라도 보이는 것은 저것뿐이었다. 이후의 천문학자들조차 망원경으로는 금성의 지표면에서 산이나 크레이터를 비롯한 다른 어떤 것도 보지 못했다. 400년 동안 망원경을 들여다봤지만 금성은 따분하고 알 수 없는 존재였으며, 화성만큼 천문학자의 갈망과 관심이 집중되지는 못했다. 20세기 초 망원경에 탑재되는 자외선 필터가 발명되기 전까지 천문학자들은 금성의 대기에서 어떠한 특징도 발견할 수 없었다. 금성의 위상을 이해하고서도 300년이 넘도록 금성은 천문학자들에게 관심 밖의 행성이었다.

그런데 한편으로 금성은 SF 작가들에게는 흥미를 끌었다. 아마도 두터운 대기로 인해 지표면에서 무슨 일이 일어나는지 천문학자들이 설명할 수 없었던 게 그 까닭일 것이다. 모르면 상상하게 되니까. 화성 시리즈로 상상력을 펼친 에드거 라이스 버로스가 이번에는 《금성의 해적들(Pirates of Venus)》(1934)을 시작으로 《금성에서 길을 잃다(Lost on Venus)》(1935), 《금성의 카슨(Carson of Venus)》(1939) 등 금성의 적도에서 벌어지는 사건을 담은《금성의 카슨 네이피어(Carson Napier of Venus)》시리즈를 출간했다. 하워드 필립스 러브크래프트(Howard Phillips Lovecraft)가 쓴《에릭스의 벽 안에서(In the Walls of Eryx)》(1939)는 우중충한 금성이, 레이 브래드베리(Ray Bradbury)의《온 여름을 이 하루에(All Summer in a Day)》(1954)는 비 내리는 금성이 배경이다. 하지만 아무리 상상의 나래가 펼쳐져도 20세기 천문학은 (느리지만 분명하게) 금성에는 SF에 나오는 생명체 따위는 살 수 없다는 사실을 보여줬다.

1942년 천문학자들이 금성의 표면 온도를 실제로 측정하는 방법을 알아내기 전 영국의 천체물리학자 제임스 진스(James Jeans)는 금성이 "너무 뜨거운 나머지 물이 계속 끓어서 수증기로 날아가버리기 때문에 물이 없다"고 설명했다.[15] 그는 자신의 주장을 증명하지는 못했지만 20년 뒤 칼 세이건(Carl Sagan)이 전파 망원경을 이용해 주간의 금성 지표면 온도가 섭씨 약 477도(현재 발표된 가장 정확한 수치는 섭씨 465도)인 것을 측정해 진스가 옳았음을 입증했다.[16] 진스는 또한 금성의 구름이 포름알데히드(formaldehyde)로 이뤄져 있으며 거기에는 합당한 이유가 있다고 주장했다. 훗날 금성의 구름이 그의 말처럼 포름알데히드는 아니지만 부식성 물질로 이뤄져 있다는 사실이 밝혀지면서 또 진스의 주장이 어느 정도는 옳았다는 게 입증됐다. 개방적인 사고방식을 가지고 있던 진스는 "금성에 어떤 생명체가 살지 모르지만 지구의 생명체와는 크게 다를 것"이라고 말하면서도 금성에 생명체가 있을 가능성을 완전히 떨쳐버리지는 않았다.

1970년대에 들어 마침내 천문학자들은 금성의 표면이 우리에게 잘 보이지 않는 원인을 발견했다. 금성의 대기는 지구보다 95배나 밀도가 높고 대부분 이산화탄소로 구성된 데다 그 위를 약 20킬로미터 두께의 구름으로 뒤덮여 있었다. 지구에서 첨단 망원경을 이용해 금성을 관찰한 천문학자들은 금성의 구름 성분이 포름알데히드는 아니지만 위험 물질인 황산으로 이뤄져 있다는 사실을 알아냈다. 이처럼 두터운 구름 탓에 가시광선으로는 금성의 대기를 관통해 지표면을 볼 수 없었던 것이다. 17세기, 18세기, 19세기, 20세기의 천문학자들이 보았을, 그리고 21세기의 천문학자들이 망원경을 이용해 지금도 보고 있을 밋밋한 노란색과 완벽하리만치 특징이 없는 빛은 금성의 구름 상단에서 반사된다.

금성의 지표면을 보기 위해 NASA의 엔지니어들은 1970년대 말 금성 궤도를 비행한 파이어니어 금성 궤도선(Pioneer Venus orbiter)과 1989년 마젤란 궤도선(Magellan orbiter)을 제작할 때 이 구름을 관통하는 레이더를 설치했다.

행성과학자들은 파이어니어 금성 궤도선에서 전송된 데이터를 분석한 결과 제임스 진스가 옳았다는 사실을 알게 됐다. 수십억 년 전, 한때 금성에 존재했던 물은 모두 사라졌다. 금성에는 한때 바다와 강도 있었다. 지금은 바싹 말라붙었고, 금성 대기에 존재하는 수분을 전부 모아 압축한 뒤 지표면에 바다를 만든다 해도 그 깊이가 4~5센티미터(지구의 바다는 평균 3킬로미터)에 불과할 것이다.[17] 그리고 금성도 지구처럼 암석 행성이고 지표면에 산, 크레이터, 대륙이 있다는 사실이 밝혀졌지만 생명체 서식의 근거는 없었다.

이번에는 목성을 살펴보자. 갈릴레오는 1610년에 목성 주위를 공전하는 거대한 위성 4개를 발견했지만, 망원경을 통해서 본 목성 자체는 아무런 관심을 끌지 못했다. 그리고 망원경으로 관측한 목성의 위성 이오(Io),

유로파(Europa), 가니메데(Ganymede), 칼리스토(Calisto)의 모습은 별처럼 생긴 흰색의 점들이 끊임없이 목성 주위에서 춤추듯 움직이는 것 이하도 이상도 아니었다. 이들 위성의 궤도 주기가 어느 정도 정확하게 파악된 후 20세기 NASA에서 파이어니어 10호와 11호, 보이저(Voyager) 1호와 2호를 보내 1970년대에 목성을 지나쳤지만 이들 위성에 대해 더 알수 있는 사실은 거의 없었다. 오늘날 우리는 1990년대의 갈릴레오 탐사선과 현재 활동 중인 주노(Juno) 탐사선을 통해 계속해서 목성에 관한 정보를 얻고 있다.

목성 표면의 검은 띠(belt)와 대(zone)를 관측한 것은 일찍이 1630년 경이탈리아의 프라체스코 폰타나(Francesco Fontana)였던 것으로 추정된다. 30여 년 뒤인 1664년 갈릴레오가 목성의 위성을 발견한 지 50여 년이 지났을 때, 영국의 과학자 로버트 훅(Robert Hooke)이 목성에서 점(spot)을 발견했다고 주장했다. 1년 뒤 조반니 도메니코 카시니는 최초로 목성의 거대한 '영구적인 점(permanent spot)'의 특징을 설명했다. 하지만 목성이 지구에서 너무 멀리 떨어져 있어서 현대의 망원경이 개발되기 전까지는 이런 특징들이 제대로 보이지 않았기 때문에 화성에서 느꼈던 만큼의 매력을 자아내지는 못했다.

1600년대 초 수십 년 동안 목성은 외계 생명체에 관한 상상을 펼치기에 좋은 원천이었다. 요하네스 케플러는 행성들이 태양을 중심에 두고 타원(원이 아닌) 궤도로 공전한다는 사실이 밝혀지자, 갈릴레오가 발견한 4개의 커다란 목성 위성을 두고 "목성에 위성이 존재한다는 사실만으로도 목성에는 생명체가 있다"고 주장했다.[18] 목성인의 즐거움을 위해서가 아니라면 도대체 신이 왜 그 많은 위성들을 창조했단 말인가?

그러나 목성은 태양에서 아주 먼 곳에 있는 외행성이다. 그러므로 목성의 대기 상층부에서 목성의 생명체가 받는 태양열의 양은 물을 액체 상태로 유지하기에 턱없이 부족하다. 그래도 목성의 높은 곳에 있는 구름 아래 온도는 대기의 깊이에 따라 상승해 수백 미터 깊이에서는 기온이 빙점보다 높아진다. 하지만 그 정도 깊이에서는 압력이 이미 지구의 표면보다 약 20배 이상 높아지기 때문에 더 깊은 곳에서의 압력과 온도는 급격히 상승한다. 대기의 상층부에서 액체 상태의 물 없이 생명체가 살아남아 번성할 수는 없다. 대기 아래 깊숙한 곳에서 발생하는 막대한 질량과 중력에서 발생하는 어마어마한 압력을 생명체가 견뎌낼 수 있을까? 아무리 좋은 조건이 주어진다고 해도 목성은 생명체에게는 상상할 수 없을 정도로 혹독한 환경이다. 오늘날 극소수의 괴짜들을 제외하고 목성의 생명체 서식 가능성에 시간과 열정을 쏟아 붓는 학자들은 없다.

그런데 1970년대 이전에는 목성의 위성들이 우주의 생명체를 찾는 데 관심 있는 천문학자들에게 관심의 대상이 아니었지만, 최근 수십 년 동안 목성의 위성 유로파는 외계 생명체에 관심 있는 행성과학자들의 호기심을 불러일으켰다. 유로파가 생성될 당시 내부의 열은 내부를 물렁하게 만들기에 충분했을 것이다. 그 결과 유로파 내부의 가벼운 물질(물)이 표면으로 올라왔고 상대적으로 밀도가 높은 물질(금속과 암석)은 중심부로 내려갔다. 행성 과학자들은 이런 과정을 '분화(differentiation)'라고 부른다. 유로파의 물은 모두 내부의 얼음과 물의 진창길을 통해 윗부분으로 이동했다. 형성된 표면층은 우주의 낮은 온도에 노출되자 얼어붙어 두꺼운 얼음 층을 형성했다. 동시에 유로파의 암석은 아래로 내려가 암석으로 된 중심부를 형성했다.

목성과 위성의 형성 시기가 지나자 이들 위성의 중심부에서 위성과 목성 사이에 중력의 상호 작용에 의해 나타난 조수가 이오, 유로파, 가니메데를 동시에 밖으로 밀어내기 시작했다. 목성은 가장 안쪽에 있는 위성 이오를 밀어내고, 이오는 유로파를, 유로파는 가니메데를 밀어냈다. 이오가 목성 주위를 공전할 때 목성과 이오 사이의 조수 상호 작용으로 마치 테니스공을 꽉 쥐었다 폈다 할 때처럼 이오의 형태가 찌그러졌다가 원래대로 돌아오는 현상이 일어났다. 이 같은 현상이 지속되면 에너지가 이오에 전달돼 이오의 내부 온도가 상승하고 이오의 표면에서 지속적으로 화산 활동이 일어날 만큼 뜨거워진다. 유로파와 마찬가지로 이오도 분화돼 있지만 오래 전에 올라온 물은 가열돼 우주 공간으로 날아간 지 오래다.

　그렇지만 이오는 유로파 표면의 얼음을 녹이기에 충분한 열을 유로파에 전달한다. 충돌 크레이터가 없다는 것은 유로파의 표면이 유연해 가단성(可鍛性, malleability)이 있다는 사실을 증명한다. 수 킬로미터에서 수십 킬로미터 아래까지 이어진 부드러운 표면 밑은 열로 인해 얼음이 완전히 녹아버렸다. 결과적으로 유로파에는 암석으로 이뤄진 중심부와 얼음이 덮인 얕은 표면 사이에 바다가 있다. 이 바다는 깊이가 100킬로미터 정도로 추정되며, 온도와 기압, 에너지, 염도 등의 조건이 생명체가 살기에 적당할 가능성이 있다. 이런 이유로 유로파는 현대 천문학계의 지대한 관심을 받고 있다. 그렇다고는 하나 유로파의 이 같은 내부 조건은 오늘날의 우주 탐사 시대가 오기 이전까지는 알려지지 않았고 과거의 천문학자들에게는 전혀 흥미를 제공하지 못했다.

　목성이 외계 생명체가 살기에 척박한 곳이라면 토성은 사정이 더 좋지 않다. 목성보다 태양에서 2배나 멀리 떨어진 토성은 목성보다 훨씬 춥지만 중력 조건은 비슷하다. 토성은 1610년 7월에 또 다시 갈릴레오가 발견했는데 곧바로 그의 관심을 사로잡았다. 곧 갈릴레오는 토성이 3가지 연결된 물체의 결합이라는 사실을 알아챘다. 그는 목성과 마찬가지로 토성도 한 쪽에 하나씩 위성이 있다고 생각했다.

하지만 토성의 불룩 튀어나온 부분이 보였다가 사라졌다 했고, 그것은 목성 때처럼 커다란 네 위성처럼 어두운 하늘에서 끊임없이 변화해 행성과 구별되는 빛이 나는 작은 점은 아니었다. 차라리 토성에 영원히 붙어 있는 손잡이처럼 보였다. 갈릴레오는 토성에서 자신이 관측한 것이 무엇인지 도저히 알 수가 없었다. 50년이 지난 뒤 토성의 가장 큰 위성 타이탄(Titan)을 발견한 하위헌스가 그것이 토성을 둘러싸고 있는 얇고 평평한 고리라고 추론했다. 그러나 비록 거대한 위성 하나와 고리 덕분에 관심을 끌었지만, 토성 자체는 수성과 금성 또는 목성처럼 천문학자들의 관심과 흥미를 끌 만한 지표면이나 대기의 특징이 별로 없었다. 거대한 토성은 목성과 마찬가지로 생명체의 어머니가 되기에는 끔찍한 곳이었기 때문에 천문학자들은 오래 전에 토성에서 생명체에 대한 기대를 접었다.

토성의 가장 큰 위성인 타이탄 역시 지구에서 너무 멀리 떨어져 있어 현대의 행성 간 우주선이 나오기 전까지는 자세히 연구할 수 없었다. 이들 무인 탐사선 중 중요한 것으로는 카시니-하위헌스 탐사선이 있는데, 하위헌스 탐사선은 유럽우주국(European Space Agency, 이하 ESA)이 설계하고 NASA의 카시니 궤도선에 탑재돼 토성 궤도까지 수송된 다음 2004년 말 타이탄 궤도에 안착했다. 모선인 카시니 궤도선은 토성과 토성의 고리 및 위성을 연구하는 자체 임무를 13년 동안 수행하고 2017년 9월 토성 대기권에 뛰어들며 임무를 마쳤다. 이 탐사선들은 타이탄을 가로막고 있던 장막을 걷어내고 대기와 표면에 대한 비밀이 드러나게 해주었다. 현대의 우주생물학자들은 타이탄의 표면에 흩어져 있는 액체 에탄과 메탄으로 이뤄진 강, 호수, 바다에 외계 생명체가 살거나, 타이탄의 극도로 염도가 높은 바다에서 과거에 생명체가 서식했을 가능성에 관해 연구하고 있다.[19] 그러나 유로파와 마찬가지로 타이탄에 생명체가 있을 가능성에 집착한 것은 현대에 이르러서야 나타난 현상이다.

이와 유사하게 카시니 탐사선 덕분에 토성의 또 다른 위성 엔셀라두스(Enceladus)를 10년 이상 정기적으로 연구할 수 있게 되자 엔셀라두스도 우주생물학자들의 관심을 끌기 시작했다. 엔셀라두스 역시 유로파와 유사하게 얼음 층 아래 바다로 둘러싸여 있다.[20] 또한 미국 서부에 위치한 옐로스톤(Yellowstone) 국립공원을 지나는 옐로스톤 강의 간헐온천과 비슷한 수증기와 수소, 질소, 메탄, 이산화탄소 등을 우주로 뿜어대는 간헐천이 있다. 때로는 표면에서 500킬로미터까지 분출되기도 한다. 유로파나 타이탄처럼 엔셀라두스도 현대 우주생물학자들의 관심이 집중됐지만, 21세기 초까지만 하더라도 태양계 외행성의 작고 알려지지 않은 위성일 뿐이었다.

인류는 윌리엄 허셜이 1781년 쌍둥이자리(Gemini)에 있는 희미한 별을 관측하는 도중 우연히 발견하기 전까지는 천왕성의 존재도 알지 못했다. 이와는 대조적으로 해왕성은 베를린 천문대에서 1846년 요한 고트프리드 갈레(Johann Gottfried Galle)가 정확한 위치를 계산한 뒤 계획적으로 발견했다. 그에 앞서 잉글랜드의 존 쿠치 애덤스(John Couch Adams)와 프랑스의 위르뱅 르베리에(Urbain Le Verrier)라는 2명의 수학자가 차례대로 천왕성 발견 이후 측정된 천왕성 궤도를 이용해 천왕성보다 먼 곳에 있는 미지의 행성이 천왕성의 공전 궤도를 방해하고 있다는 사실을 도출해냈다.[21]

천왕성과 해왕성은 태양에서 너무 멀리 떨어져 있어서 1980년대 말 보이저 2호가 두 행성을 지나칠 때까지 알려진 사실이 거의 없었다. 19세기의 망원경에는 단지 빛나는 작은 점으로만 보이던 천왕성과 해왕성이 천문학자들의 관심을 얻게 된 때는 목성과 토성에 생명체가 있으리라는 생각이 줄어들고 있었을 시점이었다. 이전까지 천왕성과 해왕성이 생명체가 존재할 곳으로서 관심을 불러일으킨 적은 전혀 없었다.

더욱이 19세기에 들어 지구처럼 생명체가 사는 세계가 많이 존재한다는 '다원주의(多元主義, pluralism)'에 의문을 제기하는 '주지주의(主知主義, intellectualism)'의 관점이 대두되고 있었다. 수세기 동안 천문학자와 철학자 사이에서 인기를 끌었던 가설에 따르면, 우주 안에 있는 모든 세계(항성, 행성, 위성 등)에는 반드시 생명체가 존재해야 한다. 신이 세상을 창조할 때 자신을 숭배하는 생명체를 만들지 않았다면 창조의 에너지를 낭비하는 것이기 때문이다.

천문학자이자 독실한 기독교인이었던 데이비드 리튼하우스(David Rittenhouse)는 1775년 미국철학회 연설에서 기독교와 다원주의는 양립할 수 없다고 주장한 대표적인 인물이었다. 리튼하우스는 다수의 세계가 존재한다는 교리는 천문학자에게는 머나먼 세상에도 모두 지적인 생명체가 산다는 의미라면서 이렇게 말했다.

"천문학의 원칙과 분리될 수 없지만 이런 교리는 기독교에서 주장하는 진리에 대척된다고 생각합니다."[22]

리튼하우스는 기독교인이면서 외계 생명체의 존재를 믿을 수는 없다고 주장했다. 토머스 페인(Thomas Paine)은 1793년 출간한 책《이성의 시대(Age of Reason)》에서 이런 믿음을 널리 전파하며 이렇게 썼다.

"신이 우리가 별이라고 부르는 것만큼 많은 세상을 창조했다고 믿는 것은 기독교 신념 체계를 한꺼번에 하찮은 웃음거리로 만들고, 허공에 깃털이 날리듯 흩어지게 하는 짓이다."[23]

훗날 케임브리지대학교 부총장을 역임한 영국 수상 로버트 필(Robert Peel)이 직접 임명한 케임브리지대학교 트리니티대학 학장 윌리엄 휴얼(William Whewell)은 1853년 출간한《다수의 세계에 관하여(On the Plurality of Worlds)》에서 다원론의 과학적인 토대가 "과학적으로 허점이 많으며 종교적으로 매우 위험하다"고 역설했다.[24]

휴얼은 19세기 영국에서 가장 영향력 있는 지식인이었다. '자연철학자' 대신 '과학자'라는 말을 만들었고, 영국 과학진흥협회와 지질학회 회장을 역임했으며, 왕립학술원 회원에 임명되기도 한 인물이었다.[25] 휴얼이 학계에 미치는 막대한 영향력 덕분에 격한 반응이 나타났다. 대다수의 천문학자들이 다원주의를 수용하지 못하게 설득하지는 않았지만, 그 여파로 많은 사람들이 외계 생명체가 존재하는지에 대해 더 조심스럽게 생각하는 분위기가 형성됐다.

선입견 때문인지 망원경을 통해 관찰하던 초창기 시절부터 천문학자들은 화성이 지구와 유사하다는 근거를 찾아내거나 만들어냈다. 화성을 연구할수록 이런 유사성이 실재하며 중요하다는 사실을 확신하게 됐다. 그들의 논리에 따르면 지구에는 생명체가 있고, 화성은 지구와 비슷하므로, 화성에 생명체가 살 가능성이 있다는 것이었다. 게다가 화성은 달이나 태양, 수성, 금성, 목성, 토성, 천왕성, 해왕성과는 달리 반다원주의자인 리튼하우스, 페인, 휴얼의 주장에도 영향을 받지 않을 수 있었다.

21세기 초 목성의 위성 유로파와 토성의 위성 엔셀라두스가 태양계에서 외계 생명체가 서식할 가능성이 높은 화성을 능가하는 후보가 될지도 몰랐지만, 화성은 19세기 초에서 20세기 전반을 아우르며 천문학자들이 일부 논란의 여지가 많은 논쟁에 휘말리면서도 계속해서 외계 생명체가 존재했고 존재할지도 모른다고 주장한 태양계 유일한 행성이었다.

03

망원경의 시대

망원경의 시대가 시작되자 광학 망원경으로 무장한 천문학자들은 화성과 사랑에 빠졌다. 화성은 밝았고, 색상이 변화했으며, 밝고 어두운 지역이 서로 대조를 이루고 있었다. 금성을 제외하면 화성은 지구에서 가장 가까운 행성이었기에 망원경으로 보면 아주 크게 보였다. 더욱이 가까운 곳에 있는 금성과 수성이 때때로 초승달처럼 가느다랗고 길게 보이는 것과 달리 화성은 늘 보름달처럼 원형으로 빛났다. 태양계의 다른 행성과 비교했을 때 화성은 천문학자들을 유혹해 그들의 관심을 지속시켰다. 18세기 말 화성의 물리적 성질에 관해 얻어낸 지식을 바탕으로 천문학자들은 화성이 지구와 많은 특성을 공유하는 이른바 '쌍둥이 행성(Planet Earth's Twin)'이라는 사실을 확신할 수 있었다.

　망원경이 보급되자 유럽에서는 이탈리아를 필두로 거의 동시에 화성 관측이 각광을 받았다. 놀랍게도 천문학자들이 본 화성은 멀리 떨어진 곳에서 망원경으로 지구를 봤을 때 보이리라고 예상했던 모습과 닮아 있었다. 초창기의 대표적인 화성 관측은 망원경으로 화성의 표면에서 어떤 점을 찾아낸 것이었다. 1636년과 1638년에 나폴리의 법률가이자 안경 제작자이자 천문학자 프란체스코 폰타나는 훗날 자신이 '아주 검은 알약(very black pill)'이라고 부른 검은 점을 화성의 중심부에서 발견했다. 폰타나는 또한 10년 뒤 금성을 관측하면서 비슷한 '알약'을 발견했는데, 사실 그 점은 집에서 자체 제작한 망원경의 결함 때문에 나타난 광학적 오류였지만 폰타나를 비롯한 당시 사람들은 이해하지 못했다.[1]

폰타나의 검은 점이 중요한 이유는 그것이 실제로 화성의 점이 아니기 때문이며, 주의 깊게 관측한다면 화성에는 밋밋하고 특징 없는 원 말고도 흥미로운 대상을 찾아낼 수 있다는 환상을 품게 해서 다른 천문학자들의 주목을 받았기 때문이다. 이 사건이 전달하는 메시지는 분명했다. 화성에는 공유할 비밀이 있고, 망원경으로 무장한 천문학자들이 우주의 심연을 꿰뚫어 이 붉은 행성의 신비를 풀 수 있다는 것이었다.

화성의 점에 관한 다음번 발표는 실제로 화성 표면의 지형에 관한 것이었을 가능성이 높았다. 예수회 수사이자 천문학자 다니엘로 바르톨리(Daniello Bartoli)는 1644년 크리스마스이브에 망원경으로 관측을 하던 중 화성에서 '움푹 파인' 부분 두 곳을 발견했다. 그는 화성에 관한 다른 관측 내용은 기록하지 않았지만 개인적인 소회 하나는 남겨졌다.

"주님의 뜻으로 미래에 관측할 때는 더 잘 볼 수 있을 것이다."[2]

예수회 수사의 화성의 점에 대한 집착은 이후 10년 동안 나폴리에서 로마로 옮겨갔다. 로마대학교에서 공동 연구를 하던 조반니 바티스타 리치올리(Giovanni Battista Riccioli) 신부와 프란체스코 그리말디(Francesco Grimaldi) 신부는 1651년, 1653년, 1655년, 1657년 등 여러 해에 걸쳐 화

성에서 점을 관측했다고 보고했다.[3]

지구에 있는 관측자가 화성을 가장 잘 볼 수 있는 위치는 2년마다 찾아온다. 느리게 움직이는 화성을 지구가 따라잡아 두 행성이 태양에서 볼때 같은 쪽에 같은 방향으로 있게 되는 때다. 이런 이유로 리치올리와 그리말디 신부는 1650년대에 2년마다 화성을 관측한 내용을 기록했다. 두 행성이 태양의 한쪽 측면에 나란히 정렬하는 현상을 천문학에서는 '충(衝, opposition)'이라고 하는데, 780일마다 지구와 화성 사이에서 일어난다. 이는 단순히 지구가 태양을 공전하는 속도(365.25일)가 화성(686.98일)보다 빠르기 때문에 일어나는 현상이다. 두 명의 주자가 같은 운동장을 달릴 때 지구는 더 작은 안쪽 레인을 달린다면 두 행성은 서로 다른 각속도로 태양의 주위를 공전하게 되어 2년 50일마다 지구가 화성을 따라잡게 된다.

충에 있게 되는 순간이 화성이 지구에 가장 가까운 때이며, 따라서 지구 안에서 관측하는 경우 화성이 가장 크게 보이는 순간이다. 또한 태양, 지구, 화성이 충에 있을 때 이들의 상대적인 위치로 인해 화성에 반사된 햇빛이 지구에 가장 많이 도달한다. 화성이 지구에 가장 가깝게 다가갈 때 둘 사이의 거리는 약 5,600만 킬로미터지만, 화성의 궤도는 지구가 거의 원형에 가까운 궤도인 것과는 달리 타원에 더 가깝기 때문에 화성이 지구에 가장 가깝게 다가가는 거리는 늘 일정하지는 않다. 충에 있을 때 두 행성 사이의 거리는 5,568만 킬로미터(화성의 각크기는 약 26초)와 1억 139만 킬로미터(화성의 각크기는 약 13초) 사이다. 화성을 가장 잘 관찰할 수 있는 가까운 충 사이의 시간은 15년에서 17년 사이다.

1650년대 말 운 좋게도 화성이 관측하기 좋은 위치에 서게 됐고, 마침

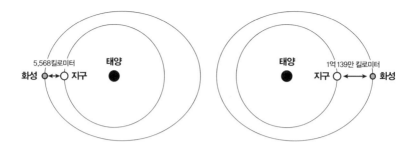

태양, 지구, 화성이 정렬하는 '충'은 780일마다 나타난다. 이때 지구와 화성의 최소 거리 5,568만 킬로미터(왼쪽 그림)이며 최대 거리는 1억 139만 킬로미터다(오른쪽 그림).

세기의 천재 천문학자 크리스티안 하위헌스가 때마침 그 자리에 함께
하게 되어 화성 관측의 혁명이 일어날 듯한 분위기가 형성됐다. 화성은
1655년 아주 가까운 충에 있었고, 4년 뒤인 1659년에도 위치가 좋을 것
으로 예상됐다. 그때 하위헌스가 화성이 지구의 쌍둥이라는 인식을 천문
학자들에게 심어준 결정적 발견을 하게 된다. 그는 1659년 11월 28일 초
저녁과 12월 1일 사이에 화성의 모습을 스케치했는데, 그 그림에서 크
고, 넓고, 어두운 V자 모양의 지역이 원반 모양의 화성에서 높이와 너비
를 절반씩 차지하고 있었다. 관측한 두 날짜의 저녁 시간 차이 그리고 어
두운 부분이 약간 위치가 바뀐 것을 바탕으로 하위헌스는 대담하고 정확
한 결론을 도출했다. 화성의 자전 주기가 지구와 마찬가지로 24시간이라
는 것이었다.[4]

　화성은 자전한다. 화성에는 낮과 밤이 있다. 화성의 낮과 밤의 주기는
지구의 낮과 밤의 주기인 24시간과 거의 같다.

　화성의 자전 주기가 24시간이 아니어도 상관은 없었다. 태양계 행성
의 자전 주기는 몇 시간에서 몇 백 시간까지 다양하다. 목성은 9.9시간에

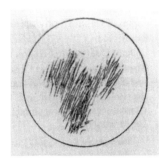

1659년 11월 28일 크리스티안 하위헌스가 스케치한 화성의 모습. 어둡게 표시한 부분을 하위헌스가 최초로 발견했으며 화성 표면에서 가장 찾아내기 쉬운 지역이다. 오늘날 대 시르티스 평원(Syrtis Major Planum)이라고 불린다. 19세기에는 대서양 운하, 모래시계 해, 카이저 해 등으로 불렸다. _Flammarion, La Planete Mars, 1892.

한 번 자전한다. 해왕성의 하루는 16.1시간이다. 명왕성의 자전 주기는 6.4일이며, 금성이 자전축을 한 바퀴 도는 데 걸리는 시간은 지구 시간으로 243일이다(1659년 당시에는 이런 자전 주기가 천문학자들에게 알려지지 않았다).

그렇다면 화성은 왜 24시간일까? 17세기 천문학자들에게 대답은 자명했다. 화성이 지구를 닮았기 때문이다. 지구와 쌍둥이이기 때문이다. 이런 발견으로 화성은 중요한 연구 대상 행성으로서의 매력이 급상승했다.

1666년 이탈리아의 천문학자 조반니 도메니코 카시니는 프랑스 파리에서 장 도미니크 카시니라는 이름으로 루이 14세가 임명한 파리 천문대 책임자로 새로운 삶을 시작하려 하고 있었다. 하지만 파리 천문대는 아직 완성되지 않은 상태였다. 결국 카시니는 2월과 3월에 볼로냐에 남아 있었고, 그곳에서 일련의 화성 관측을 수행했다. 카시니는 화성에서 어두운 부분 두 곳을 발견했을 뿐 아니라, 그 부분이 날이 갈수록 화성의 원형 부분을 가로질러 동쪽에서 서쪽으로 이동하는 모습을 발견했다. 신기하게도 이 부분들은 정확히 24시간이 지나도 제자리에 돌아오지 않았다. 대신 24시간 40분 뒤에 같은 자리에 도달했다. 카시니는 화성이 자전축

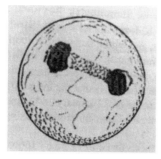

1666년 조반니 도메니코 카시니의 화성 스케치. _Flammarion, La Planete Mars, 1892.

을 한 바퀴 도는 데 걸리는 시간은 24시간이 아닌 24시간 40분이라고 수정했다.[5]

　1686년 프랑스의 천문학자 베르나르 르 보비에 드 퐁트넬(Bernard Le Bovier de Fontenelle)은 17세기 가장 인기 있는 천문학서가 된 《다원주의 세상에 관한 대화(Entretiens sur la pluralite des mondes)》를 출간했다. (적어도 퐁트넬의 상상에서는) 모든 행성에 존재하는 생물을 설명하고 있는 이 책에 나온 '대화'는 1800년까지 덴마크, 네덜란드, 독일, 그리스, 이탈리아, 폴란드, 러시아, 스페인, 스웨덴 등에서 번역됐다. 또한 로마 가톨릭 교회의 금서 목록에는 1825년까지 올라 있었다.

　퐁트넬은 지성이 있는 화성인을 등장시키지는 않지만, 낮에 햇빛을 저장해 밤에 불을 밝히는 높고 거대한 바위가 있는 곳 등으로 화성을 멋지고 화려하게 묘사했다. 퐁트넬의 상상에서는 이 같은 인광을 내는 바위와 빛을 내는 수많은 새가 함께 화성의 어둠을 밝히고 있었다. 퐁트넬의 화성에 있는 생명체는 수성과 금성의 생명체와는 다르다. 퐁트넬의 수성인과 화성인은 모두 태양빛에 그을었다. 하지만 놀랍게도 화성의 새들은 아름다운 풍광 속에서 산다.

"그 누구도 일몰 뒤에 풍경을 밝게 비추면서 뜨거운 열 없이 화려한 빛을 내는 바위보다 기분 좋은 장면은 상상할 수 없을 것이다."[6]

당시 사람들이 퐁트넬을 통해 알게 된 화성은 수많은 생명체가 서식하는 아름답고 편안하며 지구와 비슷한 곳이었다.

화성을 지구처럼 인식하게 하는 데 일조한 또 다른 계기는 카시니의 조카 자코모 필리포 마랄디(Giacomo Filippo Maraldi)의 관측에서 비롯됐다. 카시니는 마랄디를 파리대학교 천문대 조교수로 채용해 행성 관측을 맡게 했다. 마랄디는 1704년 15년 만에 화성이 가장 가까운 충에 있을 때 화성을 관측하면서 4가지 주요한 발견을 했다. 그런 다음 다시 15년을 끈기 있게 기다린 끝에 1719년 다시 가까운 충에 있을 때 이들 결과를 확인했다. 그리고 마랄디는 화성의 자전 주기에 관한 기존 지식을 약간 개선했다. 그가 측정한 화성의 자전 주기는 24시간 40분이 아니라 24시간 39분이었다.

또한 화성에는 어두운 부분이 있으며, 지구의 위성 달에 있는 어두운 부분과는 달리 화성의 그곳은 형태와 위치가 변화한다는 사실을 규명했다. 또한 그는 화성의 북극과 남극에 시간이 지나면서 외관이 바뀌는 밝은 부분이 있다는 사실도 발견했다. 그렇지만 남쪽에 있는 밝은 부분은 남극과 약간 떨어져 있어 정확히 일치하지는 않았고, 때로는 북쪽의 밝은 부분처럼 완전히 사라졌다. 마랄디는 극점에 있는 밝은 점을 설명하는 데 매우 신중했지만, 그럼에도 불구하고 그는 외형의 변화가 화성의 표면에서 일어나는 물리적인 변화에만 기인한다고 결론 내렸다.[7] 그 결과 그 시대의 천문학자들은 그런 밝은 부분이 지구와 마찬가지로 극점의 만년설이라고 추정하는 데 큰 상상력이 필요하지 않게 됐다.

화성에 관한 추가적인 지식은 18세기에 천천히 나타났지만, 1780년 대 윌리엄 허셜의 연구 덕분에 증폭되기 시작했다. 허셜의 과학적 업적은 매우 많다. 그는 천왕성을 발견했고, 일부 항성이 다른 항성을 중심으로 공전하는 이른바 쌍성계의 존재를 입증했다. 그는 이런 발견을 이용해 모든 항성의 밝기가 본질적으로 같지 않으며, 희미한 항성과 밝은 항성이 있다는 사실을 증명했다. 지금에서 보면 허셜의 발견이 천문학자들에게는 너무 뻔하고 평범해 보이겠지만, 1800년 이전에는 밝기가 변한다고 알려진 소수의 항성을 제외하면 일부 항성이 다른 항성들보다 밝다는 사실을 증명하지 못했다.

허셜은 나아가 지구에서 보이는 항성들의 위치와 거리를 표시한 천체지도도 제작했다. 그는 밤하늘에서 가장 희미하게 보이는 항성이 우주의 가장 먼 가장자리에 있는 것들이라고 여겨 자신의 지도가 우주 전체를 옮긴 것이라고 믿었다. 이후 허셜이 그린 우주는 전체 우주가 아닌 은하수, 즉 우리은하의 일부라는 사실이 밝혀졌지만, 1920년 에드윈 허블(Edwin Hubble)이 천문학에서 혁명을 일으키고 난 뒤에야 그 사실을 이해할 수 있었다. 허셜은 또한 우리가 눈으로 볼 수 있는 영역 밖에 존재하는 빛이 있다는 사실도 발견했다. 오늘날 '적외선(赤外線, infrared ray)'이라고 부르는 빛이 가시광선의 빨간색 너머에 있다는 사실을 알아낸 것이다.

그는 햇빛을 프리즘에 통과시켜 각각 파란색, 노란색, 빨간색에 의해 온도계에 흡수된 열의 양을 측정했다. 그는 그런 다음 네 번째 온도계를 스펙트럼(spectrum)의 빨간 부분 너머에 뒀다. 그곳은 분명히 햇빛에 직접 노출하지 않은 곳이었다. 허셜은 이 온도계도 태양에서 열을 흡수했다는 사실을 발견했고, 눈으로는 감지할 수 없는 빛의 색의 형태로 지구에 도달한다는 결론을 내렸다. 이처럼 그가 했던 중요한 관측과 발견을 대략적으로 훑어보는 것만으로도 18세기의 위대한 천문학자라는 평가가 타당함을 알 수 있다.

허셜은 몇 차례에 걸쳐 화성을 치밀하게 관측했다. 그 관측은 당대의 천문학자들로 하여금 화성이 지구와 거의 흡사한 행성이라는 결론에 한 걸음 더 다가가게 했다. 허셜은 한 세기 전 마랄디가 처음 발견해 만년설일 것으로 추정했던 북극과 남극의 밝은 부분의 크기가 비동시적으로 늘었다 줄었다 하는 모습을 발견했다. 북극의 점이 작아지면 남극의 점이 커지고, 북극의 점이 팽창하면 남극의 점이 수축했다. 허셜은 그 같은 현상이 '계절'에 따른 변화라고 생각했다. 허셜의 생각이 옳다면 화성에 계절이 있을 뿐 아니라 지구처럼 화성의 북반구와 남반구의 계절이 화성의 1년을 기준으로 정확히 반 년 간격을 두고 변화한다는 사실까지 보여주는 것이었다.

1777년에서 1783년에 걸쳐 수행된 허셜의 치밀하고 집중적인 관측 덕분에 화성의 자전축이 공전 평면에 비교해 28.7도 기울어져 있다는 사실이 드러났고, 자전 주기가 24시간 39분 21.67초라는 사실도 알게 됐다. 이후 관측 기술이 발달함에 따라 허셜의 두 측정치가 실제 값과는 약간 차이가 있음이 밝혀졌다. 경사 각도는 25.2도이며 자전 주기는 24시간 39분 35초다.

더 중요한 것은 화성의 경사 각도 25도가 지구의 자전축이 황도(黃道, 태양의 둘레를 도는 지구의 궤도를 천구에 투영한 것)와 이루는 각인 23.5도와 거의 일치한다는 점이다. 지구에 계절의 변화가 존재하는 주요한 이유는 태양에서 지구의 거리가 변화하기 때문이 아니라, 지구가 이처럼 기울어져 있기 때문이다. 따라서 경사가 지구와 거의 같은 화성에도 봄, 여름, 가을, 겨울이 있어야 한다. 또한 그런 계절은 지구에서 오스트레일리아가 여름일 때 알래스카가 겨울이듯이 화성의 북반구와 남반구에서 반대로 일어나야 한다. 허셜이 발견한 화성의 경사는 화성의 밝은 극점이 만년설이라는 사실을 거의 확실하게 입증했다. 물론 정확히 그 부분이 어떤 얼음인지에 대해서는 한 세기는 더 토론해야 할 것이다.

새로운 발견이 나타날수록 화성은 점점 지구와 비슷해졌다. 허셜은 1784년 3월 11일 잉글랜드 바스(Bath)에서 열린 철학회 때 소논문 〈두 번째 회고록(Second Memoir)〉을 낭독하면서 다음과 같이 언급했다.

화성과 지구의 유사성은 태양계의 다른 어떤 행성보다 뚜렷하게 나타난다. 낮에 볼 수 있는 두 행성의 움직임(낮의 길이)은 거의 동일하다. 계절 변화의 원인인 황도의 경사도 비슷하다. 외행성(태양에서의 거리가 지구보다 먼 행성) 가운데 태양에서의 거리가 지구와 가장 비슷한 것은 화성이며, 따라서 화성의 1년은 지구의 1년과 큰 차이가 나지 않는다.[8]

마침내 허셜은 화성에 대기가 있다고 결론 내렸다. 또 한편으로 대기의 구름과 수증기가 원인이라고 했던 행성 특정 지역의 밝기 변화를 근거로 화성에 상당한 부피의 대기가 존재한다고 주장했다. 다른 한편으로는 아무리 화성에 가까이 다가가도 밝기가 전혀 변하지 않는 행성의 가장자리에서 3~4분도(보름달 각지름의 1/20에서 1/15 사이) 정도로 가까운 곳에 보이는 항성들을 발견할 수 있었다. 이와 같은 관측을 통해 그가 내린 결론은 화성의 대기는 표면에서 멀리까지 펼쳐져 있지는 않다는 것이었다.

2001년 허블 우주망원경이 촬영한 화성. 남반구 극관(아랫부분)의 얼음은 분명해 보이는 반면, 북반구의 극관(윗부분)은 먼지 폭풍에 가려져 보이지 않는다. 헬라스 평원(Hellas Basin, 아랫부분 오른쪽)에 두 번째 거대 먼지 폭풍이 보인다. 이 밖에도 물과 얼음이 섞인 구름이 북극을 둘러싼 모습과 남극에서 북쪽으로 뻗어 있는 모습 그리고 적도 부근에 있는 모습 등이 보인다. _NASA & Hubble Heritage Team(STScI/AURA).

그렇지 않다면 화성이 그런 항성에 다가갈 때 화성 대기는 이런 항성에서 나오는 빛을 흐릿하게 하거나 보이지 않게 했을 것이다.

19세기 화성 표면 지도가 완성되기 전까지 화성에 관한 인류의 지식에 주로 기여했던 인물은 독일의 천문학자 요한 히에로니무스 슈뢰터(Johann Hieronymus Schröter)였다. 그는 릴리엔탈(Lilienthal) 시에 자신의 천문대를 소유하고 있었으며 시의 최고행정관이기도 했다. 슈뢰터가 천문학 분야에서 성취한 업적은 상당히 많다. 그는 최초로 금성에 대기가 있다는 사실을 증명했고, 스스로 '릴리엔탈의 탐정들' 또는 '하늘의 경찰'이라고 이름 붙인 천문학자들 6명으로 구성된 단체의 회원이기도 했다. 이들은 화성과 목성의 궤도 사이에서 아직까지 발견하지 못한 천체를 찾으려고 노력했다. 결국 이 뛰어난 천문학자 집단은 1801년에서 1807년까지 7년 동안 세레스(Ceres), 팔라스(Pallas), 주노(Juno), 베스타(Vesta)를 발견했다. 이들은 현재 '소행성대(asteroid belt)'라고 알려진 태양계 일부에 속해 있다.

슈뢰터는 1785년에서 1803년까지 18년 동안 거의 계속해서 화성을 관측하며 230여 장의 서로 다른 그림을 그렸다. 그는 허셜의 발견 대부분이 사실임을 확인했지만, 경사 각도(27.95도)와 자전 주기(24시간 39분 50초)에 관해서는 허셜과는 약간 다른 값을 얻었다. 화성 지식에 슈뢰터가 가장 크게 기여한 부분은 화성에 있는 어두운 부분의 패턴이 끊임없이, 때로는 시간 단위로 변화한다는 사실을 발견한 데 있다. 이 패턴은 날이 바뀌고 해가 바뀌어도 같을 때가 없었다. 슈뢰터는 화성의 색이 바뀌는 것이 구름 때문이라고 결론 내렸다. 실제로 그는 화성의 어두운 부분이 화성 표면의 특징이라기보다는 전적으로 대기의 현상이라고 믿었다.[9]

18세기가 끝날 때까지 1600년대 초에 시작된 2세기 동안의 망원경 관측을 통해 인류는 붉은 행성이 어떤 곳인지 어느 정도 알게 됐다. 천문학자들은 정확하게 자전 주기, 자전축의 경사, 계절에 따라 커지고 작아지는 극관의 존재, 구름이 때로 표면의 일부를 가리는 얇은 대기 등을 조사했다. 그들이 내린 결론은 천문학자를 비롯한 관심이 있는 사람이라면 누구에게나 당연한 것이었다. 화성의 자전 주기는 지구의 낮과 밤의 회전과 비슷하다. 화성의 경사 각도는 지구 자전축의 기울어짐과 비슷하다. 화성의 계절 변화는 지구의 계절과 비슷하다. 화성의 극관은 지구의 만년설과 비슷하다. 얇은 대기가 구름에 의해 투명해지거나 불투명해지는 것은 지구의 대기에 구름이 있을 때와 비슷하다. 화성과 지구는 물리적으로 쌍둥이다.

04
상상 속의 행성

지구와 화성이 비슷하다는 사실을 발견한 천문학자들은 더 많은 유사점을 찾아보기로 했다. 화성의 하루, 계절, 해(年), 극관, 구름 등이 지구와 비슷하다면, 화성의 대기를 구성하는 내용물과 온도 등의 환경 역시 모든 점에서 인류에게 우호적인 지구와 비슷해야 한다.

그렇게 망원경과 욕망으로 무장한 천문학자들은 화성을 모든 면에서 지구와 비슷하다고 상상하기 시작했다. 1830년대에 그들은 상상 속에서 화성을 지구처럼 만들었다. 화성을 지구처럼 만드는 일은 적당한 온도, 흐르는 물, 숨 쉴 수 있는 대기 등 화성의 물리적인 환경을 바꿔서 지구와 같은 세상이 되게 하는 것이었다. 화성이 지구처럼 바뀌면 인간이 화성에 살 수 있을 것이었다.

19세기의 지구를 벗어나지 못하는 천문학자들은 당연히 화성을 지구처럼 만들지 못했다. 하지만 화성에 대한 집단적인 이해를 재빨리 재구성해 화성을 적대적인 세계에서 인간, 나비, 꽃 모두가 살 수 있는 세상으로 바꿀 수 있었다. 집단 본능과 결합한 상상력은 강력한 자기기만의 도구였다. 반세기가 지난 뒤 밝고 어두운 부분 몇 곳과 북극관·남극관 말고는 볼 것 없던 과거의 화성은 인류의 기술을 능가하는 기술력을 가진 선진 문명이 건설한 강, 만(灣), 바다, 대륙과 전체 행성을 뒤덮은 운하 시스템이 있는 완벽하고 화려하며 고도로 진화된 세상으로 바뀌었다.

과학적 상상력의 선봉에 서서 화성 개조 작업을 수행한 인물은 빌헬름 볼프 베어(Wilhelm Wolff Beer)와 요한 하인리히 폰 매들러(Johann Heinrich von Madler)라는 2명의 독일인들이었다. 베어는 은행가이자 아마추어 천문학자였고, 그의 천문학 연구 파트너 매들러는 직업 천문학자로 베어가 건립한 베를린의 사설 천문대에서 일을 시작했다. 베어의 재력 덕분에 매들러는 돈 걱정 없이 취미생활을 할 수 있었고, 세계 최고의 광학기술자 요제프 폰 프라운호퍼(Joseph von Fraunhofer)가 제작한 최고급 망원경을 마음대로 사용할 수 있었다.

프라운호퍼는 이미 우수한 천문학용 광학 장비를 갖추는 것이 얼마나 가치 있는 일인지 1814년 프리즘을 통과한 태양 빛의 스펙트럼에서 나오는 574개의 흑선을 연구하면서 증명한 바 있었다. 이 흑선을 통해 태양의 대기가 어떤 화학 물질로 구성돼 있는지 알 수 있었다. 지금도 천문학자들은 여전히 그 흑선을 '프라운호퍼선(Fraunhofer line)'이라고 부른다. 1830년대에 베어와 매들러는 작은 망원경도 천문학자들의 인내, 기술, 노력만 있으면 우수한 광학 품질의 이미지를 제공해 우주를 재해석하는 데 활용될 수 있음을 보여줬다.

베어와 매들러는 1831년에서 1839년까지 반복적으로 화성을 관측하는 프로그램을 수행했다. 그런 뒤 관측 결과를 천문학 최고의 학술지 〈천문학소식(Astronomische Nachrichten)》을 통해 발표했다. 이 학술지는 1821년 독일의 천문학자 하인리히 크리스티안 슈마커가 창간했고 지금도 출간되고 있는 가장 오래된 천문학 전문지다. 이들은 또한 자신들의 연구를 모아 책으로 엮어 1840년 프랑스, 1841년 독일에서 출판했다. 그들은 위도는 남위 90도에서 북위 90도까지, 경도는 360도 전체를 포괄하는 화성의 북반구와 남반구를 분리해 만든 최초의 온전한 화성 표면 지도를 출간했다. 당시 베어와 매들러는 작지만 아주 뚜렷한 검정색 부분이 눈에 잘 띄고 적도로 추정되는 곳과 가까운 곳에 있으니 그곳을 화성의 자전 주기를 계산하는 데 준거점으로 삼아야 한다고 생각했다."[1]

그들은 이 작고 검은 부분을 지도에 a자로 표기한 다음, 마치 지구에서 런던 그리니치(Greenwich)를 지나는 경도의 선을 0도 자오선으로 정의하듯 화성 표면의 한 점을 0도 자오선으로 정의했다.

베어와 매들러는 화성과 지구 사이의 먼 거리 때문에 산에 드리워진 그림자를 다른 그림자와 구별할 수는 없지만, 햇빛을 다르게 반사하는 지역을 알아낼 수는 있다는 데 주목했다. 즉, 밝은 부분과 어두운 부분을 동시에 볼 수 있었는데, 그들은 이를 "지구에서도 서로 다른 지역의 반사력의 차이에 따라 달라지는 것처럼, 결국 반사하는 힘이 다르기 때문에 발생하는 것이 틀림없다"고 주장했다. 화성의 일반적인 '붉은색조'에 관한 연구에서 그들은 어떻게 이들 지역의 색깔이 지구의 아름다운 석양의 색을 떠올리게 하는지 알아냈다. 이 결론으로 그들은 "화성에는 지구와 비슷하게 상당한 규모의 대기가 존재한다"는 사실을 분명히 하게 됐다.

논리는 단순했다(하지만 이상했다). 화성의 붉은색을 식별한다. 화성의 붉은색과 관련 있는 지구의 붉은색을 띤 무언가를 연상한다. 석양이다.

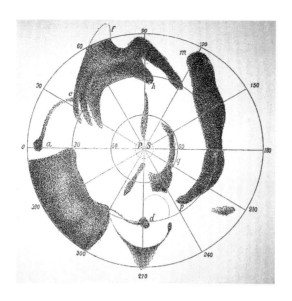

1840년 베어와 매들러가 그린 남극을 중심으로 한 화성의 남반구 지도. 훗날 카미유 플라마리옹이 '자오선 만 (Meridian Bay)'라고 부른 'a'로 표시한 지점은 베어와 매들러가 화성의 위도 체계의 원점(0도)으로 정의하는 데 이용됐다. _Flammarion, La Planete Mars, 1892.

그렇게 화성의 붉은색이 두터운 대기를 관통하는 태양 빛에 의해 생긴 것이라는 결론을 도출한다. 당연하게도 이 논리는 조롱을 받아 마땅할 정도로 허점이 있다. 왜냐하면 우리는 붉은 석양이 해가 지면서 지구를 훑고 가는 것임을 알기 때문이다. 또한 우리는 이제 화성 표면에 있는 먼지에 철이 풍부해서 화성이 붉게 보인다는 사실도 안다. 그러나 당시 베어와 매들러 그리고 그들의 연구를 주시했던 사람들 눈에는 이 같은 사실이 보이지 않았다. 베어와 매들러는 확신에 차서 화성에 상당히 큰 규모의 대기가 있다는 사실을 입증하려고 애썼다.

그들은 극점에 관한 토론을 계속하면서 어떠한 의심이나 실제적인 단서도 없이 "극점이 눈으로만 구성돼 있으므로 여름의 시작과 함께 부피가 줄어든다"고 결론 내렸다. 그들은 극점의 얼음이 녹아 증발하면서 증발하는 눈에 가까운 표면의 습도가 매우 높아져 축축한 토양이 형성된다고 강조하면서 지구와 화성은 물리적인 조건도 유사하다는 주장을 계속했다. 베어와 매들러는 여러 해 동안 망원경을 이용해 6,400만 킬로미터 떨어진 화성에서 지구를 연구할 때 볼 수 있다고 상상했을 모든 것을 본 것이었다. 아니면 보았다고 상상한 것이었다.

20년 뒤인 1858년 화성이 충에 섰을 때, 로마에 있는 로마 기숙학교 천문대의 안젤로 세키(Angelo Secci) 신부가 화성의 지도를 만들었다. 세키 신부는 자신 만든 지도에서 발견한 커다란 파란색 삼각형 부분을 '애틀랜틱 캐널(Atlantic Canal)'이라고 불렀다. 세키 신부가 붙인 '운하'를 뜻하는 캐널은 이탈리아어로 앞서 언급한 '카날리'다. 화성 표면에 있는 특정 지형에 캐널이라는 단어를 처음으로 쓴 인물이 바로 세키 신부다.

그는 또한 두 넓은 지역을 연결하는 더 작은 운하도 발견했다. 그는 "이 두 운하는 붉은 빛 대륙 지역을 감싸고 있다"라고 썼다. 화성 표면의 색이 물리적으로 무엇을 나타내는지에 관해 세키 신부는 해답을 가지고 있었고 자신감이 넘쳤다.

"붉은색 지역은 푸른색 지역처럼 본질이 무엇인지 의심스러울 만큼 변화가 없다. 붉은색 지역은 고체, 푸른색 지역은 액체인 듯 보인다."

붉은 지역이 고체, 즉 육지이고 푸른 지역이 액체인 까닭은 정확히 무엇일까? 당시 천문학자들은 (지구를 우주에서 보았을 때) 푸른색에 가까울수록 바다이고 붉은 지역은 육지라고 생각했기 때문이다. 이런 근거로 천문학자들은 동일한 색상–물질 관계가 화성에도 틀림없이 적용될 것이라고 확신했다. 세키 신부는 결과적으로 화성에도 지구처럼 바다와 대륙이 있다는 사실을 '증명'했다. 그는 크고 파란 삼각형 부분이 구세계와 신세계를 분리하는 대서양(Atlantic)과 같은 역할을 하는 것으로 보고 크고 파란 삼각형 부분을 애틀랜틱 캐널, 즉 대서양 운하라고 부른 것이다. 그는 또한 지협, 붉은 대륙, 푸른 해협, 밝은 구름 등에 관해서도 논의했다. 이런 특징들은 화성이 지구와 매우 유사한 곳인 것처럼 느껴지게 했다.

훗날 리오데자네이루 천문대 책임자가 된 파리 천문대의 천문학자 에마뉴엘 리에(Emmanuel Liais)는 세키 신부의 연구를 바탕으로 1860년 화성의 붉은 빛은 '식물' 때문이라고 선언했다. 그의 단언은 붉은 지역이 넓은 육지이고, 붉은색 식물로 뒤덮여 있다는 사실을 관측을 통해 알아냈다면 말이 된다. 그렇지만 리에는 그에 대해 아는 바가 없었다. 그가 확실히 아는 것은 지구의 광활한 육지를 뒤덮고 있는 식물이 붉은색이 아니라 초록색이라는 사실뿐이었을 것이다. 그것이 화성에 관한 자신의 확신에 영향을 준 것으로밖에 보이지 않는다. 그가 보기에 화성에 있는 대륙만한 크기의 식물 지역은 아무리 생각해도 붉은색이 틀림없었던 것이다.

이제 막 열아홉 살이 된 프랑스인 천문학자 카미유 플라마리옹(Camille Flammarion)은 저서 《생명체가 사는 세상의 다원주의(La Pluralite des Mondes habites)》 초판을 1862년에 출간했다. 이 책은 처음에는 56쪽 분량의 소책자로 나와 2프랑에 살 수 있었는데, 외계 생명체의 존재에 대한 플라마리옹의 확신을 드러내고 있었다. 초판은 금세 전부 팔렸다. 그 대신 파리 천문대에서 일하고 있던 플라마리옹은 직업을 잃었다. 그러나 468쪽으로 늘어난 재판 덕분에 플라마리옹은 인기 천문학자로 자리를 잡게 된다. 19세기에 쓰인 다른 책처럼 《생명체가 사는 세상의 다원주의》는 1864년에서 1872년 사이에만 17쇄까지 출간돼 미래의 화성과 화성인에 관한 생각에 큰 영향을 미쳤다. 플라마리옹은 지구와 화성 사이의 많은 유사성을 지적하면서, 그 유사성이 자연스럽게 화성에 지적인 존재가 살고 있다는 결론으로 이어진다고 단정했다.

> 지구와 대기를 감싸고 있는 대기 외층, 주기적으로 양극지점에 나타나는 눈, 때때로 대기 안에서 커지는 구름, 대륙과 바다에 관한 지표면의 지리학적 배치, 계절에 따른 변화와 이들 두 세계에 공통적인 기후 등은 두 행성에 비슷한 특징을 가진 집단적인 존재가 살고 있다고 믿게 한다.[2]

1862년 안젤로 세키 신부는 다시 화성 연구를 시작했다. 그는 화성은 달을 제외한 모든 천체 가운데 가장 연구가 잘되어 있으며, 허셜을 비롯한 천문학자들은 화성에서 바다와 대륙은 물론이고 겨울과 여름의 계절의 영향도 관측해왔다고 기록했다. 세키 신부는 이어서 극점 부분의 크기와 화성에 액체 상태의 물과 바다가 존재한다는 사실을 증명한 구름의 외형 변화를 설명했다.

"바다와 대륙의 존재 그리고 계절이 바뀌고 기후가 변화한다는 사실까지 모두 오늘날 최종적으로 증명됐다."

주목할 점은 세키 신부가 화성에서 물을 발견했다고 "믿는다"고 쓰지 않았고, 화성에 바다와 계절이 있다고 "생각한다"고도 하지 않았다는 것이다. 그의 강한 자신감은 "최종적으로 증명됐다"는 문장으로 드러났다. 그는 화성에 관한 많은 것들을 "증명했다"고 말하는 데 주저함이 없었다.

나아가 그는 베어와 매들러가 e, f, h처럼 알파벳으로 식별할 수 있게 정해놓기만 한 화성의 특정 지역에 국제적으로 다양한 문화에서 쓰이는 이름을 이용해 쿡 해(Cook Sea), 마르코 폴로 해(Marco Polo Sea), 프랭클린 운하(Franklin Canal) 등의 이름을 지어주었다. 붉은 지역은 캐벗 대륙(Cabot Continent)이 됐고 상상 속의 화성 개조는 계속됐다.

윌리엄 루터 도스(William Rutter Dawes)는 의사이자 목사였지만, 19세기 중반 영국에서 천문학자로 크게 알려졌던 인물이다. 그의 연구 결과는 천문학계에 큰 영향을 미쳤다. 1850년에 그는 토성의 이른바 '크레이프 고리(crepe ring, 현재는 'C 고리'라고 부른다)'를 발견했고, 천문학계 일반에서 목성 대기의 특징인 '대적반(Great Red Spot)'의 존재를 사실로 인정하기 몇 해 전인 1857년에 이미 목성의 대적반을 발견한 공로를 인정받았다. 왕립 천문학회는 1855년 그에게 금메달을 수여했고, 10년 뒤인 1865년에는 그를 회원으로 선출했다. 도스가 자신의 관측 기술을 화성을 관측하는 데 적용하기로 하자 천문학계가 비상한 관심을 보였다.

1865년 도스는 화성의 그림 8장을 발표했다. 1864년 말 화성이 충에 있을 때 스케치한 뒤 왕립 천문학회 월간 회지에 기고한 것이었다.[3] 다른 많은 천문학자들은 도스에 대해 경외감을 갖고 있었고, 그가 다른 관측자들이 접근할 수 없는 곳까지 볼 수 있다고 믿었다. 무엇보다도 도스의 명성은 바로 그런 연구에서 비롯된 것이었다. 이처럼 도스의 아름다운 그림들은, 카미유 플라마리옹의 표현을 따르자면 "화성의 지형에 관한 우리 지식의 커다란 발전"을 나타낸다.[4]

도스의 매우 중요한 발견 중에는 원래 베어와 매들러가 발견했던 "뚜렷하게 갈라진 강의 하구를 연상시키는" 작은 원형 지역이 있었다. 하지만 도스는 정작 강이 어디에 있는지는 찾아내지 못한 채 "화성의 붉은 빛은 대기에서 생긴 것이 아니며", "붉은색은 언제나 정확히 대기가 가장 얇은 원반 모양의 중심부에서 두드러지기 때문"이라고 결론 내렸다. 관측자가 화성의 붉은 빛을 볼 때는 언제나 화성의 대기를 통해 본다는 사실을 암시하는 이 같은 개념은 1854년에서 1857년에 걸쳐 프랑스의 물리학자이자 천문학자 프랑수아 아라고(Fransois Arago) 사후에 출간된 저서 《대중 천문학(Astronomie populaire)》에 가장 먼저 등장했지만, 명확히 효과적으로 설명되진 못했었다.[5]

하지만 도스의 연구는 화성을 연구하는 학자들에게 지대한 영향을 미쳤다. 결과적으로 1860년대 말까지 화성의 붉은색은 표면의 환경을 나타내는 것이지 대기 현상은 아니라는 의견이 널리 인정받게 됐다. 그러자 "표면의 붉은색은 어디에서 나오는 것인가?"라는 더 근본적인 질문이 대두됐다. 에마뉴엘 리에는 벌써부터 붉은색이 식물을 나타낸다는 의견을 제시했다. 다른 이들도 같은 의견이었다.

모든 부분에서 화성을 지구와 비슷한 행성으로 재해석하는 다음 단계는 1860년대와 1870년대에 천문학을 대중화하는 데 큰 역할을 했던 영국의 리처드 프록터(Richard Proctor)가 담당했다. 프록터는 이미 천문학자로서 명성을 쌓고 있었다. 그는 도스와 마찬가지로 1866년 왕립 천문학회 회원으로 선출됐으며, 킹스칼리지 런던(King's College London)의 명예회원이었다. 프록터는 지속적으로 《토성과 토성계(Saturn and his System)》(1865), 《행성의 궤도(Planetary Orbits)》(1867), 《다른 세상(Other Worlds than Ours)》(1870), 《천문학 지도(Atlas of Astronomy)》(1873), 《324,000개 항성 지도(Chart of 324,000 Stars)》(1873) 등 많은 책을 출간했다. 1888년 《천문대(The Observatory)》에 게재된 부고 기사에서는 프록터를 일컬어 "영어를 사용하는 곳이라면 어디에서나 과학 해설자로서 그의

이름은 보통명사였다"라고 표현하고 있다.[6]

1867년 프록터는 《화성도(Charts of Mars)》를 출간하면서 도스가 그린 화성 그림을 이용해 "제대로 만든 용어 체계"가 포함된 화성 지도를 제작했다. 지도에서 프록터는 화성 표면에서 식별 가능한 모든 부분에 이름을 붙였다. 프록터 덕분에 화성에는 현재 4개의 대륙(허셜 I, 도스, 매들러, 세키)과 2개의 대양(도스양, 들라루양)이 있다. 또한 프록터가 '랜드(land)'라고 이름 붙인 지역인 카시니(Cassini), 힌드(Hind), 로키어(Lockyer), 라플라스(Laplace), 폰타나(Fontana), 라그랑지(Lagrange), 캄파리(Campari) 등과 '바다(sea)'로 분류한 마랄디(Maraldi), 카이저(Kaiser), 메인(Main), 도스(Dawes), 훅(Hooke), 베어(Beer), 티코(Tycho), 에어리(Airy), 델렘브레(Delembre), 필립스(Phillips) 등이 있다.

도스는 공개적인 의견을 받아 이름을 선정했지만, 프록터는 이 모든 이름을 혼자 지었다. 프록터는 만, 해협, 섬, 만년설 등을 각각 구분했다(프록터가 지은 이름 중에 현재 사용되는 것은 없다). 또한 프록터는 현존하는 모든 자전 주기 측정치를 모아서 비교한 결과 올바른 화성의 자전 주기*가 24시간 37분 22.7초라고 결론지었다. 프록터의 계산은 맞았다. 현대의 계산 값은 24시간 37분 22.663±0.002초다.[7]

상상 속의 화성 테라포밍은 영국의 미술가 너새니얼 그린(Nathaniel

---

* 이 자전 주기는 태양이 아닌 항성 및 전체 우주를 기준으로 한 주기이며 '항성일(恒星日, sidereal day)'이라고 한다. 태양을 기준으로 한 화성의 자전 주기, 즉 '태양일(太陽日, solar day)'은 일출과 일출 사이에 걸리는 시간이며, 항성일보다 2분 정도 긴 24시간 39분 35.2초다. 항성일과 태양일이 다른 이유는 화성이 자전하면서 공전하므로, 자전하는 동안 화성은 정확히 같은 자리에 머물지 않기 때문이다.

Green)의 기여로 가장 진보된 단계에 도달했다. 1877년 그린은 포르투갈의 마데이라(Madeira) 섬을 여행했다. 그는 섬의 해발 700미터 높이로 올라가 영국보다 남쪽인 곳에 있으면 화성이 영국에서 볼 때마다 훨씬 높이 보일 테니 멋진 광경을 볼 수 있으리라고 믿었다. 8월 중순에서 10월 초까지 그린은 꽤 커다란 망원경(지름 13인치)을 사용해 화성 전체의 구성도와 석판화를 제작하는 작업을 시작했다. 왕립 천문학회가 내놓은 그린의 화성의 지형도(Areographical chart of Mars)*는 프록터 이후 화성 지도의 최신판이었다. 그린의 지도에도 이름이 바뀌긴 했지만 대륙 네 곳이 있었다. 허셜, 매들러, 세키는 그대로였지만 도스 대륙은 없어졌고, 베어 대륙이 그 이름을 대신했다. 도스양과 들라루양도 남아 있었다. 그린이 보기에 도스라는 이름을 대륙과 대양에 모두 붙일 수는 없는 것으로 판단한 듯 보인다.

화성의 지도가 공들여 만들어졌으므로 상상 속의 화성 개조는 마무리할 때가 됐다. 이제 천문학자들은 물과 식물의 결정적인 단서를 찾아서 지구를 닮은 화성의 비전을 창조하는 과정을 시작했다.

---

* 화성지리학(areography)은 화성 표면 지형에 관한 지리학을 말한다.

05

안개 낀 붉은 땅

19세기 중반 천문학자가 사용한 중요한 연구 기법 가운데 하나는 새로 고안된 '분광학(分光學, spectroscopy)' 기술을 화성 연구에 적용하는 것이었다. 분광학이라는 도구를 이용해 천문학자들이 발견한 것은 자신들이 화성의 지표면과 대기에 물의 존재에 대한 증거가 있으리라 믿고 있다는 사실이었다. 그들은 화성에 물이 존재한다고 생각했기에 화성의 기후가 지구와 비슷하며 화성에 있는 붉은색 부분이 식물이라고 믿었다.

분광학에서는 빛을 프리즘이나 격자(格子, grating, 빛을 반사할 수 있다)에 통과시켜 빛을 구성하는 색이 퍼져 나오면 색상에 따른 밝기를 연구한다. 간단히 프리즘 하나만 있으면 무지개 속에서 여러 가지 색깔을 볼 수 있다. 하지만 고해상도 격자를 이용하면 가시광선이 훨씬 넓게 퍼져 수천 가지의 서로 다른 파란색을 볼 수 있고, 이어서 수천 가지의 녹색이 서서히 수천 가지 노란색으로 바뀌어가고, 그런 다음 수천 가지 주황색을 거쳐 수천 가지의 빨간색으로 이어지는 모습을 볼 수 있다.

지구 표면에 있는 망원경을 이용해 화성의 스펙트럼을 얻을 때에는 우리가 보고 있는 빛이 태양이라는 광구(光球)에서 온다는 사실을 고려해야 한다. 태양의 외기권을 통과해 방출된 햇빛은 2억 2,500만 킬로미터의 거의 텅 빈 공간을 가로질러 태양계를 이동해서 화성의 대기를 뚫고 들어가 화성 표면에서 반사된 뒤 다시 화성의 대기를 통과해 4,000만~8,000만 킬로미터의 행성 간 공간을 더 이동한 다음 지구 근처로 다가온다. 그리고 마침내 햇빛은 지구의 대기를 통과한다.

실제로 화성의 스펙트럼에는 수천 가지의 미세하게 다른 색상 중 일부가 잘 보이지 않거나 빠져 있다. 일부 분자나 원소가 태양의 대기 상층부, 화성의 대기, 지구의 대기 등에서 원래 햇빛의 해당 색상의 일부 또는 전부를 흡수했기 때문이다. 이런 이유 중 하나로 인해 빛의 양이 감소되거나 없어진 스펙트럼의 영역을 '흡수선(absorption line)'이라고 부른다. 1814년 요제프 폰 프라운호퍼가 태양의 스펙트럼에서 발견한 570개의 흑선이 바로 태양의 대기에서 만들어지는 흡수선이며, 이것들은 우리에게 태양의 대기 외층이 어떤 성분으로 구성돼 있는지에 대한 화학적인 단서를 제공한다. 천문학자들은 치밀하게 설계된 실험을 통해 화성에서 오는 가시광선의 특정 색을 없애는 분자 등의 요소(이들은 모두 햇빛이 반사된 것임을 기억해야 한다)가 태양, 화성, 지구의 대기 중 어디에서 발견되는지 추론할 수 있다.

화성의 스펙트럼 분석 분야의 연구는 런던 왕립천문학회의 윌리엄 허긴스(William Huggins)와 킹스칼리지 런던의 화학 교수 윌리엄 앨런 밀러(William Allen Miller)가 주도했다. 그들은 1863년 4월에는 원시적인 분광기를 이용했지만 1864년 8월과 11월에는 개선된 장비를 이용해 다시 조사했다. 그 과정에서 가시광선 스펙트럼의 보라색 끝 부분(단파장)에서 가까스로 몇 개의 강력한 흡수선을 발견했다. 그들은 그것이 화성과 관련 있다고 생각했다. 즉, 화성이 붉은색(장파장)인 이유가 화성이 붉은색 빛은 잘 반사하지만 보라색과 파란색 빛은 잘 반사하지 못해서라고 주장했다. 이는 빨간 페인트가 빨간색인 이유와 같다. 빨간 페인트에 들어 있는 화학 물질은 보라, 파랑, 초록, 노란 빛 등은 흡수하고 빨간 빛은 반사한다.

허긴스는 화성에 대한 분광학적 연구를 계속한 결과를 1867년 왕립천문학회 월간 회지에 발표했다.[1] 화성의 스펙트럼을 달에서 얻은 스펙트럼과 비교한 다음 달에 반사된 빛의 스펙트럼에서도 보이는 화성의 스펙트럼의 특징을 식별했다. 그런 방식으로 허긴스는 태양, 달, 지구의 대기로 인한 스펙트럼의 특징을 식별할 수 있었다. 허긴스의 결론은 상당히 합리적이었다. 화성의 스펙트럼에서 보이지만 달의 스펙트럼에서는 보이지 않는 특징은 화성의 대기나 지표면에서 생긴 것이 틀림없었다.

허긴스는 화성의 스펙트럼에서 다수의 흡수선을 발견했다. 이들 흡수선은 프라운호퍼 F선(훗날 활성화된 수소 원자로 인해 발생하는 것으로 알려지게 되는 스펙트럼의 파란 부분에 있는 흡수선) 근처에서 발견됐다. 허긴스가 알기로 F선은 태양의 대기에서 생성됐다. 화성의 스펙트럼에 있는 다른 모든 선은 태양의 스펙트럼에는 없었고, 따라서 모두 화성에 의해 생긴 것이라고 생각했다. 이 선들은 화성 스펙트럼의 파란색에서 보라색까지의 영역(빨간색의 반대)을 모두 채웠고, 결과적으로 화성에서 반사된 빛에서 파란색과 보라색 대부분이 없어졌다.

허긴스는 이제 1864년에 이미 이해하게 된 것을 훨씬 완벽하게 설명할 수 있을 만큼 많은 정보를 축적했다. 화성이 붉게 보이는 이유는 처음 화성에 도착한 보라색과 파란색 빛 대부분이 화성의 대기에 흡수되고 붉은색은 반사되기 때문인 것으로 그는 추정했다. 1864년 이들 보라색과 파란색 흡수선은 8월보다 11월에 약해졌다. 화성이 8월보다 11월에 보라색과 파란색을 더 많이 반사했다.

결과적으로 화성은 8월보다 11월에 덜 붉어졌다. 화성이 더 많은 파란색과 보라색을 반사했기 때문이었다. 허긴스는 햇빛이 표면에 반사되는 8월에는 더 붉게 보이고, 햇빛이 대기 중 물에 반사되는 11월에는 더 파랗게 보인다고 결론 내렸다.[2] 바꿔 말하면 허긴스는 화성에 안개가 끼면 파란색 빛을 반사하고, 대기에 안개가 없으면 햇빛이 표면에 도달해 파란 빛이 흡수되는 대신 붉은 빛이 반사돼 지구에서 관측하는 자신의 망원경 렌즈로 들어온 것이라 믿었다.

1860년대 말 허긴스는 광학 도구와 천문학에 적용해온 화학을 이용해 '천체물리학(astrophysics)'이라는 새로운 학문을 창안하는 데 도움을 주었다. 그후 천문학자들은 더 이상 천체의 위치와 밝기를 측정하는 데만 갇혀 있지 않았다. 그들은 항성과 행성의 대기를 구성하는 물질을 발견하기 위해 천체의 스펙트럼을 이용하는 법을 배웠다. 그리고 스펙트럼의 특징을 이용해 온도, 압력, 밀도, 화학적 구성, 운동, 질량을 알아내는 법을 알아냈다.

이 정보는 결국 물리학의 기본적인 법칙과 결합해 항성 내부의 물리적인 구조를 이해하고 항성이 어떻게 형성됐는지, 어떻게 항성에서 빛이 나오는지, 항성이 핵융합을 통해 어떻게 수소를 더 무거운 원소로 바꾸는지, 시간이 흘러가면서 내부 구조가 어떻게 변화하는지, 수명이 얼마나 되는지, 어떻게 언제 왜 소멸하는지 이해하게 해줬다. 20세기의 분광학은 전체 우주의 구조와 진화를 이해하는 열쇠가 됐다.

허긴스는 이처럼 새롭게 개발한 천체물리 분광학 기술을 천체 중에서도 행성의 대기 연에 적용해 분광학의 시대를 열었다. 그 결과 놀랄 만한 결과가 나타났다. 화성의 대기에 물이 존재한다는 데 대한 분광학적 단서를 발견한 것이었다. 화성에 (또는 화성의 대기에) 물이 존재한다는 주장은 더 이상 "표면에 보이는 어두운 점은 바다처럼 보인다"는 선언에만 의지하지 않아도 됐다. 이제 물리학과 화학의 감식 도구를 이용하면 화성에서 온 빛을 구별해 물이나 다른 물질에 대한 분광학적 단서를 찾아낼 수 있었다. 화성에 물이 존재한다는 사실을 증명하자 화성이 지구와 비슷하다는 생각에 대한 신뢰도가 크게 높아졌다. 화성에 물이 있다는 분광학적인 단서가 나타났다면 이른바 만, 바다, 대양도 보이는 그대로일지 몰랐다.

허긴스의 분광학 연구는 선도적이었을 뿐 아니라 성공적이었다. 화성의 분광학적 특징을 식별하는 데 활용한 그의 기법은 태양이나 지구의 대기의 특징을 식별할 때와는 대조적으로 효과적이었고 지금도 여전히 효과적이다. 그렇지만 그는 어떤 물질 때문에 화성의 스펙트럼에 다수의 파란색 및 보라색 흡수선이 나타나는지 실제로 알지 못했기 때문에 화성의 대기에 물이 존재한다는 실질적인 단서는 얻지 못했다. 당시 천문학자들이 널리 수용했던 그의 주장은 경험에 근거한 추측에 불과했고 오늘날 알려진 바와 같이 그가 데이터를 지나치게 확대 해석한 결과였다. 그처럼 허긴스의 주장이 도가 지나쳤지만 그의 지대한 영향력 때문에 여전히 많은 사람들이 그를 따랐다.

분광학 기술을 이용해 1868년 개기 일식 때[*] 최초로 태양 대기에서 헬륨을 관측하고 1875년 뫼동(Meudon) 천문대를 설립한 프랑스의 천문학자 쥘 장센(Jules Janssen)은 허긴스의 연구에 자신만의 상상력이 넘치는 분광학적 실험을 추가했다. 1867년 장센은 장비를 싣고 시실리 섬에 있는 해발 3,398미터 높이의 에트나(Etna) 산 정상으로 올라갔다. 그곳에서 그는 달과 화성 그리고 토성의 스펙트럼을 얻어냈다. 그는 높은 곳에서는 지구 대기에 있는 대부분의 물보다 높이 있어서(사실 그가 틀렸다[**]) 지구의 수증기가 달과 화성의 스펙트럼에 미치는 영향을 최소화할 수 있을 것이라고 생각했다. 지구의 수증기에서 발생하는 신호로 인한 스펙트럼 오염을 최소화하고 높은 곳에서 얻은 스펙트럼을 팔레르모(Palermo)의 해수면에서 얻은 화성의 스펙트럼 및 파리의 라빌레트 공원에서 채취한 수증기에서 얻은 스펙트럼과 비교해, 그는 화성과 지구의 대기에 포함된 물의 양을 정확히 측정했다고 생각했다. 자신의 연구를 통해 그가 내린 결론은 허긴스와 비슷했다. "화성과 토성의 대기에서 수증기의 존재"를 찾아냈다는 것이었다.[3]

윌리엄 월리스 캠벨(William Wallace Campbell) 역시 허긴스와 마찬가지

---

* 당시 장센은 태양의 스펙트럼에서 밝고 노란 선을 보았을 뿐이었다. 같은 해 영국의 천문학자 노먼 록키어(Norman Lockyer)가 이와 같은 선을 발견했다. 노란 선을 나타나게 한 헬륨은 1895년 스코틀랜드의 화학자 윌리엄 램지 경(Sir William Ramsay)이 최초로 분리했다. 램지는 공기 중에서 비활성 기체 원소들을 발견하고 주기율표 자리를 정하는 데 기여한 공로로 1904년에 노벨 화학상을 받았다.

** 지구 대기의 밀도는 고도 5,600미터에서 해수면의 약 50퍼센트다. 하지만 대기에서 수증기의 양은 해발고도뿐 아니라 지질학적인 위치에 따라서도 달라진다.

로 천문 분광기술의 선구자였다. 1888년 캘리포니아 대학은 릭(Lick) 천문대를 설립하고 얼마 지나지 않아 초대 천문대 책임자 캠벨을 선임 천문학자 제임스 킬러(James Keeler)의 조교수로 임용해 분광 관측을 돕게 했다. 킬러가 앨러게니(Allegheny) 천문대로 떠난 뒤 캠벨은 선임 분광기술 전문가 업무를 인계받았다. 캠벨은 곧바로 강력한 도구를 자신의 업무에 활용했다. 그중 하나였던 직경 36인치 대형 굴절 망원경은 이 망원경을 기부한 캘리포니아의 부호 제임스 릭(James Lick)이 염원하던 "지금까지 만들어진 망원경 중에 가장 뛰어나고 강력한 망원경을 만들겠다"던 목표를 이루게 해줬다.[4]

1894년 허긴스와 장센의 실험 규정(특히 습도가 높은 환경에서 관측을 했을 때)에서 그들이 저지른 실수를 주의 깊게 살펴본 캠벨은 캘리포니아의 건조한 기후, 세계 최대의 망원경, 릭 천문대의 높은 고도(1,298미터), 개선된 장비 등이 어우러져 화성 대기에 관측이 가능할 만큼의 수증기가 존재하는지 여부에 대한 분석을 수행할 수 있으리라고 밝혔다. 그런 다음 화성의 스펙트럼과 달의 스펙트럼을 비교할 기준과 동일한 관측 조건에서 그런 스펙트럼을 얻어낼 방법을 제시했다. 1894년 7월과 8월 동안 열흘 밤에 걸쳐 화성과 달을 관측한 뒤 그는 이렇게 발표했다.

"동일한 좋은 조건에서 관측한 화성과 달의 스펙트럼은 모든 면에서 똑같아 보인다."

달에는 대기가 없기 때문에 캠벨은 답을 잘 알고 있었다. 달의 스펙트럼에서 흡수선은 모두 지구의 대기에 의한 것이었다. 또한 달과 화성의 스펙트럼은 똑같아 보이므로 화성에도 같은 결론이 적용될 수 있다. 그는 이렇게 덧붙였다.

"양쪽 스펙트럼에서 관측된 대기와 수증기 대역은 모두 지구 대기의 요소에 의한 것으로 보인다. 따라서 이번 관측은 화성의 대기에 수증기가 포함돼 있다는 어떠한 단서도 제공하지 못한다."[5]

캠벨은 허긴스와 장센이 찾은 것은 지구의 대기에 있는 수증기이며 화성의 대기에 포함된 수증기가 아니라고 자신 있게 밝혔다. 1894년 11월 캠벨이 허긴스의 주장에 의문을 던지자 허긴스는 30년 전의 연구를 다시 살폈다. 허긴스가 그 의문에 답을 해줬다. 먼저 그는 달과 화성의 스펙트럼 사진을 얻었지만, 11월의 사진에서는 달과 화성의 스펙트럼 사이에서 어떠한 차이도 식별할 수 없었다. 하지만 12월 사흘 밤에 걸쳐 허긴스와 그의 아내가 달과 화성의 희미한 스펙트럼을 눈대중으로 몇 분 정도 비교했다. 허긴스는 새롭게 창간된 학술지 〈천체물리학저널(Astrophysical Journal)〉 창간호에 이렇게 썼다.

"우리가 거의 전적으로 집중해서 관측한 대기권 대역에서 달의 스펙트럼 밝기가 상당히 변화했다. 하지만 우리는 늘 화성의 스펙트럼보다 강할 것이라 예상하고 있었다. 반복해서 수행된 아내의 독립적인 관측도 내 관측 결과와 동일했다."

그의 결론은 "분광 기술을 통해 화성의 대기로 인한 흡수선을 볼 수 있었다는 강한 확신이 생겼다"는 것이었다. 말로 표현하지는 않았지만 이 흡수대(absorption band)˙가 화성의 대기에 수증기가 있다는 증거라고 이

• 흡수대는 동일한 원천에서 발생(예컨대 물 분자)하고 공통의 에너지 상태에 있는 일련의 스펙트럼 선으로, 비슷한 파장의 선이 모여 있는 띠를 말한다. 낮은 해상도에서는 다수의 흡수선이 섞여 하나의 단일하고 넓은 흡수대로 보인다.

해했다.[6] 〈천체물리학저널〉에 발표되긴 했지만 허긴스의 결론은 육안으로 화성의 색을 판단하는 전근대적 기법에 바탕을 두고 있었다.

1908년 애리조나 플래그스태프(Flagstaff)에 위치한 로웰(Lowell) 천문대에서 퍼시벌 로웰의 직원으로 일하던 베스토 멜빈 슬라이퍼(Vesto Melvin Slipher)는 플래그스태프의 높은 고도(2,210미터)에서 화성을 관측했다. 수십 년이 지나지 않아 슬라이퍼는 전체 역사는 아닐지라도 20세기의 위대한 관측 천문학자의 반열에 올랐다. 그의 가장 중요한 연구는 1913년경부터 계속해서 10년 동안 은하 수십 곳의 시선속도(radical velocity, 지구를 향해 다가오거나 멀어지는 속도)를 측정해 그들이 대부분 '적색편이(redshift)'하고 있다는 사실을 발견한 것이다. 그러니까 거의 모든 은하가 우리은하에서 초속 수백에서 수천 킬로미터의 속도로 멀어지고 있다는 뜻이다.

에드윈 허블은 1929년 슬라이퍼의 시선속도와 최근 자신이 구한 시선속도가 이들 은하의 거리와 양의 상관관계가 있다는 사실을 깨달았다. 거리가 먼 은하일수록 가까운 은하보다 더 빠르게 우리은하에서 멀어져 간다는 것이었다. 따라서 슬라이퍼의 은하의 적색편이 속도 측정은 곧바로 허블의 '팽창 우주(expanding universe)' 발견과 우주가 '빅뱅(Big Bang)'과 함께 시작됐다는 사실과 이어진다.

슬라이퍼는 전생애를 로웰 천문대에 바쳤다. 1901년 직업 천문학자로 그곳에서 일하기 시작해 퍼시벌 로웰이 사망한 뒤 1916년에서 1954년까지 천문대 책임자로 일했다. 슬라이퍼가 이끄는 로웰 천문대는 1929년 클라이드 톰보(Clyde Tombaugh)를 고용했다. 얼마 지나지 않아 1930년 톰보는 명왕성을 발견했다. 슬라이퍼는 치밀하고 조심스럽게 확인한 다음에라야 자신의 발견을 발표하는 것으로 명성을 쌓아갔다. 슬라이퍼의 전기를 집필했던 윌리엄 그레이브스 호이트(William Graves Hoyt)는 이렇게 썼다.

"그는 20세기 그 어떤 관측 천문학자들보다 더 많은 근원적 발견을 했다."[7]

슬라이퍼는 1919년 프랑스 과학아카데미에서 수여하는 랄랑드 상(Lalande Prize), 1932년 미국 과학아카데미의 헨리 드레이퍼 메달(Henry Draper Medal), 1933년 왕립천문학회의 금메달을 수상했다.

1908년 슬라이퍼는 로웰 천문대의 마스힐(Mars Hill)에서 화성을 관찰하고 있었다. 그곳은 릭 천문대보다 해발이 거의 두 배나 높은 곳이었다. 슬라이퍼의 실험 방식은 허긴스, 장센, 캠벨이 이전에 썼던 방식과 본질적으로 같았다. 화성의 스펙트럼과 건조하고 공기가 없는 달의 스펙트럼을 비교하는 것이었다. 슬라이퍼는 스펙트럼에서 "미세한 화성의 물 성분을 관측했다"고 주장했다. 그는 "분광기가 화성의 대기에서 물의 존재를 밝혀냈다고 보는 것이 합리적인 결론일 것"이라고 단언했다. 그리고 "화성의 대기에 수증기가 얼마나 있는지에 대해서 명확한 진술을 하려면 더 많은 관측이 필요하다"고 말했다.[8] 슬라이퍼가 1909년 취득한 인디애나대학교 박사 학위 논문 내용의 대부분을 차지한 그 연구는 슬라이퍼가 은퇴를 늦추면서까지 수행했지만, 그의 뛰어난 연구 업적 가운데 가장 평범하고 변명의 여지가 없는 결과였다. 훗날 슬라이퍼는 그 연구를 재개하거나 결과에 대한 어떤 언급도 하지 않았다.

1년 뒤 슬라이퍼의 경쟁 상대, 당시 릭 천문대 책임자 캠벨은 자신의 팀을 이끌고 미국에서 가장 높은 봉우리인 남부 캘리포니아의 휘트니

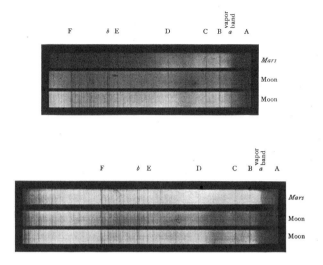

I
1908년 슬라이퍼가 얻은 화성과 달의 스펙트럼 비교. 하단부의 스펙트럼은 망원경 상부의 매우 건조한 관측 환경에서 확보한 것이며, 상단부의 스펙트럼은 습도가 높았을 때 얻은 것이다. 슬라이퍼는 '증기대(a자 아랫부분)'가 달의 스펙트럼보다 화성의 스펙트럼에서 더 강하게(어둡게) 나타났으며, 이는 화성의 대기에 물이 존재한다는 증거라고 주장했다. _Slipher, Astrophysical Journal, 1908.

(Whitney) 산 정상에 올랐다. 해발 4,450미터 높이에서 얻어진 분광학적 관측은 지구 대기에 있는 수증기의 80퍼센트 이상인 곳에서 얻어진 것이었다. 10년 전에 그랬듯 이른바 '증기대(vapor band)'가 겉보기에 달과 화성 모두와 똑같았다. 그는 신중하면서도 매우 합리적인 결론을 내렸다.

"이는 화성에 수증기가 없다는 뜻이 아니라, 만일 수증기가 존재한다 하더라도 현재의 양은 아주 적다는 것을 뜻한다." [9]

그런 뒤 그는 1910년 1월과 2월 해밀턴 산 정상의 릭 천문대에서 지구에 대한 화성의 상대속도가 지구의 수증기선에서 화성의 수증기선이 멀어지는 '도플러 이동(Doppler shift)'이 일어날 만큼 충분히 컸을 때 이 실험을 반복했다. 도플러 이동은 광원과 관찰자의 상대적인 운동 때문에 관찰자가 관찰하는 빛의 파장에 생기는 변화다. 광원(이 경우 화성)이 지구에서 멀어지면 화성에서 오는 빛의 파동은 파장이 길어진다(노란색에서 빨간색으로 빛의 편이가 일어나는 것이 적색편이다). 광원과 관찰자가 서로를 향해 움직인다면 감지되는 빛은 파장으로 짧아진다(청색편이). 이런 관측 규약을 이용해 캠벨은 화성 적도의 대기에 존재하는 수증기 양은 해밀턴 산 위에 존재하는 수증기의 5분의 1 이하라는 것을 발견했다.[10]

반세기 후 미국 지리학회(National Geographic Society)와 미국 표준국(National Bureau of Standards) 인원들로 구성된 팀에서 관측 기술 및 장비가 마침내 화성 대기에서 수증기를 확실하게 찾아낼 수 있을 정도로 발전했다는 결론을 내렸다. C. C. 키스(C. C. Kiess), C. H. 콜리스(C. H. Corliss), 해리엇. 키스(Harriet Kiess), 에디스 콜리스(Edith Corliss)는 1956년 하와이의 마우나로아(Mauna Loa) 산 정상 부근의 미국 기상청 천문대에 자신들의 장비를 설치했다. 그곳은 휘트니 산에 필적할 만큼 높았으며 정상 위의 공기는 놀랄 만큼 건조했다. 또한 정확히 지구의 수증기선 위치와 정확히 겹쳐 있던 화성의 수증기선을 약간 움직이는 도플러 효과도 이용했다. 하지만 결과는 '부정적'이었다.

"물 분자의 수가 너무 적기 때문에 미세측정(micrometric)이나 광도측정(photometric)을 이용하기에 충분한 강도의 선을 만들어내지 못한다. 따라서 행성의 대기에 있는 수증기가 모두 압축된다면 액체 상태의 물로 된 두께 0.08밀리미터 이하의 얇은 막을 형성할 것이라는 결론을 내려야만 한다."[11]

캠벨이 옳았고 허긴스, 장센, 슬라이퍼는 모두 틀렸다. 한 세기가 온전히 지나가는 동안 이어진 이 결론 없는 논쟁은 정점에 오른 과학의 정수를 보여주고 있다. 과학자들은 서로의 결과를 확인하고 또 확인한다. 테스트를 반복해 입증한다. 파급력이 크고 논란이 많은 결과일수록 증명의 필요성은 중요해진다. 이런 경우 올바른 답을 얻기 위한 과학적 절차가 비록 시간은 오래 걸릴지라도 효과가 있다.

1961년 청년 칼 세이건은 화성에 물이 존재하는지에 대한 논쟁에 뛰어들었다. 그는 "지금까지 화성에 수증기가 존재하는지 여부에 대한 모든 분광학적 탐색은 부정적이었다"고 언급한 다음, 이 같은 부정적 결과에 부합하는 화성 환경에 물이 얼마나 존재할 수 있는지 계산 작업을 수행했다. 극관에서 물이 언 부분은 불과 1밀리미터 두께일지 모르며, 대기에 포함된 수증기의 양은 거의 없을 수도 있다. 그럼에도 불구하고 세이건은 낙관적으로 말했다.

"이처럼 수증기의 양이 적다고 해서 화성에 생명체가 없다는 말은 아니다. 절대 호염균(obligate halophiles)*은 소금 결정으로부터 흡수한 물에서 필요한 모든 수분을 얻는다고 알려졌다."[12]

마침내 1963년 4월 허긴스가 화성의 대기에서 수증기를 감지하려는 분광학적 시도를 처음 시작한 지 한 세기가 지나고 나서, 현대적인 최첨단 장비와 기술을 사용하는 두 연구 팀이 화성 대기에 있는 물의 양을 측정하기 직전에 이르렀다. 루이스 캐플란(Lewis Kaplan)을 비롯한 그의 동료 귀도 뮌치(Guido Münch)와 하이론 스핀라드(Hyron Spinrad)가 믿을 만한 결과를 얻어냈다. 과거의 관측자들과 다른 점이 무엇이었을까? 그들

---

* 소금을 좋아하는 박테리아의 일종으로, 소금 농도가 15에서 30퍼센트 정도로 높은 곳에서 발육·번성한다.

은 어마어마한 장비를 가져왔다. 캘리포니아의 윌슨 산에 직경 100인치 망원경을 설치하고 최신의 고해상도 분광기에 새로운 고감도 유제를 입힌 사진 건판을 장착한 장비로 화성을 270분 동안 노출해 촬영한 사진을 얻어냈다.

그런데 이처럼 모든 면에서 선배들보다 유리한 조건을 갖췄지만 화성 대기에 14±7 미크론의 가능 강수량이 존재한다는 그들의 결과는 미미한 수준이었고 이를 "감지했다"고 확신할 수는 없었다(신호 수준이 14라는 것은 배경 잡음 7의 2배인데, 과학자들 사이에서는 최소 3배 이상은 되어야 "감지했다"고 여긴다).[13]

그래도 분명한 것은 그들의 결과가 화성 대기에 있는 수증기의 상한치를 확실하게 규정했다는 점이다. 21미크론(micron, 1밀리미터의 50분의 1) 이하가 의미하는 바는 수증기를 모두 물로 바꿔 표면을 채우면 두께 21 미크론 이하의 층을 형성한다는 것이다.

1963년에도 프린스턴대학교에서 온 한 팀이 화성 대기에 포함된 수증기를 측정하고자 인상적인 기술을 이용해 실험을 수행했다. 3월 1일 저녁 그들은 36인치 망원경을 장착한 스트라토스코프 II(Stratoscope II)라는 기구를 2만 4,000미터 상공으로 띄워 지구 성층권에 올려놓았다. 지구의 대기에서 가능 강수량이 거의 2미크론이 되는 높이 이상이었다. 이 높이에서 화성을 바라보면 지구 수분 신호에 영향을 거의 받지 않고 측정할 수 있었다. 텍사스 팔러스틴(Palestine)에서 출발한 기구는 테네시 풀라스키(Pulaski)에 착륙했고 테이프에 담긴 기록을 추출해 분석했다.

프린스턴 팀 역시 텍사스인스트루먼트(Texas Instrument) 사에서 개발한 최첨단 감지기를 사용했다. 볼로미터(bolometer)라는 이 특수 감지기는 갈륨(gallium)이 함유된 물질로 만들어져 액체 헬륨으로 절대온도 1.8도로 냉각되기만 하면 자외선에 극도로 민감해졌다. 관측 팀이 원격 조종장치로 기구에 장착된 텔레비전 카메라를 조종해 화성을 찾아낸 뒤 약 40분 동안 데이터를 수집했다.

프린스턴 팀은 화성 대기에서 이산화탄소 기체를 분명히 감지했다. 이 프로젝트의 주요한 발견 한 가지는 화성 대기에 있는 이산화탄소 양이 너무 많아서 혹시 있었을지 모를 수증기 신호를 압도할 수 있다는 사실이었다. 하지만 그 결론은 데이터를 깊고 조심스럽게 분석한 뒤에라야 나오는 것이었다. 그들은 성급하게도 스트라토스코프 II에서 내리자마자 곧바로 기자회견을 열었다. 채 분석이 끝나지 않은 결과가 대중에게 전달되자 과학자들은 적당히 신중하거나 무턱대고 긍정적인 태도 사이를 오락가락했다. 팀원이었던 캘리포니아대학교의 천문학자 해럴드 위버(Harold Weaver)는 실제 데이터를 확인하지 않고 기자들에게 스트라토스코프 II가 화성의 수증기를 탐지했다는 사실이 꽤 확실하다고 말했다. 왜 과학자가 섣부르게 기자회견을 하면 안 되는지에 대한 초기의 사례라고 할 수 있다.

이 프로젝트의 책임자였던 마틴 슈바르츠실트(Martin Schwarzschild)는 좀 더 현명하고 신중하게 말했다.

"2주 뒤에 의견을 제시하고 3개월 뒤에는 사실을 알려드리겠습니다."

---

* 실험실에서 만든 물질을 투여할 때 의도적으로 불순물(이 경우에는 갈륨)을 반도체(일반적으로 실리콘)에 넣기도 한다. 불순물이 반도체의 전기적 성질을 바꿔서 빛의 특정 파장 영역에 더 민감하게 반응할 수 있기 때문이다.

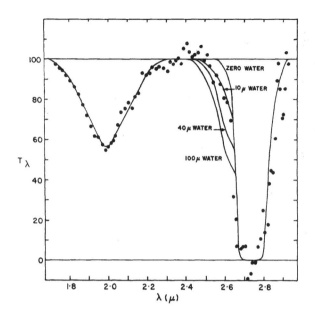

│

1963년 스트라토스코프 II 기구 실험을 통해 얻어낸 1.6~3.0미크론 사이 적외선 파장에서 화성의 밝기(%). 평평한 선은 화성 대기에 있는 분자가 빛을 흡수하지 않는다고 가정했을 때 화성의 예상 스펙트럼을 보여주고 있다. 점은 특정한 파장에서 화성으로부터 나온 빛의 강도를 측정한 것이다. 점을 따라 이어지는 선은 화성 대기의 모델이다. 그래프상에서 2.01미크론과 2.72미크론에서의 높낮이가 폭넓게 아래로 패인 부분은 이산화탄소에 의한 빛의 흡수 때문이다. 2.72미크론의 흡수가 일어난 부분의 왼쪽 '어깨'가 처진 것은 화성 대기에서 수증기가 흡수됐기 때문이다. 이 어깨를 설명하는 가장 좋은 모델은 화성에 약 10미크론의 가능 강수량이 있다는 것이다. 이들 데이터에서 관측의 불확실성은 2.4~2.5미크론 사이에서 정상적인 범위를 초과하는 데이터와 2.7미크론에서 누락된 데이터에서 드러난다. _Danielson et al., Astronomical Journal, 1964.

그렇지만 나흘 뒤인 3월 5일 〈월스트리트저널(Wall Street Journal)〉은 "하등 생물이 화성의 대기에 살 가능성이 있다"고 보도했다. 그러고는 물을 발견했기 때문에 화성에 "지의류의 일부 형태, 즉 이끼가 존재할 수도 있다"고 덧붙였다.[14] 1년 뒤 프린스턴 팀이 최종 분석 결과를 논문 형식으로 〈천체물리학저널〉에 발표할 때 그들은 아주 신중하면서도 자신 있게 "화성에 있는 수증기가 40미크론보다 클 가능성은 낮다"는 사실을 측

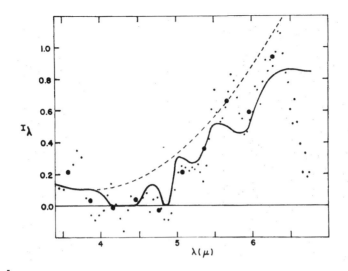

1963년 스트라토스코프 Ⅱ 기구 실험을 통해 얻어낸 3.5~6.5미크론 사이 적외선 파장에서 화성의 밝기. 밝기는 임의로 4.3미크론에서 0으로 정규화했다. 위로 향하는 점선은 화성 대기에 있는 분자들이 빛을 흡수하지 않는다고 가정했을 때 화성의 예상 스펙트럼을 나타낸다. 점은 특정한 파장에서의 화성에서 나온 빛의 강도를 측정한 것이다(큰 점들은 0.3미크론 간격마다 구한 평균값이다). 실선은 데이터에 어울리는 모델이다. 모델에서 4.3, 4.8, 5.2미크론에서 보이는 세 곳의 움푹 파인 부분은 화성의 이산화탄소에 의한 것이며, 이 영역에 있는 데이터 점들과 잘 일치한다. 5.5~6.3미크론 사이에 움푹 파인 부분은 화성의 물로 인한 것이며 화성 대기에 가능 강수량을 70미크론으로 가정한다. 5.5~6.3미크론 영역에 있는 데이터 점들은 화성에 이보다 훨씬 적은 양의 물이 존재한다는 사실을 가리킨다. _Danielson et al., Astronomical Journal, 1964.

정을 통해 밝혔다고 결론 내렸다. 그들이 측정한 화성의 가능 강수량은 약 10미크론이었고, 이 결과는 캐플란 팀의 결과와 거의 일치했다.[15]

캐플란과 그의 팀원들이 프린스턴 팀과 함께 화성 대기에 물이 미세하게 존재한다는 사실을 최초로 올바르게 감지한 데 대한 공로를 나눠야 할 무렵 이후 몇 년 동안 몇 곳에서 화성 대기에 존재하는 물의 양을 확실하게 측정했다. 캘리포니아공과대학과 NASA의 제트추진연구소(Jet Propulsion Laboratory, 이하 JPL)의 로널드 숀(Ronald Schorn)은 화성의 물

측정에 관한 지식을 정리해 1971년 IAU에 제출했다.

"화성에 물은 존재한다. 수증기는 화성 내의 위치 및 계절에 따라 매년 변화한다. 일부가 H_2O인 극관을 관통해 물이 순환하는 것으로 보인다. 화성의 대기에 있는 물의 양은 기껏해야 수 세제곱킬로미터다."[16]

수 세제곱킬로미터의 물로 화성의 표면 전체를 균일하게 덮는다면 불과 20미크론 정도의 두께로 모두 덮을 수 있을 것이다. 바꿔 말하면 캐플란 팀과 프린스턴 팀 모두 1963년에 정확한 값을 얻었다. 그다지 많지 않은 물이지만 옳은 답이다. 화성은 매우 건조하다.

허긴스와 장센이 화성 대기에서 물을 발견했다고 주장한 지 한 세기 뒤, 어떤 천문학 팀이 NASA의 1976년 바이킹(Viking) 호의 화성 탐사 미션이 마무리되고 나서 15년이 지나 화성에 대한 지식을 요약해 논문을 발표했다. 그들은 아주 단순하고 간결하게 허긴스와 장센이 수행했던 연구에 대해 썼다.

"더 이상 그들의 결과를 믿는 사람은 없다."[17]

화성의 대기에는 아주 적은 양의 수증기가 있지만 극도로 건조하며, 너무 건조해서 허긴스와 장센이 봤다던 분광기 효과를 나타내지 못한다. 현대의 천문학자들은 허긴스와 장센이 실제로는 화성 대기에 존재하는 소량의 수증기를 감지하지 못했다고 확신한다. 천체물리학의 분광기술을 도구로 사용해 화성 대기에 물이 존재한다는 사실을 증명하는 것은 허긴스나 장센이 생각했던 것보다 훨씬 더 어려운 일이었다.

MARS ◀

06
지적인 생명체

1860년대의 원시적인 분광기술을 이용해 화성 대기에서 물을 '감지'한다는 것에 대한 회의적인(하지만 올바른) 시각에도 불구하고, 1870년까지 화성 감식가들 사이에서 압도적인 공감대를 얻어가던 의견이 있었다.

화성에는 물이 있으며, 이 사실을 그 시대 (사물을 꿰뚫어 보는) 천문학 전문가들이 증명했다는 것이었다. 이 증명이 틀린 이유는 분광기술에서 나온 데이터를 너무 열성적으로 해석한 데 있다. 그럼에도 불구하고 19세기 후반까지 천문학자들은 자신들이 화성 대기에 물이 몇 줌 정도가 아니라 꽤 많이 존재한다는 사실을 증명했다고 믿었다. 분광기술을 이용해 명백히 확인할 수 있었다는 이 천문학적 결과는 두 세기 동안 화성을 시각적으로 관찰해왔던 천문학자들의 기대감에 완벽히 부합했다. 천문학자들은 화성에 관한 두 가지 중요한 사실을 확신했다. 물이 있다는 것과 식물이 서식한다는 것이었다. 그들의 관점에서는 물이 있다는 사실을 증명했으니, 남은 것은 식물이 산다는 사실이었다.

화성에 습기가 있다는 합의된 결론에 따라 허긴스의 천문학 지식을 갖추고 있고 그 자신이 허긴스의 막강한 후원자이기도 한 누군가가 영국 월간지 〈콘힐(Cornhill)〉의 지면을 이용해 허긴스를 유명인사로 만들었다(허긴스는 런던의 전통적인 지역 콘힐에서 태어났다). 〈콘힐〉의 창간호는 1860년 4월에 출간됐다. 가격은 1실링이었고 논픽션은 물론 소설 등 유명 작가의 작품이 실려 있었다. 빅토리아 시대 런던 출판계에서 〈콘힐〉은 곧바로 영향력 있고 인기 있는 잡지가 됐다. 창간호는 11만부 이상이 팔렸고, 이후에도 수십 년 동안 인기와 영향력을 유지했다.

1871년 〈콘힐〉은 "화성에서의 삶(Life in Mars)"이라는 제목의 글을 익명으로 실었다.[1] 그 글에서 화성은 "매력적인 행성이며 생명체가 살기에 적당하다"고 표현됐다. 계절, 하루, 구름, 대륙이 있는 지구와 같은 행성.

"화성이 우리와 비슷한 세상이라는 것은 적당한 성능을 갖춘 망원경을 이용해 행성을 연구하기를 좋아하는 사람이라면 누구나 알 수 있는 사실이다."

글은 이어 화성의 약한 중력 때문에 4미터는 돼 보이는 화성의 생명체에 관해 묘사했다.

"화성의 생명체가 소유한 막강한 힘과 도로, 운하, 다리 등을 건설할 때 사용하는 극도로 가벼운 물질 등에 대해 심도 깊은 토론을 거친 끝에 내릴 수 있는 합리적인 결론은 일의 진행 속도가 인간보다 훨씬 빠르고 규모도 엄청나게 크다는 사실이다."

우리는 천문학자들이 화성에 가서 화성의 바다를 항해할 수 없다면 이를 증명하는 것이 아무 소용없는 일이라는 사실을 잘 알고 있다. 하지만 익명의 필자는 그렇지 않다고 단언한다. 천문학자들에게는 "망원경의 친구 분광기"가 있으며, "분광기의 허셜이라는 별명이 아깝지 않은 최고의 기술을 보유한 분광기 전문가 허긴스 박사"에게 분광기만 주어진다면 화성의 비밀은 오래가지 못할 것이라고 쓰고 있다. 허긴스가 화성에 드리워진 장막을 완전히 걷어냈다는 것이다.

> 그는 어두운 초록색과 파란색 표시는 물론, 흰색 극관이 무엇인지에 관한 합리적인 의심을 모두 제거한다. 분명히 화성에는 지구의 바다와 비슷한 바다가 있으며, 지구의 북극처럼 계절에 따라 크기가 커졌다 작아지는 북극이 존재한다. 허긴스 박사의 관측은 이보다 더 많은 것들을 증명한다. 화성의 바다에서 올라오는 수증기는 어떤 경로, 즉 화성의 대기를 통해 화성의 극지방으로 이동할 수 있다.[2]

익명의 필자는 다른 관측, 특히 〈콘힐〉의 필자 중 한 사람이던 노먼 록키어*가 보고한 관측에서 "화성의 아침과 저녁에는 안개가 낀다"는 내용도 인용했다. 또한 여름보다 겨울에 구름이 많고, 지금도 하늘에서 밝게 빛나는 불그스레한 행성에 생물이 살기에 적절하다고 여길 만한 이유가 충분하며, 지구와 많은 유사점이 있는 화성에 살 수 있는지 의심하는 것이 불합리해 보인다고 주장하며 글을 마무리하고 있다. 화성에 물이 있다는 발견과 화성에 생명체가 있을 가능성이 높다는 주장을 직접적·명

---

* 록키어의 연구와 연대한 것은 현명한 전략이었다. 1869년 록키어는 〈네이처(Nature)〉를 창간했고, 이 잡지는 곧바로 전세계에서 가장 영향력 있고 전문적인 과학지로 성장했으며 현재에도 그 자리를 유지하고 있다.

시적·공개적으로 연결해 결론을 도출한 것이다.

글의 내용과 수준으로 미뤄볼 때 이 미지의 필자는 천문학 지식이 많아 보였다. 그는 천문학 문외한인 독자들에게 천문학 개념을 열정적으로 알려줬고, 지구와 화성의 유사성을 증명하는 천문학적 발견으로 큰 명성을 얻을 수 있다는 19세기 중반의 대표적인 사례로서 허긴스를 대중적 영웅으로 만들었다. 아울러 먼지 구덩이에 파묻혀 있던 학술지에서 끄집어낸 허긴스의 최첨단 천체물리학 연구 내용을 화성의 생명체에 관한 허긴스의 견해와 함께 수많은 런던의 지성인들에게 전달했다. 허긴스의 연구에 세간의 관심이 집중되기 전까지는 화성과 화성의 생명체에 관한 논쟁은 천문학계를 벗어나지 못했다. 그런데 바야흐로 그런 시절은 이제 끝났다. 화성의 생명체에 관한 논쟁은 화성에 물이 많이 존재한다는 증명에 힘입어 대중의 일상 대화에 오르내리게 됐다.

1873년에는 가격이 저렴했던 신문 〈런던리더(London Reader)〉에 "화성: 사람이 살까?(The Planet Mars: Is it Inhabited?)"라는 제목의 짧은 기사가 실렸다. 이 기사에서 다시 한 번 "저명한 물리학자 허긴스가 문제를 해결"한다. 허긴스가 화성에 바다, 구름, 눈, 얼음, 안개, 비가 있다는 사실을 입증한 것이다.

이 같은 사실을 근거로 수증기덩어리를 이리저리 이동시키는 바람, 기류, 해류, 강, 바다가 존재하며, 지구와 비슷한 적절한 기후와 육지를 비옥하게 만들어 식물을 자라게 하는 충분한 양의 비가 내린다는 사실을 알 수 있다. 실제로 화성은 지구를 축소한 모형과 같다. 수백만 킬로미터가 떨어진 이곳은 다른 세상이다. 물론 크기가 작기는 하지만 지구와 같다. 물, 공기,

빛, 바람, 구름, 비, 계절, 강, 하천, 계곡, 산 등 지구와 모든 것이 비슷하다."[3]

화성의 환경에 관한 여러 가지 주장에 담긴 내용은 모두 화성에 물이 존재한다는 사실을 밝혀낸 허긴스의 분광학적 발견에서 나온 것이었다. 사실 당시 화성에서 바람, 비, 강, 바다, 하천, 계곡 등을 볼 수 있던 천문학자는 없었지만, 그것 때문에 화성의 모습에 대한 확신이 방해받는 일은 없었다. 〈런던리더〉에 실린 기사의 필자는 화성이 태양에서 받는 열의 양과 화성 대기가 얼마나 얇은지에 관련된 다수의 주장을 소개했다. 필자는 이를 바탕으로 다음과 같이 결론을 내리고 있다.

인류에게 친숙한 자연이 존재한다고 해서 화성에 생명체가 산다는 사실을 입증하는 단서가 되지는 않는다. 화성은 너무 춥고 척박해서 지구의 생명체는 화성에서 가장 뜨거운 곳에서도 살 수 없다. 지구에서는 혹독한 환경에서 살아남는 식물조차 1시간도 버티지 못할 것이다. 따라서 그곳에 누군가 살고 있다고 해도 분명 우리와는 다른 모습일 것이다. 감소한 중력에 대처해야 하기 때문이다. 만약 붉은 식물이 존재한다면 그 식물의 눈은 우리의 눈과는 분명히 다를 것이다. 그와 같은 대기에서 살려면 호흡기관이 우리와는 전혀 다를 것이다.[4]

〈콘힐〉은 1873년 또 다른 익명의 필자가 쓴 "화성: 웨웰라이트의 에세이(The Planet Mars: An Essay by a Whewellite)"라는 기사를 통해 또 다시 화성의 생명체에 관한 내용을 다뤘다.[5] 에세이의 저자 웨웰라이트는《화성도》에서 화성의 대륙과 대양에 이름을 붙였던 리처드 프록터였다. 프록터는 먼저 화성이 지구와 매우 달라서 결과적으로 생명체가 살기에 적당하지 않다는 논지를 지지하는 의견들을 소개했다.

화성의 질량은 지구의 10퍼센트보다 작아 기압도 분명히 10분의 1 이하일 것이었다. 게다가 태양에서의 거리가 지구보다 50퍼센트 멀기 때문에 추울 것이 명백했다. 화성의 구름은 적운보다는 권운일 가능성이 높아 비구름이 아닐 확률이 높다고 웨웰라이트는 주장한다. 필자는 이렇게 결론 내리고 있다.

"화성은 지구와 크게 다르므로 지구에 사는 생물과 비슷한 생명체가 살기에 적당하지 않다."

요컨대 지구에 서식하는 동물이나 식물은 화성에 존재할 수 없다는 말이었다.

"아무리 강인한 식물이라도 화성에서는 채 1시간도 살지 못할 것이다."

이 같은 결론은 화성에 생명체가 존재한다고 믿었던 사람들에게는 김 빠지는 소리처럼 들린다. 그러나 필자는 이로부터 정반대의 결론을 이끌어낸다.

"지구와는 다른 동물과 식물이 붉은 행성 화성에 존재할지도 모른다. 지구에서처럼 지적인 생명체가 존재할 수도 있다."

화성의 생명체가 지구의 생명체와 다를 뿐이라는 것이다. 이 박식하면서도 의심 많은 천문학자 웨웰라이트가 압도적으로 많은 단서에 굴복해 화성에 지구와 같은 동식물이 모두 산다는 결론을 내렸다면 과학적 논쟁은 사실상 끝났을 것이다.

한편 유럽 대륙에서는 카미유 플라마리옹의 대중적 저작을 통해 화성이 지구와 비슷할 뿐 아니라 생명체의 일종이 살고 있으리라는 생각이 19세기 후반 수많은 유럽인들의 머릿속에 깊숙이 자리 잡아가고 있었다. 1873년 플라마리옹은 화성에 관한 자신의 1869년 연구와 1871년 연구에다 새로운 관측을 추가해 7월에 파리의 과학아카데미에 제출했다. 그는 화성의 북극 근처에서 극해(polar sea)를 찾아낼 수 있었던 이유를 "그 자리에 어두운 부분이 항상 보였기 때문"이라고 설명했다.

플라마리옹의 극해는 북위 80도의 북극 얼음에서 남쪽으로 북위 45도 지점까지 뻗어 있었다.

"길고 좁은 육지로 둘러싸인 바다는 적도 너머에서 남반구까지 이어진 거대한 바다와 이어졌다."

그런데 그는 자신이 보기에 화성이 지구와 다른 점을 이렇게 지적했다.

"지구는 전체 구의 4분의 3이 물로 덮여 있다. 반면 화성의 표면에는 바다보다 육지가 더 많다."[6]

그는 이어서 "그럼에도 불구하고 화성에서 일어나는 증발 현상은 지구에서 일어나는 기상학적 현상과 유사한 결과를 낳는다"고 말했다. 그리고 허긴스와 장센의 연구를 언급하면서 이렇게 썼다.

"스펙트럼 분석은 화성의 대기가 지구처럼 수증기로 가득하다는 사실을 보여준다. 또한 바다, 눈, 구름이 지구의 바다와 똑같은 물로 구성돼 있다."

플라마리옹은 이제 화성의 붉은색에 관해 고민해야 했다. 그때까지 그를 비롯한 사람들은 붉은색이 화성의 대기보다는 표면 때문이라는 주장을 펼쳐왔다. 플라마리옹은 한 걸음 더 나아갔다.

"우리가 보는 것은 표면이지 행성의 내부가 아니기 때문에, 붉은색은 그곳에서 생산되는 화성 식물의 색이어야 한다."

그는 화성의 대륙이 "붉은색 식물로 덮여 있는 것 같다"고 결론 내렸다.[7]

일부 과학아카데미 회원 사이에서는 화성의 붉은색이 거의 변하지 않는 이유가 생명체의 존재나 부재를 가리키는 것인지에 대한 논쟁이 해를 넘겨 계속됐다. 회퍼(Hoefer)라는 회원은 화성의 색이 거의 변하지 않는 것은 생명체가 없기 때문이라는 주장을 뒷받침하는 강력한 근거이며, 흙은 계절에 따라 색이 변하지 않는다고 주장했다. 플라마리옹을 비롯한 다른 사람들은 다원주의가 화성에 생명체가 생기지 않는다는 주장에 반하는 강력한 근거를 제공한다고 맞섰다. 생명체가 존재하지 않는 행성은, 특히 화성처럼 생명체를 수용할 수 있는데도 생명체가 없는 행성은 "자연의 힘을 거스르는 것"이기 때문에 지표면에 하다못해 이끼라든가 미생물이라도 있다고 강조했다. 당시 분위기로는 화성에 생명체가 있다는 주장은 모으기가 수월했다. 플라마리옹은 이렇게 말했다.

"지구의 올리브 나무와 오렌지 나무가 여름이나 겨울이나 늘 초록색인 것처럼, 화성에도 계절에 상관없이 색이 변하지 않는 식물 종이 있다."

1879년 플라마리옹은 미국과 유럽 양쪽에서 인기 천문학자가 됐다. 〈사이언티픽아메리칸서플먼트(Scientific American Supplement)〉에 "우리의 세상처럼 생명체가 사는 다른 세상(Another World Inhabited Like Our Own)"이라는 제목으로 소개된 칼럼에서 그는 "세계의 다원성이라는 위대한 진리의 직접적인 논증을 실용 천문학에서 찾으려는 끊임없는 욕망이 동기가 됐다"고 설명했다.[8] 그가 보기에 허긴스와 장센이 화성 대기에서 물을 관측한 것이 판도를 바꿔났다. 안개, 구름, 비를 생기게 하는 수증기가 화성에서 '스펙트럼 분석'으로 발견된 것이었다.

플라마리옹은 이 새로운 지식을 바탕으로 천문학자들이 화성 표면에서 일어나는 일을 관찰하려면 대기에 구름이 없을 때가 화성을 관측하기 가장 좋은 때임을 이해해야 한다고 조언했다. 바꿔 말하면 "화성에 사는 생명체가 맑은 날씨를 즐기고 있을 때"라는 것이다. 플라마리옹은 독자들에게 "화성의 바다는 지구의 지중해와 같은 색을 띤 물"이라고 설명했다. 대륙의 붉은색에 대해서는 이렇게 썼다.

"이 같은 화성의 특징적인 색깔은 평원을 덮고 있는 풀을 비롯한 식물의 색 때문이 아닐까? 그곳에는 붉은 초원과 붉은 숲이 있을 수 있지 않을까?"

화성에 관한 정보를 모두 종합해 그는 이렇게 질문을 던졌다.

"붉은색은 육지이고, 초록색은 물이고, 흰색은 눈이 아닐까?"

그리고 신이 나서 스스로 이렇게 대답했다.

"그렇다!"

행성의 진화에 관한 19세기의 발상 역시 지구와 화성을 비교하면서 흥미로운 생각을 이끌어냈다. 천문학자들은 화성이 지구보다 나이가 많다고 주장했다. 당시 인기를 얻고 있던, 물리학적 단서는 전혀 없지만 엄청난 상상력을 이용한 추론을 바탕으로 한 우주 진화 이론은 행성이 나이가 들면 바다는 점차 단단한 행성의 중심에 흡수된다고 설명했다. (지금은 폐기된) 이 우주 진화 이론에 따르면 행성은 느리지만 분명하게 바다를 행성 내부에 내주는 동시에 표면은 말라서 사막이 된다. 그러므로 당시까지의 관측 결과로 볼 때 화성은 지구보다 나이가 많고 수명을 다해가는 죽어가는 행성이라는 것이다.

이와 함께 소수의 천문학자들이 화성에 대한 자신의 믿음을 기정사실로 바꿔놓았다. 그들은 화성에 물이 있다는 것을 증명했고, 화성에 있는 붉은 부분이 식물이라는 사실을 증명했다. 그들은 그들이 믿고 싶은 것을 믿고, 증명하고 싶은 것을 증명하면서, 증명에 방해가 되는 관측 데이터는 가만두지 않았다. 그리하여 습기 많고 식물이 무성한 화성에 대한 지식은 다음 세대의 화성 연구자들에게 전달될 지적 유산이 됐다.

07

그 많던 물은 어디에

현재 화성에는 물이 얼마나 있을까? 윌리엄 허긴스가 처음으로 화성에 물이 있다는 사실을 증명(?)한 지 150여 년이 지났지만, 천문학자들은 화성에 물이 과거에 얼마나 있었고 지금은 얼마나 있는지에 관한 질문에 온전히 답하지는 못하고 있다. 간단히 답하면 과거에는 물이 많았지만 지금은 대부분 사라졌다. 그럼에도 불구하고 화성에는 아직 물이 많다. 다만 더 이상 표면에 액체 상태로 있지 않을 뿐이다.

화성 표면 지형은 화성 역사 초기 5억 년 동안 막대한 양의 물이 흐르고 있었다는 사실을 보여주고 있다. 이후 화성의 표면은 매우 건조해졌다. 물이 아직 남아 있을지 모르는 표면 아래로 사라졌거나, 우주로 빠져 나갔거나, 또는 두 가지 경우가 모두 일어났기 때문이다.

하지만 지난 20년 동안 비교적 최근에 눈과 얼음이 녹아서 생긴 것으로 보이는 물이 계곡을 따라 몇 개의 호수가 연결돼 있는 곳으로 흘러 들어가고 나왔다는 사실을 강력히 뒷받침하는 단서가 발견됐다. NASA의 화성 정찰위성(Mars Reconnaissance Orbiter)과 마스 글로벌 서베이어(Mars Global Surveyor), ESA의 마스 익스프레스(Mars Express) 등에서 얻어낸 영상을 통해 확인한 이 같은 일부 하천의 특징은 30억 년 전에 생성됐을 수 있다. 또한 20억 년 전에 생성된 것으로 보이는 특징들도 있다. 화성의 적도 부근에 북쪽과 남쪽으로 널리 퍼져 있는 이런 호수들 가운데 한 곳에만 온타리오(Ontario) 호수보다 많은 물이 있는 것으로 보인다.[1]

화성의 북극관과 남극관은 모두 얼음 층으로 덮여 있다. 일부 얼음은 (현재 화성의 환경에서) 영구적이지만, 매년 겨울에 쌓인 얇은 층은 봄에 기화해버린다. 2001년 NASA 고더드 우주항공센터(Goddard Space Flight Center)의 데이비드 스미스(David Smith), MIT의 마리아 주버(Maria Zuber)와 그레고리 노이만(Gregory Neumann) 등은 마스 글로벌 서베이어가 1997년 9월 화성 궤도에 진입해 수집한 데이터를 이용해 겨울철 북극관을 뒤덮고 있는 계절에 따라 1.5~2미터로 달라지는 두께의 얼음막은 얼음 상태의 이산화탄소(드라이아이스)이며, 북반구의 여름 내내 남아 있는 극관은 물이 언 것이라는 사실을 알아냈다.

남극관이 여름에도 남극의 만년설 위에 얇은 드라이아이스 층을 유지하는 주된 이유는 남극관이 북극관보다 고도가 약 6킬로미터 높기 때문이다.[2] 이 연구에서 우리가 알 수 있는 사실은 얇은 막 아래에 있는 극관의 부피는 대부분 얼음이 차지하며, 화성의 표면에 남아 있는 물의 대부분은 이런 극관에 저장돼 있을지도 모른다는 것이다.

1998년 주버와 스미스가 이끄는 MIT의 과학연구 팀은 마스 글로벌 서베이어의 레이저 고도계를 이용해 북극관에 포함된 얼음의 총부피를 산출했다. 4년 뒤 그들은 1998년의 결과가 북극관에 있는 '물로 된 얼음의 총부피를 측정한 것으로 재해석할 수 있다고 확신하게 됐다. 정답은 다음과 같았다. 연구 팀이 측정한 극관의 부피는 125만~167만 세제곱킬로미터 사이(그린란드의 절반에 해당)였다. 모두 녹는다면 화성 표면 전체를 9미터 깊이로 덮을 수 있는 얼음의 양이다.[3]

2003년에 발사된 화성 탐사선 마스 익스프레스는 그해 12월 화성 궤도에 진입했다. NASA JPL(제트추진연구소)의 제프리 플라우트(Jeffrey Plaut)는 마스 익스프레스의 첨단 레이다 시스템을 이용해 남극관에 있는 얼음의 총부피를 측정했다. 결과는 167만 세제곱킬로미터로서 화성 전체를 11미터 깊이로 덮을 수 있는 얼음의 양이다.[4] 아울러 북극관과 남극관에 쌓인 얼음에 포함된 눈의 부피는 화성 전체를 20미터 깊이로 충분히 덮을 수 있는 양이다.

2013년 프랑스 툴루즈대학교의 제레미 라슈(Jeremie Lasue)는 동료들과 함께 지난 20여 년 동안 다수의 인공위성과 탐사 기기로 측정한 현대 화성의 지표면 가까운 곳에 저장된 물에 관한 당시까지의 모든 기록을 정리했다.[5] 일부는 북극과 남극에 쌓여 있고 일부는 극관의 외부 영구 동토층이나 지표면 가까운 곳 여기저기에 흩어져 있는 모습이 발견되기도 했다. 정리하자면 화성의 지표면 부근에는 화성 전체를 24미터에서 29미터의 깊이로 잠기게 할 만한 양의 물이 존재한다.

2015년 고더드 우주항공센터의 제로니모 빌라누에바(Geronimo Villanueva)와 마이크 머마(Mike Mumma)는 현재 화성에 있는 물의 양이 얼마나 되고 우주에 방출된 양은 얼마나 되는지 직접 계산했다. 그런데 그들의 연구를 이해하려면 약간의 화학 지식을 알아야 한다. 물은 대개 분자식 H_2O로 나타낸다. 이 분자식은 물 분자 하나를 구성하는 2개의 수소(H) 원자와 하나의 산소(O) 원자라는 기본적인 요소를 구별하기 위해 화학자들이 사용하는 약어다.

하지만 모든 수소 원자가 똑같은 것은 아니다. 듀테륨(Deuterium)은 수소의 동위원소다. 일반적인 수소와 마찬가지로 듀테륨 원자는 핵 속에 양성자 하나가 있어 양(+1)의 핵전하를 가진다. 그러나 일반적인 수소와는 달리 듀테륨은 핵 속에 중성자도 있다. 양성자와 질량이 거의 동일한 중성자는 원자의 전하에는 영향을 미치지 않는다. 따라서 원자핵에 하나 이상의 중성자를 더해도 원자의 화학적 작용에는 영향을 미치지 않는다.

이 모든 사실이 의미하는 것은 듀테륨 원자가 무거운 수소 원자일 뿐이라는 것이다. 물 분자에 있는 수소 원자 하나를 듀테륨 원자로 대체하면 그 분자 HDO는 여전히 물이지만 '반중수(半重水, semi-heavy water)'라고 불린다. 수소 원자 둘을 모두 듀테륨 원자로 대체한 분자 D_2O는 '중수(重水, heavy water)'다. 따라서 물 분자는 H_2O나 HDO 또는 D_2O가 될 수 있다. 이들은 모두 비슷한 맛이지만 질량과 무게가 모두 다르고, 생리학적으로나 중력의 영향에 다르게 반응하며, 약간 다른 파장에서 빛을 흡수하거나 방출한다.

지구에서 수소 원자 6,400개 가운데 하나는 듀테륨의 형태로 존재한다. 결과적으로 물 분자 3,200개 중 하나는 실제로 H_2O가 아니라 반중수 분자다. 나아가 지구상에서 물 분자 4,100만($6,400^2$) 개 중 하나는 중수 분자다.

빌라누에바와 머마는 하와이와 칠레에 있는 천체 망원경을 이용해 화성 대기 속에 있는 2가지 형태의 물, 즉 일반적인 물과 반중수를 측정했다. 화성의 대기에서 태양으로부터 오는 자외선은 물 분자를 구성 요소인 수소와 산소로 분리된다. 수소는 산소에 비해 매우 가볍기 때문에 대기의 상층부로 떠올라 우주로 빠져나간다. 반면 산소는 표면에 자리 잡고 암석 내부의 광물과 반응해 녹을 생성한다. 듀테륨보다 질량과 무게가 절반에 불과한 일반적인 수소는 화성의 중력에서 손쉽게 벗어나 듀테륨보다 상당히 빠르게 우주로 흩어진다. 결과적으로 아주 오래 시간에 걸쳐 대기 중의 물 분자가 자외선에 의해 분리돼 일부 수소와 듀테륨 원자가 우주로 빠져나가면서 수소에 대한 듀테륨의 비율(D/H)은 매우 느리지만 꾸준히 증가한다.[*] 현재까지 확인된 화성의 D/H 비율은 지구의 8배가 넘는다.

지구와 화성 모두 태양을 둘러싼 동일한 가스 구름에서 생성됐기 때문에 행성 과학자들은 처음에는 두 행성의 D/H 비율이 같았을 것이라고 믿었다(행성 표면의 온도가 내려가고 오랜 시간이 흐른 뒤 혜성[**]에 의해 두 행성에 물이 전달된 것이 아니라면). 게다가 지구는 큰 질량과 자기장이 함께 작용해 지구의 파괴와 물이 사라지는 것을 막아준다. 요컨대 오늘날 지구의 D/H 비율은 40억 년 전 화성과 지구가 생성됐을 때의 지구와 화성의 D/H 비율과 같았을 것이다.

빌라누에바와 머마는 현재 화성 표면에 저장돼 있는 물로 20미터의 깊이로 화성 전체를 덮을 수 있다고 가정하고(라슈의 예상에 따르면 10~30퍼센트 정도 적게 예측한 값), 현재 화성의 D/H 비율이 일부 화성의 물이 광분해돼 그에 따라 일반적인 수소 원자가 듀테륨 원자보다 훨씬 빠르게 우주

---

[*] H의 양은 D보다 빠르게 감소한다. 따라서 D/H 비율은 시간이 지날수록 증가한다.

[**] 혜성에는 듀테륨이 수소보다 많아서 D/H 비율의 범위가 넓다.

2015년 빌라누에바와 머마가 〈사이언스(Science)〉에 공개한 고대 화성 이미지(개념도). 지구의 북극해보다 많은 물을 담고 있는 고대 화성의 대양이 표현돼 있다. 화성의 지형은 수십억 년 동안 크게 변하지 않았을 가능성이 높으며, 이를 고려할 때 대양은 북부 평양 지대의 낮은 고도에 분포돼 있었을 것이다. 화성에 한때 대양이 있었다는 발상은 화성에 있던 물의 85퍼센트가 우주로 빠져나갔다는 사실을 나타내는 측정에서 나온 것이다. 만일 화성에 대양 분지가 존재했다면 거대한 충돌 크레이터에는 대양 분지가 많았을 것이다. 반면 지구의 대양 분지는 판구조의 결과다. 이는 화성에는 없으며 있었던 적도 없다. _NASA's Goddard Space Flight Center.

로 빠져나간 결과라고 가정함으로써 과거에는 화성에 지금의 6.5배, 즉 깊이 137미터로 표면을 덮을 수 있는 물이 있었다는 사실을 산출해냈다. 빌라누에바와 머마는 현재 화성의 D/H 비율은 화성 표면이나 표면 위에 있었던 물의 85퍼센트를 잃었고 그 결과 자외선 파괴에 취약해지고 말았다는 사실을 입증하는 증거라고 주장했다.[6]

지구와 화성의 D/H 비율, 지구와 화성의 형성, 화성 표면 근처의 물의 양에 관한 지식에 기반을 둔 빌라누에바와 머마의 결론은 지극히 합리적이다. 그렇지만 이에 관한 인류의 지식이 여전히 불완전하며, 그렇기 때문에 과거에 시간이 흐르면서 화성의 물이 얼마나 우주 공간으로 빠져나갔으며 현재 화성에 물이 얼마나 있는지 결론을 내리는 데 신중해야 한다. 실제로 지금도 화성 표면의 일부 지형을 설명하는 데 필요한 많은 양의 물은 현재 얼음이 저장돼 있는 양과 빌리누에바와 머마의 "표면에 저장돼 있던 물의 85퍼센트가 빠져나갔다"는 주장에 근거한 것이며, 이를 토대로 "과거에는 화성에 물이 풍부했을 것"이라고 결론 내리고 있다.

화성에 한때 엄청난 양의 물이 있었다는 유력한 단서는 고대 분지 망(valley network)의 존재다. 지구의 하천 분지 망과 유사한데, 화성의 물이 빚어낸 분지 중에 가장 큰 것은 너비가 약 800미터이고 깊이는 300미터에 달한다. 분명한 사실은 어마어마한 양의 물이 이들 망이 활동 중이었을 37억 년 전에 망을 따라 흘러갔다는 것이다. 이런 분지 망을 형성하는 데 필요한 물의 양은 아마도 화성 지표면을 300미터 깊이로 뒤덮을 수 있는 물의 양과 같을 것이다.

더욱이 화성의 표면에는 유출 해로(outflow channel)가 있다. 표면 근처의 영구 동토층이 빠르게 녹아서 막대한 양의 물이 재난으로 인해 쏟아져 나온 흔적이다. 얼음이 녹은 물이 이어서 모두 표면에 쏟아졌고, 그곳에 있던 내리막을 씻어 내려가면서 깊은 해로를 만들어냈다. 일부 유출 해로는 너비가 수십 킬로미터, 길이는 970킬로미터에 이른다. 이런 유출

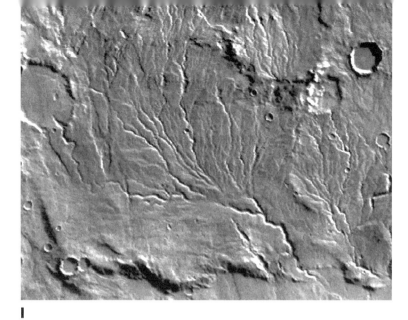

자연적으로 생성된 지구의 하수 시스템과 비슷한 화성의 분지 망(위치 42°S, 92°W)은 고대 화성의 표면에 오래 시간 동안 물이 흘렀다는 단서를 제공한다. 보이는 지역은 전체적으로 약 190킬로미터. 해로는 합쳐져 더 큰 해로를 만든다. 대형 계곡에 물을 대주는 작은 규모의 하천이 없다는 사실은 이들 계곡이 떨어지는 빗물보다는 땅 위를 흐르는 물에 깎여 만들어졌다는 사실을 암시한다. 또는 화성이 과거에는 현재보다 기온이 높고 습기가 많았다는 사실을 말하고 있다. _Lunar and Planetary Institute/Brian Fessler.

해로를 형성하는 데 필요한 유출 속도는 아마존 강의 유속보다 100배 이상 커야 한다. 확인된 화성의 유출 해로들이 생성되려면 화성 전체를 뒤덮는 450미터에서 900미터 깊이의 대양이 필요하다.[7]

이 같은 거대한 유출 해로는 이해하기 어려워 보이지만, 이와 비슷한 자연재해가 지구에서도 일어났었다. 오늘날의 미줄라(Missoula) 호는 약 1만 2,000년 전 거대한 빙하 호수였는데, 이리(Erie) 호와 온타리오 호수를 합친 만큼의 물이 있었다. 그 물이 지금의 아이다호 주 인근의 760미터 높이의 빙하로 가둬져 있던 동쪽의 여러 계곡을 물로 뒤덮었다. 결국 어마어마한 수압을 견디지 못한 빙하 댐이 무너져 내렸다. 미줄라 호수에서 유출된 물의 양은 아마존 강의 약 60배로 추정된다. 물이 계속 합류하면서 속도는 최고 시속 80킬로미터까지 높아져 계곡을 형성했고, 물이 흘러간 자리에는 정상부는 평평하고 주위는 급경사를 이루는 탁자 모양의 구릉인 뷰트(butte)와 깊은 협곡을 생성시키며 워싱턴까지 흘러갔다. 이런 속도로 흘러간 미줄라 호의 물은 1주일이 지난 뒤 모두 빠졌다.[8]

머나먼 과거 화성에 존재했던 것이 틀림없는 물은 여러 데이터로 추정컨대 화성 전체를 173미터 깊이로 뒤덮을 수 있었을 것이다. 대부분의 화성의 물은 D/H 비율에 영향을 주지 않는 메커니즘을 통해 우주로 사라졌고, 지금까지 그대로 화성에 남아 있는 양은 지표 아래에 잘 저장돼 있을 것이다. 후자의 경우 우리가 저장된 물을 찾아내 이용할 수 있다면 화성을 개척하고 지구와 비슷한 행성으로 테라포밍할 근거를 제공할 수 있다.

2016년 화성 정찰위성의 지하 탐사 레이더로 땅의 깊이를 측정하던 과학자들은 유토피아 평원(Utopia Planitia, 화성 북반구에 위치한 넓은 평원으로 화성을 비롯한 태양계에서 가장 큰 충돌 크레이터 안에 있다) 서부 지역에서 빙하를 발견했다. 유토피아 평원은 수백 미터의 깊이로 지구의 뉴멕시코보다 넓은 지역에 자리 잡고 있으며, 미국의 오대호 중에서 가장 거대한 슈피리어(Superior) 호수보다 많은 물을 저장하고 있다.[9]

하지만 인류가 화성에 있는 물을 모두 발견한 것은 아니다. 그래도 극관 그리고 적어도 하나 이상의 극관이 아닌 곳에 있는 빙하에서 얼음의 양을 측정하면 "현재 화성의 지표면과 지표면 근처에 있는 물의 양은 얼마나 되는가?" 하는 질문에 대한 임시적인 해답 정도는 얻을 수 있다. 한때 화성에 있었던 물이 그대로 있는지 알기 위해서는 더 많은 데이터가 필요하다.

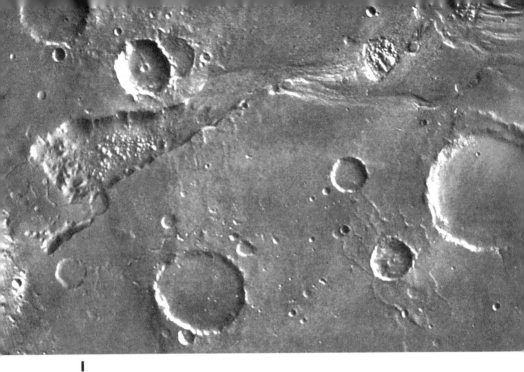

약 320킬로미터 길이의 라비 발리스(Ravi Vallis) 유출 해로(위치 1°S, 42°W). 해로는 사진의 왼쪽 부분에서 시작된다. 지류가 하나도 없다는 것은 수로를 빚어낸 물이 지하에 저장돼 있다가 큰 압력을 받아 방출됐음을 보여준다. 유속이 빨라 지표면이 무너지고 가라앉아 씻겨나간 것이다. _Lunar and Planetary Institute/Brian Fessler.

　　2015년 NASA의 탐사선 메이븐(MAVEN, Mars Atmospheric and Volatile Evolution)이 화성의 물에 관한 역사에 대한 중요한 답을 얻어냈다. 메이븐은 2013년 발사돼 2014년 화성 궤도에 안착한 이후 화성 대기에서 우주로 원자가 빠져나가는 속도를 측정했다. 일부 원자는 화성 대기 중 가장 높고 얇은 층에 막히지만, 태양풍(solar wind)에서 나온 입자와 충돌해 우주 밖으로 빠져나간다. 태양풍은 태양에서 나오는 수소와 헬륨 원자의 하전된 핵으로 구성돼 초속 400킬로미터로 움직인다. 태양풍 입자는 태양을 떠나는 동시에 태양의 자기장선(magnetic field lines)을 태양계에 퍼뜨린다. 그 과정에서 태양의 자기장과 전기장의 영향력을 행성들에게 확대한다. 지구의 자기장은 돌진하는 태양풍 입자를 밀쳐낸다. 그리고 태양풍에 의해 지구의 대기 상층부가 무너지지 않게 보호해줄 방어막을 대기 상층부 위쪽에 형성한다.

그런데 화성에는 자기장이 없다. 결과적으로 화성의 대기 상층부는 태양풍의 강력한 샌드블라스팅 효과(sandblasting effect)에 노출된다. 또한 화성 대기 상층부에 있는 일부 원자는 태양빛을 흡수한다. 결과적으로 전자 하나를 잃을 만큼 원자 에너지가 높아진다. 전자 하나를 잃게 된 원자는 이제 하전된 입자, 즉 이온(ion)이 된다. 이온은 자기장에 반응하는 반면, 중성 입자는 자기장의 존재를 알지 못한다. 화성 대기에서 나온 이온이 태양의 자기장과 만나게 되면 이온은 화성의 외부로 끌어당겨져 화성에서 멀어지게 된다.

느리지만 꾸준히, 매순간이 지나고, 날이 가고, 해가 바뀌면서, 이 2가지 과정(이온화가 일어난 다음 태양풍과 상호 작용하는)이 함께 어우러져 화성은 대기의 일부를 초당 수백 그램의 속도로 잃어버리게 된다.

"금전 등록기에서 매일 동전 몇 푼을 훔치는 것과 마찬가지로, 조금씩 사라지던 대기의 일부는 시간이 지나면 상당한 양이 됩니다."

메이븐 프로젝트의 연구 책임자인 콜로라도대학교 부르스 야코스키(Bruce Jakosky) 교수의 말이다.

"태양 폭풍이 불어오는 동안 대기 손상이 10배 이상 증가하는 것으로 봐서 태양이 젊고 활동적이었을 수십억 년 전에는 손상되는 속도가 훨씬 빨랐을 겁니다."[10]

또한 타원형을 따라 공전하는 화성이 태양에 가장 멀리 떨어진 지점에 있을 때보다 가장 가까운 지점에 있을 때 손상의 정도 역시 10배 이상 많았다.[11] 메이븐 팀은 서로 다른 고도에서 아르곤(argon) 동위원소가 존재하는 비율을 측정해 화성 대기에서 우주로 사라진 가스의 양을 계산했다.[12] 화성의 듀테륨과 일반적인 수소는 가벼운 아르곤 동위원소(아르곤-36/36Ar)보다 무거운 아르곤 동위원소(아르곤-38/38Ar)를 잡아당기는 힘이 아주 약간 크다. 계산 결과 초기에 존재하던 아르곤의 66퍼센트가 우주로 사라졌다는 사실이 드러났다. 메이븐의 과학자들은 사라진 아르곤을 측정해 화성 대기에서 0.5바 또는 그보다 많은 CO_2가 사라졌을 가능성이 있음을 예측했다. '바(bar)'는 지구 지표면에서의 대기 압력을 말한다(1제곱미터 당 10만 뉴턴의 힘). 현재 화성의 표면 압력이 160분의 1바이므로, 이 같은 메이븐의 측정치는 화성 대기에 한때 존재했던 기체(아르곤, 질소, 이산화탄소 등)의 상당 부분이 우주로 빠져나갔다는 강력한 단서를 제공한다.

메이븐의 측정이 원래 화성에 존재했던 대기의 대부분이 사라졌고 계속 사라지고 있다는 단서를 준다면, 이 사실이 화성에 원래 존재하던 '물' 중에 얼마나 많은 양이 사라졌는지 이해하는 데 도움이 되지 않을까? 그런 예측을 하는 데 필요한 한 가지 방법은 NASA의 화성 탐사선 마스 오디세이(Mars Odyssey)에 탑재한 중성자 분광기를 사용하는 것이다. 이 감지 장치는 화성 표면 1미터 이내의 중성자 흐름을 측정한다. 이들 중성자는 우주선(cosmic ray)이라는 고에너지 입자와 충돌하면서 발생한다. 우주선은 화성의 표면을 뚫고 들어와 지표면 근방에 있는 입자와 충돌한다. 우주선이 원자핵과 충돌하면 감마선과 중성자가 발생하고 그중 일부가 대기 밖으로 튀어 나오는 것을 마스 오디세이가 감지한다. 그러면 과학자들이 중성자의 에너지를 이용해 화성의 표면 바로 아래에 어떤 입자가 존재하는지 알아낼 수 있다.

마스 오디세이의 중요한 발견 중 하나는 화성의 북극과 남극에 가까운 지역(북위와 남위 55에서 극지점까지)에 수소가 매우 풍부하다는 사실을 밝혀낸 것이다. 수소는 화성 표면 근처의 암석에 단독으로 존재하지 않기 때문에 수소가 존재하는 가장 유력한 이유는 지표면 아래에 있는 암석에 얼음이 풍부하다는 것이다. 다시 말해 화성의 북극과 남극은 영구 동토층으로 알려진 불순물이 많은 얼음이며, 50퍼센트와 암석과 50퍼센트의 물이 섞여 있을 가능성이 높다.[13] 적도 지역에도 물이 있지만 2~10퍼센트보다 낮은 수준으로 존재한다.[14] NASA의 피닉스 착륙선(Phoenix Lander)은 2008년 화성의 북극 근처에 착륙한 뒤 로봇 팔을 이용해 흙을 채취하고 성분을 조사했다. 피닉스 착륙선은 마스 오디세이가 옳았다는 것을 확인해줬다. 화성 북극에 가까운 지역의 흙에는 얼음이 가득했다.

메이븐, 마스 오디세이, 피닉스 착륙선이 측정한 바에 따르면 지난 40억 년 동안 화성에서는 대양 하나 만큼의 물이 사라졌다. 화성에 이 정도의 물이 표면이나 표면 근처에 있으려면 지금보다 훨씬 따뜻해야 한다. 화성 정찰위성은 레이더를 이용해 얼어붙은 이산화탄소가 층층이 쌓인 거대한 남극관의 표면 아래 약 800미터를 조사함으로써 단서를 찾아냈다. 두 가지 얼음 층(각각 15~60미터의 두께)이 얼어붙은 이산화탄소 층을 두꺼운 세 층(각각 300미터의 두께)으로 나눠놓은 것이다. 이처럼 갇혀 있는 이산화탄소의 총량은 현재 화성 대기에 있는 이산화탄소를 모두 더한 양에 달한다. 이들이 방출된다면 화성 대기의 기압은 2배가 되어 물이 화성 표면 곳곳에 안정적으로 존재하게 될 것이다. 또한 대기의 밀도가 높아져 강한 바람이 대기에 많은 먼지를 일으켜서 모래 폭풍의 빈도와 강도

와 높아질 것이다.[15]

　오래전 따뜻하고 습기가 많았던 화성에는 진흙과 광물이 쌓인 적철석 같은 퇴적층이 형성됐을 것이다. 실제로 현재 적철석이 확인되고 있다. 1998년 화성의 적도 부근에서 마스 글로벌 서베이어가 처음으로 찾아낸 적철석 층은 대규모의 물이 과거 화성의 지표 및 표면 인근에서 화성과 상호 작용했다는 단서를 제공한다.

　한때 화성에 있었던 물은 모두 어디로 갔을까? 처음에 있었던 물의 일부가 사라진 것은 분명하다. 아마도 많은 양의 물이 사라졌을 것이다. 그랬다면 많은 양의 물이 D/H 비율에 영향을 미치지 않고 빠져나간 셈이다. 그렇기 때문에 아직 화성에 물이 존재할 가능성은 높다.

08

운하의 건설자들

조반니 스키아파렐리는 처음에 화성인은커녕 화성에도 관심이 없었다. 그랬던 그가 화성을 연구하기 시작했고, 화성 표면을 재해석했으며, 화성 전체를 둘러싸고 있는 120킬로미터 너비의 카날리, 즉 운하처럼 보이는 무언가를 발견했다.

혁명적인 화성 관측 이전에도 스키아파렐리는 이미 뛰어난 천문학자로 세계적인 명성을 얻고 있었다. 1866년 미국의 천문학자 루이스 스위프트(Lewis Swift)와 호러스 터틀(Horace Tuttle)이 자신들의 이름을 붙인 혜성을 발견한 지 4년 뒤에 스키아파렐리는 스위프트-터틀 혜성의 궤도가 유성체(流星體, meteoroid), 즉 8월마다 페르세우스(Perseus)라고 알려진 유성우를 쏟아내는 유성체(별자리 페르세우스 방향에서 오는 것처럼 보였기 때문)의 궤도와 비슷하다는 사실을 계산으로 밝혀냈다. 이런 유성우에서 생성된 유성을 혜성의 궤도와 연결하면서 스키아파렐리는 지구가 태양을 공전하며 쓸고 간 티끌의 잔해와 혜성이 태양을 공전하면서 쏟아낸 찌꺼기를 물리학적으로 관련지어 생각했다. 1868년 프랑스 과학아카데미는 이와 같은 중대한 천체물리학적 발견을 기념해 스키아파렐리에게 당시 최고의 국제적 천문학상인 랄랑드 상을 수여했다.

스키아파렐리는 때와 장소를 잘 만나 벌써부터 많은 덕을 보았다. 20 대 초반 사르데냐(Sardinia) 왕의 후원으로 정부 지원을 받아 독일 베를린 천문대에서, 그 뒤에는 러시아 상트페테르부르크 외곽에 위치한 풀코보(Pulkovo) 천문대에서 교육을 받았다. 이후 그는 이탈리아 밀라노의 소규모 천문대 천문학 조교수 임용을 약속받았다. 그리고 1862년 27세 때 브레라(Brera) 천문대의 선임 천문학자가 사망하자 천문대 책임자로 승진했다.

스키아파렐리는 그 즉시 최첨단 망원경을 포함한 야심찬 천문대 현대화 프로젝트를 제안했다. 처음 몇 년 동안은 지지부진했지만 그가 랄랑드 상을 받자 금전적으로 도움이 되는 정치 후원이 공고해졌다. 또한 1868년까지 젊은 스키아파렐리가 일을 시작하는 데 도움을 주었던 사르데냐 왕은 새로운 통일 이탈리아(1861년부터)의 왕 비토리오 에마누엘레 2세(Vittorio Emanuele II)로 등극했다. 스키아파렐리가 거둔 과학적 성공이 자신이 이끌어갈 젊은 국가에 대한 선전에 도움이 될 수 있다는 판단 아래 에마누엘레 2세는 브레라 천문대에 새로운 망원경을 지원해달라는 스키아파렐리의 요청을 받아들여 자금을 지원했다. 6년 뒤 완성된 8.6인치 메르츠(Merz) 굴절망원경은 당시 최고의 제조 기술을 적용한 광학 유리로 제작된 것이었고, 주로 쌍성의 분리와 궤도 관측에 사용할 예정이었다.

1877년 여름 스키아파렐리는 그저 새 망원경을 테스트하기 위해 화성 관측을 시행했다. 화성은 밤하늘에 관측하기 좋은 위치에 있었고 충의 위치로 움직이고 있었다. 1877년 9월 12년 만에 지구와 가장 가까운 거리에 올 예정이었기에 망원경으로 관측하면 꽤 크게 보였다. 화성은 바로 그 순간 스키아파렐리를 사로잡았다. 그는 표면에 있는 여러 표시를 쉽게 가려낼 수 있었고, 색깔과 음영을 식별할 수 있었다. 화성 표면 지도를 제작했던 다른 천문학자의 연구를 섭렵했던 터라 표시와 관련된 내력을 잘 알고 있었기 때문이다.

스키아파렐리는 가까이 다가온 화성과 새로운 망원경을 이용해서 누구도 보지 못했던 화성 표면의 아주 세밀한 부분까지 지도로 만들기로 결심했다. 심지어 지금까지 제작된 지도 가운데 가장 정확한 지도를 만들 수 있는 기법을 고안하기도 했다. 그의 계획은 화성 표면의 62개 점을 식별한 다음, 마이크로미터를 이용해 이들 지점에서 정확한 위치를 알고 싶은 모든 지형까지 각거리를 측정하는 것이었다. 1867년 리처드 프록터가 만들었던 지도에는 스키아파렐리의 작업에서 시작점으로 삼은 위치의 지명은 없었고, 그가 곧 찾아낼 다른 부가적인 지형은 당연히 표시돼 있지 않았다. 그래서 스키아파렐리는 화성의 거의 모든 지형을 표시하기 위한 자신만의 명명법을 개발했다(그중 일부는 아직도 사용 중이다).

이 같은 노력은 스키아파렐리가 관측한 화성 지형이 실제로 존재하는 경우에 한해 지금까지 만들어진 가장 정확한 화성 표면 지도라는 결과로 나타났다. 그는 화성의 어두운 부분을 주저 없이 '바다'라고 표현했을 뿐 아니라, 마치 지구에서 바다의 염도 차이가 바닷물 색깔을 차이 나게 하는 것처럼 화성 표면의 색조 차이는 깊이, 투명도, 화학 성분의 차이 때문이라고 설명했다.

"물이 짤수록 어둡게 보인다. 화성도 마찬가지다. 이런 모든 것들로 인해 우리는 화성의 바다가 지구의 바다와 비슷하다고 여기게 된다."[1]

또한 그는 화성의 바다라고 생각하는 지역을 잇는 거무스레한 선이 그물처럼 복잡하게 얽힌 부분에 대한 의견도 제시했다.

"이 선들의 색은 바다와 마찬가지 이유로 검게 보이며, 카날리나 연결 통로일 것이다."

이 검은 선들은 1879년과 1881년 가을 그리고 1882년 초겨울 관측에서 계속 스키아파렐리를 매혹시켰다. 그런데 1882년 스키아파렐리가 관측하는 도중 거의 실시간으로 화성의 모습이 갑자기 극적으로 바뀌었다.

"대륙을 가로질러 수많은 검은 선이 있다. 내가 카날리라는 이름을 붙였지만 이것이 무엇인지 우리는 모른다. 과거 많은 관측자가 그중 일부를 기록에 남겼고, 1864년 도스의 기록이 가장 널리 알려졌다. 지난 세 번의 충 동안 나는 그에 관한 특별 연구를 진행했고, 60개 이상의 카날리를 찾아냈다."

60개 이상을 발견한 것이다. 그는 이런 카날리들이 밝은 부분이나 대륙 지역에 윤곽이 명확한 그물망 형태를 형성한다고 썼다.

"지난 4년 반 동안의 관측만으로 판단하자면, 그런 카날리의 특성은 변함없이 그대로인 것으로 보인다."

이 지점에서 스키아파렐리는 화성에 관한 과학의 장벽들을 깨부수기 시작한다. 그는 1877년에 발견하지 못한 카날리를 1879년에 발견했고, 1879년에 보지 못했던 카날리를 1882년에 보았지만, 항상 이전에 발견했던 카날리들을 다시 볼 수 있었다고 발표했다. 전문가로서 그의 의견은 카날리가 점점 행성 전체로 확대되고 있다는 것이었다. 가장 짧은 카날리는 길이가 120킬로미터였고 가장 긴 것은 약 4,800킬로미터였다. 모든 카날리는 바다에서 끝나거나 다른 카날리로 이어졌다. 카날리가 육지에서 끊어지는 경우는 한 군데도 없었다. 그의 예측에 따르면 운하의 너비는 보통 120킬로미터로 어마어마하게 컸다. 그런데 이보다 놀라운 사실은 따로 있었다.

"이것이 전부가 아니다. 특정 시기가 되면 이 같은 카날리들이 2배로 늘어난다. 정확히 말하면 각자 2개가 된다."

1877년에 스키아파렐리는 카날리가 하룻밤 사이에 나란히 선 2개의 카날리로 바뀌는 현상을 관측하지 못했었다. 그 현상은 1879년에 한 번 발생했으며 그때 그는 "나일강이 2개가 됐다"고 썼다. 하지만 1882년 관측에서는 연달아 나타났다.

"놀라움의 연속이었다. 오론테스(Orontes), 유프라테스(Euphrates), 파이슨(Phison), 겐지스(Ganges) 등을 비롯한 다른 주요 카날리들이 명백히 2개씩 나타났다."

스키아파렐리는 20개 이상의 카날리가 이중으로 나타나고, 그 가운데 17개는 30일 주기로 그렇게 나타나는 것을 관측했다.

"이와 같은 이중 현상은 쌍성 관측에서 일어난 것처럼 시각적 역량 증가에 따른 광학적 효과가 아니다. 카날리가 나란히 2개로 나뉘어졌기 때문도 아니다. 제시된 사실은 다음과 같다. 기존의 선 오른쪽이나 왼쪽에 선의 경로나 위치의 변화 없이 기존의 선과 똑같은 선이 각크기 6도에서 12도 사이의 거리, 즉 350킬로미터에서 700킬로미터 떨어진 곳에 나란히 보이는 것이다."

스키아파렐리는 쌍둥이자리(Gemini)를 참조해 이런 과정을 라틴어 어

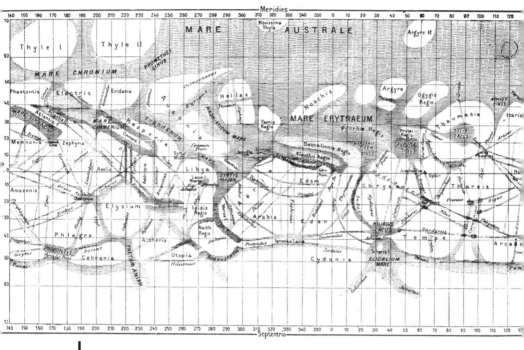

조반니 스키아파렐리의 1886년 화성 지도. 쌍생이 많이 보이는 카날리를 포함한 화성의 카날리 구조를 볼 수 있다. 카날리는 모두 주요 대륙과 이어진 것처럼 보인다. _Flammarion, La Planete Mars, 1892.

원으로 '쌍둥이 낳기(twinning)'를 뜻하는 '쌍생(gemination)'이라고 부르기로 했다.[2]

　스키아파렐리의 새로운 관측 결과를 접한 다른 천문학자들은 이를 회의적으로 받아들였다. 일부 천문학자는 스키아파렐리가 주장한 뚜렷한 선이 카날리라기보다는 약간 그늘진 지역을 가리는 경계선이라고 반박했다. 카날리는 광학적 환상이라고 하면서 스키아파렐리의 망원경이 잘못됐거나 그의 상상에서 나온 결과라고 비판하는 천문학자도 있었다. 그러나 스키아파렐리는 자신이 시대를 앞서가는 천문학자이며, 화성에 관한 한 동료 천문학자들보다 앞서 있다고 확신했다.

몇몇 천문학자는 과학적 논쟁에서 스키아파렐리의 편에 섰다. 그들은 적어도 스키아파렐리가 발견한 카날리 중 일부는 그 존재가 확인됐다면서 스키아파렐리를 지지했다. 아일랜드의 천문학자 C. E. 버튼(C. E. Burton)은 1882년 〈왕립 더블린학회 회보(Scientific Transactions of the Royal Dublin Society)〉를 통해 카날리 몇 개를 찾아냈다고 발표하면서 스키아파렐리의 운하를 최초로 확인해줬다. 그렇지만 쌍생은 확인할 수 없었다.[3] 버튼이 1883년 35세의 나이에 심장마비로 사망했을 때 부고 기사는 이렇게 쓰여 있었다.

"최근 발견된 화성의 카날리에 관한 인류의 지식은 대부분 스키아파렐리와 버튼의 관측에서 나온 것이다."[4]

그로부터 몇 년 지나지 않아 스키아파렐리의 카날리가 실제로 존재한다는 사실을 뒷받침하는 중요한 단서가 앙리 페로탕(Henri Perrotin)과 루이 솔롱(Louis Thollon)이 이끄는 프랑스 연구 팀의 연구에서 드러났다. 1886년 니스(Nice) 천문대에서 일하던 페로탕과 솔롱은 스키아파렐리가 그토록 염원하던 화성 카날리의 쌍생을 확인하는 돌파구를 마침내 마련하게 된다.

"기상 조건이 좋았던 그날 밤(1886년 4월 5일)이 끝나갈 때 우리는 몇 가지 카날리를 연달아 찾아낼 수 있었다. 그것들은 거의 모든 면에서 밀라노 천문대의 스키아파렐리가 찾아냈던 특징을 보였다. 스키아파렐리가 묘사했고 우리가 본 것처럼, 적도 지역에서 커다란 원의 일부 호(弧)처럼 보이는 선들이 모여 망을 이루고 있었다."[5]

페로탕과 솔롱은 천문대를 방문한 M. 트레피(M. Trepied)가 2개의 흐릿한 평행선으로 이뤄진 쌍생 카날리 TU를 최초로 찾아냈다고 말하기도 했다. 페로탕은 다음 1888년 관측에서 단일한 카날리와 쌍생 카날리를 모두 볼 수 있었다.

스키아파렐리의 연구를 입증하는 데 도움이 될 만한 또 다른 관측은 프랑스의 천문학자 프랑수아 테르비(Frasois Terby)에게서 나왔다. 그는 저서 《화성의 물리적인 관측(Physical Observations of Mars)》에서 "우리는 1888년 류벤(Louvain)에서 다음과 같은 카날리가 존재한다는 사실을 입증했다"라고 쓰면서 30개의 카날리를 열거했다. 테르비는 어렵긴 했지만 한 치의 의심도 남기지 않은 관측이었다고 설명했다. 그는 아쉽게도 한 카날리의 쌍생만 확인할 수 있었으나 "열악한 환경이었는데도 카날리의 쌍생은 볼 수 있었다"며 "우리가 본 것에 따라 지금부터 화성지형학의 발전은 의심에서 벗어나 스키아파렐리가 가는 길에 동참하는 사람들의 손에 달려 있다"고 강조하고 "카날리 쌍생에 관한 연구가 화성 연구의 새로운 시대를 열었다"고 결론 내렸다.[6]

나마도 스키아파렐리의 연구에 관한 가장 중요한 증명은 에드워드 찰스 피커링(Edward Charles Pickering)의 동생 윌리엄 헨리 피커링(William Henry Pickering)일 것이다. 에드워드 찰스 피커링은 당시 세계적 권위와 영향력이 있는 천문학자였다. 그는 1876년 하버드 천문대 책임자로 임명돼 1920년까지 계속 그 자리를 지켰다. 동생 윌리엄도 천문학자였으며 1880년대까지 천문학에 크게 이바지해 명성을 쌓았다. 1883년 미국 예술 및 과학아카데미 회원으로 선출됐으며, 1899년에는 토성의 위성 중 하나인 포이베(Phoebe)를 발견했다. 하지만 윌리엄은 말년에 달에서 식물, 거대한 곤충, 명왕성 너머의 신비한 행성, 행성-X 등을 찾는 데 에너지를 쏟는 다소 기이한 길을 걸었다.

1887년 에드워드 피커링은 우리야 보이든(Uriah Boyden) 가문의 유산을 통해 높은 고도에 하버드 천문대 시설을 지을 자금을 유치했다. 그리고 페루 아레키파(Arequipa)의 안데스 산 고도 2,500미터 지점에 천문대를 건설했다. 그는 동생 윌리엄에게 보이든 천문대를 건립하는 임무를 맡겼다. 윌리엄은 형에게 하버드 천문대에서 아레키파를 남쪽 하늘 관측을 위한 대규모 사진 측량 수행지로 사용하자고 제안했다. 윌리엄은 훗날 아레키파에서 얻은 수천 장의 사진 분석에는 참여하지 못하고 보스턴으로 돌아오긴 했지만, 이 관측은 20세기 천문학을 완전히 뒤바꿔놓았고, 애니 캐넌(Annie Cannon)의 스펙트럼 분석을 이용한 항성 분류, 헨리에타 리비트(Henrietta Leavitt)의 세페이드(Cepheid) 변광성(變光星, variable star)의 주기-광도 관계의 발견, 헤르츠스프룽-러셀 도표(Hertzsprung-Russell diagram) 등으로 이어져 현대 천체물리학의 전반적인 토대를 제공했다. 이 같은 노력에 대한 윌리엄 피커링의 상상력과 통찰력은 아낌없는 찬사를 받을 만하다. 이어지는 화성에 관한 그의 연구는 말할 필요도 없다.

1890년 윌리엄은 아레키파에서 12인치 보이든 망원경을 이용해 그림이 아닌 최초의 화성 사진을 촬영했다. 이는 윌리엄을 다시 한 번 19세기 말 천문학의 첨단에 서게 했다. 그 과정에서 그는 위대한 이탈리아의 관측자 스키아파렐리가 불과 몇 년 전에 발견한 이른바 '카날리'를 처음으로 보았다.[7] 1890년 그는 〈사이드리얼메신저(Sidereal Messenger)〉에 발표한 글에서 이와 같은 카날리가 매우 많았다고 말했다.

"찾기 쉬운 것도 있었고 눈에 잘 띄는 것도 있었다. 시야가 그다지 좋지 않아도 많은 카날리가 보였기에 스틱스(Styx), 프레툼 아니안(Fretum Anian), 하이블라우스(Hyblaeus) 등의 카날리를 보는 데 아무런 어려움이 없었다. 이와 같은 지역에 있는 다른 몇몇 카날리도 볼 수 있었다."

하지만 그는 "쌍생이 나타나는 경우는 볼 수 없었다"면서 "8인치 망원경으로 그런 카날리를 발견한 천문학자의 시력에 크게 감탄했다"고 썼다. 그는 이제는 거의 누구나 카날리를 볼 수 있다고 확신했지만, 동시에 그와 같은 화성 지형이 지구의 운하와 완전히 비슷하다는 데 대해서는 다소 회의적이었다.

"카날리라는 이름이 붙었다는 사실이 가장 불운한 일인 듯하다. 그곳에 물이 채워져 있을 것이라는 추정을 뒷받침해줄 단서가 조금도 없기 때문이다."[8]

1892년 화성의 충이 역사 속으로 사라진 후 윌리엄 피커링은 아레키파에서 관측한 내용을 글로 정리해 그 해 12월에 출간한 《천문학과천체물리학(Astronomy and Astro-Physics)》에 실었다.[9] 그는 특별히 카날리에 관해서는 이렇게 설명했다.

"이른바 수많은 카날리가 화성에 존재하며, 상당수는 스키아파렐리가 그렸던 것들이다. 그중에는 길이가 몇 킬로미터에 불과한 것도 있다. 이번 충에서는 특별히 눈에 띄는 쌍생은 나타나지 않았다."

그는 또한 몇 차례에 걸쳐 구름과 작은 검은색 점들의 모습도 관측했다. "편의상 이 점들을 우리는 호수라고 불렀다"고 기술했다. 또한 극지점에서 눈이 녹는 광경을 발견할 수 있었다고 주장했다. 피커링이 극지점에서 눈을 발견했다고 확신한 것, 구름을 찾아낸 것, 작고 검은 점에

'호수'라는 이름을 붙인 것 등은 스키아파렐리가 물이 있다는 아무런 단서도 없는 상황에서 '카날리'라는 이름을 붙인 게 불운한 일이라던 그의 신중함과는 대조적인 행동이었다.

사실 스키아파렐리 자신은 화성에서 발견한 카날리에 관해 자신이 했던 추측을 확대 해석한 적이 없다. 그는 이렇게 썼다.

"반드시 지적인 존재가 만든 것으로 생각할 필요는 없다."[10]

그러나 다른 천문학자들은 신중하지 못했다. 무엇보다 지구에서 운하는 사람이 만든 인공 건축물이다. 8,000만 킬로미터 떨어진 곳에서 망원경을 통해 보일 정도라면 화성의 운하는 극도로 뛰어난 지적 능력과 기술을 갖춘 건축가가 설계한 상상도 할 수 없을 만큼 어마어마하게 거대한 건축물일 것이다.

지구의 운하를 살펴보자. 1861년 남부 프랑스에서 미디(Midi) 운하가 완공됐다. 미디 운하는 인간이 만든 운하와 강을 결합해 대서양과 지중해를 연결하는 건축물의 첫 번째 부분이었다. 1825년 뉴욕 북부에서 노동자들은 허드슨 강과 이리 호수를 연결하는 세계 8대 불가사의(당초 계획대로라면)라 할 만한 1.2미터 깊이와 12미터 너비의 이리 운하 공사를 마쳤다. 30여 년 뒤인 1858년에는 프랑스의 기술자 페르디낭 드 레셉스(Ferdinand de Lesseps)가 이끄는 공사 팀이 수에즈(Suez) 운하 건설에 착수했고, 1868년 이 믿을 수 없는 프로젝트를 마무리했다. 당시 인류 역사상 가장 위대한 건축물이었을 길이 200킬로미터, 너비 800미터에 달한 수에즈 운하도 수천 킬로미터 길이에 너비가 수십 킬로미터인 화성의 운하와 비교하면 아이들 장난감에 불과했다.

수세기에 걸쳐 지구의 기술자들은 지구를 온통 운하로 감싸느라 고된 시간을 보냈다. 실제로 19세기 말 화성에서 운하를 발견했을 때 지구에서는 역사상 가장 큰 운하인 파나마(Panama) 운하를 건설하고 있었다. 파나마 철도는 1855년부터 파나마 지협을 가로질러 승객과 화물을 운송했다. 곧바로 운하 건설의 가능성에 관한 진지한 조사와 토론이 이어졌다. 1881년 어느 프랑스 건축 팀이 운하를 파기 시작했다. 1904년 미국이 프로젝트를 인수해 1914년 운하를 완성했다. 19세기 말 지구의 위대한 과학자와 기술자들은 운하를 생각하고 있었다. 일부 과학자들은 지적인 외계인이 이미 이웃 행성 화성에 유사한 건축물을 건설했다는 사실을 알고서도 놀라지 않았다. 분명한 사실은 지구를 다시 건설하는 일을 하는 사람들은 화성인의 발전된 기술을 인정할 수 있었으리라는 점이다.

물론 천문학자들이 외부와 단절된 상태로 일하는 것은 아니었다. 과학의 첨단에서 연구하는 천문학자들은 앞선 기술을 보유하고 있는 프랑스와 미국의 기술자들이 운하를 건설하고 있다는 사실을 잘 알고 있었다. 화성을 관측하면서도 운하를 신경 쓰고 있었다는 의미다. 이탈리아의 천문학자 안젤로 세키 신부가 처음으로 캐널, 즉 운하라는 이름을 화성에 적용하던 해에 지중해 건너편에서는 수에즈 운하가 건설되기 시작했다. 그리고 1877년 처음으로 화성에서 카날리를 발견한 스키아파렐리는 프랑스인들이 파나마 운하를 파기 시작한 1882년에 처음으로 화성의 카날리에서 쌍생이 나타나는 것을 발견했다.

운하는 분명히 지적인 인간 문명이 건설한 것이다. 카미유 플라마리옹에게 화성을 둘러싸고 있는 카날리는 화성에 인간보다 더 지적인 능력을 가진 문명이 존재했다는 단서를 제공했다. 과학을 대중화한 플라마리옹이 등장하기 이전과 칼 세이건이 《코스모스(Cosmos)》를 집필하기 전까지 한 세기가 지나는 동안 플라마리옹과 같은 일을 하는 사람은 없었다. 1892년 8월 플라마리옹은 《화성(La Planete Mars)》을 출간했다. 이 책에는 망원경이 발명된 이후 1636년 프란체스코 폰타나의 최초 관측에서부터 1890년 많은 천문학자들이 카넬라를 관측하기까지 거의 모든 중요한 관측 내용이 담겨 있었다. 그리고 그는 과거에 시행된 화성 관측 내용을 설명하면서 자신만의 상상력을 동원해 인류가 화성을 어떻게 이해하고 있는지 분석했다.

> 화성에 우리와 비슷한 종이 실제로 살 수 있다. 당연히 더 가볍고, 역사가 깊고, 훨씬 발전한 종 말이다. 하지만 두 세계 사이에는 중대한 차이가 존재한다. 우리에게는 화성에 동식물을 비롯한 다른 생명체가 어떤 형태로 살 수 있는지에 관한 추론을 하기에는 아직 충분한 정보를 확보하지 못했다. 그렇지만 우리보다 우월한 종이 화성에 살 가능성은 아주 높아 보인다.[11]

여기서 퍼시벌 로웰이 등장한다. 로웰은 뉴잉글랜드 유명 가문의 아들로 태어난 부유한 보스턴 시민이었다. 1876년 하버드대학교를 졸업하기까지 로웰은 19세기 가장 영향력 있는 미국인 천문학자 벤저민 피어스(Benjamin Pierce)의 지도하에 공부했다. 졸업한 뒤 그는 천문학에 대한 관심을 뒤로 한 채 15년 동안 유럽을 여행하면서 가족이 운영하는 회사를 경영했고, 그후로는 더 먼 곳까지 여행을 다녔다. 말년에는 한국과 일본을 여행하기도 했다. 하지만 1890년대 초 그는 다시 열정을 찾아 돌아왔다. 그는 스키아파렐리의 카날리에 대해 상상의 나래를 펼쳤고 천문학자로 다시 태어나기 위해 열중했다. 10년이 지나기도 전에 그는 자신의 천문대를 건설했으며, 화성의 기술자들이 죽어가는 행성을 구하기 위해 카날리를 건설한 것이라고 전세계 일반 독자들을 설득했다.

1892년 로웰은 하버드 천문대 책임자 에드워드 피커링과의 친분으로 스키아파렐리의 화성 지도 복사본을 확보해 주의 깊게 연구하기 시작했다. 그때 로웰은 스키아파렐리가 연구를 포기한 이유가 시력이 나빠져 관측을 할 수 없었기 때문이라는 사실을 알게 됐고, 스키아파렐리가 그만둔 지점을 알아내 화성 관측을 재개할 방법을 고민했다. 1893년 로웰은 크리스마스 선물로 플라마리옹의《화성》을 한 부 받았다. 로웰은 밤을 지새우며 고민한 끝에 화성 연구에 전념해야겠다고 결심한다. 그러기 위해서 그는 지적인 재능과 개인적인 재산을 이런 목적을 이루기 위한 천문대 건설이 필요했다.

최고의 기상 조건을 갖춘 지역에 망원경을 설치하기 위해 멕시코와 알제리의 몇몇 후보 지역을 평가하고 나서, 로웰은 앨번 클락(Alvan Clark)과 그의 아들이 제작한 최신 24인치 굴절 망원경을 애리조나 플래그스태프의 마스 힐에 설치했다. 그는 건조하고 바람 한 점 불지 않는 기후적 조건 덕분에 기후가 좋지 못한 곳에서는 보이지 않는 화성의 표면까지 상세히 관측할 수 있으리라고 믿었다. 로웰은 이런 발상으로 천문학계를 주도해, 이후 하와이, 카나리아 제도, 칠레 등지에 있는 산 정상에 이렇게 '시야'가 다른 곳보다 좋은 곳에 천문대를 지을 수 있었다.

로웰은 또한 다른 사람들에게 화성 표면을 망원경 이미지로 식별하려면 시력이 뛰어나야만 한다고 말했다. 물론 그는 시력이 좋았다. 로웰과 스키아파렐리가 다른 사람은 보지 못하는 화성의 구조물을 볼 수 있다는 사실은 다른 사람에게 신체적인 문제가 있기 때문일 뿐이라고 로웰은 믿었다.

1896년 7월 23일 로웰 천문대가 문을 열었다. 망원경은 멕시코로 수송됐다가 이듬해에 다시 돌아왔지만, 곧 마스 힐에 고정적으로 설치됐다. 1916년 사망할 때까지 이후 20여 년 동안 로웰은 체계적으로 화성을 관측하고 연구하라고 직원들을 압박했다.

화성에서 새로운 데이터를 얻기는커녕 천문대를 짓기 전에도 로웰은 자신의 견해와 목적을 분명히 밝혔다. 그가 1894년 보스턴 과학회에서 한 연설은 그후에 5월 26일자 〈보스턴코먼웰스(Boston Commonwealth)〉에 공개됐다. 로웰은 애리조나에서 진행 중인 프로젝트에서는 "다른 세계에 생물이 살 수 있는 조건을 탐구할 것이며 우리는 그런 문제에 관한 꽤 확실한 발견을 하기 직전에 왔다고 믿을 만한 근거가 있다"고 설명했다. 그리고 스키아파렐리의 카날리 관련 논의에서는 "화성에 있는 놀라운 푸른색 그물망은 우리의 이웃 행성에 실제로 생명체가 산다는 것을 암시한다"고 설명했다.[12] 로웰의 관측 프로그램은 이런 주장을 테스트하기보다는 증명하려고 만들어진 것이었다.

로웰의 첫 번째 화성 관측은 1894년 하버드에서 빌려온 12인치 굴절망원경과 피츠버그 앨러게니(Allegheny) 천문대가 로웰에게 빌려준 18인치 굴절망원경을 이용했으며 무척 성공적이었다. 처음 맞이하는 겨울에 로웰 천문대의 천문학자들은 183곳의 운하를 카날리를 관측했다. 스키아파렐리가 처음 찾아낸 거의 모든 운하를 포함하고 있었으며, 적어도 100여 곳의 카날리는 스키아파렐리가 보지 못했던 것이었다. 그들은 이들 중 8곳에서 쌍생 현상을 찾아냈는데,[13] 183곳 중 일부는 반복해서 나타났고 각각 100여 차례 이상 발생했다. 또한 1892년 윌리엄 피커링이 처음 발견해 '호수'라고 이름 붙였던 작고 검은 점 53곳도 관측했다.

1896년 로웰은 레오 브레너(Leo Brenner)의 연구로부터 큰 도움을 받았다. 브레너는 영국 왕립 천문학회에서 발행하는 회지를 통해 "102곳의 운하를 발견했고 70곳은 스키아파렐리, 12곳은 로웰, 20곳은 새로 발견한 곳"이라는 내용을 전했다. 브레너는 또한 "로웰의 호수(8곳)를 보았고 새로운 호수도 발견했다"고 썼다.[14] 고등학교를 중퇴했고 거짓말쟁이에다 불한당이었던 브레너는 천문학자로서는 자격이 없었지만, 크로아티아 서부 해안에 있는 로시니 섬의 루신피콜로(Lussinpiccolo, 오늘날의 말리 로시니)에 마노라(Manora) 천문대를 지을 막대한 재력을 갖고 있었다. 23시간 57분 36.27728초라는 터무니없는 금성의 자전 주기를 비롯해 그가 관측하고 발견했다고 주장한 거의 모든 것들이 꾸며낸 게 확실했지만, 적어도 몇 년 동안 그는 전문 학술지 〈천문대(The Observatory)〉〈영국천문학회저널(Journal of British Astronomical Association)〉〈천문학소식〉 등에 보고서를 발표할 수 있었고, 화성에 관한 그의 보고서는 로웰이 화성에 대해 관측하고 주장한 모든 것들을 확인해줬다.[15]

로웰은 20여 년 동안의 화성 관측 활동을 통해 상상만 하던 자신의 가설을 확인했다. 아직 연구를 시작하지도 않았지만 답을 확신하는 가설이었다. 인류보다 뛰어난 지성을 소유한 문명인이 살고 있다는 것이었다. 그는 1894~1895년 겨울 이 내용을 〈대중천문학〉에 6편의 글로써 소개했다. 그런 뒤 같은 주제에 관한 4부작 칼럼을 1895년 여름 〈월간애틀랜틱(Atlantic Monthly)〉에 연재했으며, 같은 해 여러 차례 화성인 가설에 관한 대중 강연을 진행했다. 1895년 말 그는 마침내 《화성(Mars)》이라는 단순한 제목의 첫 저서를 출간했다. 대중에 자신의 견해를 설득하려는 의

도가 분명했다. 그렇게 대중적 인기에 힘입어 천문학자들에게 자신의 아이디어가 타당하다는 것을 납득시키려 한 것이다.

처음에는 프린스턴대학교 천문학 교수 찰스 영(Charles Young)이 로웰에게 이따금 가볍지만 조심스럽게 지지를 보내줬다. 찰스 영은 존경받는 과학자이자 그 시대의 천문학 교과서로 가장 널리 사용된 책의 저자이기도 했다. 1896년 10월 〈보스턴헤럴드(Boston Herald)〉에 기고한 글에서 그는 화성에 관해 '논쟁의 여지가 없는 사실'과 '불확실성이 존재하는 추측'을 상세히 다뤘다. 그는 운하 가설을 전적으로 받아들이지도, 전적으로 거부하지도 않았다. 또한 화성의 생명체에 관해 깊이 고민하고 있었지만, 여전히 입장을 밝히지는 않았다. 결국 그는 유려한 표현을 사용해 현명하게 위기를 모면했다.

"관측자의 상상력을 이용해 사람을 놀라게 하거나, 입증되지 않은 발견을 확인된 진실로 받아들이는 데 신중해야 한다. 인간은 자신이 기대하던 것이나 바라던 것을 보려는 성향을 갖고 있다. 특히 망원경으로 화성 표면의 너무나 작고 미세한 표시를 관측해야 하는 경우라면 더욱 그렇다." [16]

천문학계의 존중을 간절히 바라던 로웰에게 영 교수가 작게나마 지지를 표했던 때와 같은 달에 로웰이 금성에 관한 새로운 관측 결과를 얻어냈다는 소식이 전해지자 로웰은 삽시간에 유명해졌다. 로웰은 금성이 정확히 224.7일을 주기로 태양 주위를 공전한다고 발표했다. 금성은 지구의 달처럼 태양에 늘 같은 면을 보여준다. 다시 말해 자전 주기와 공전 주기가 같다. 로웰은 또한 "금성은 추정했던 것과 달리 구름으로 뒤덮여 있지 않다는 사실을 발견했다"고 선언했다. [17] 금성에 관한 2가지 발견으로 로웰은 나머지 천문학계가 이룩한 업적을 능가해버렸다. 그런데도 그는 그치지 않았다. 이후 바퀴살 같은 일련의 검은 선들이 포함된 금성 지도도 출간했다. 로웰은 그 선들이 금성 표면의 영구적인 지형이라고 단정했다.

그렇게 로웰은 성공한 인물로 알려졌지만 여전히 아웃사이더였다. 그를 도와줄 전문적인 천문학자를 고용할 재력은 있었지만 그들의 존경을 받지는 못했다. 학위가 없다는 자격지심 때문인지 로웰은 자신의 천문대에 고용한 천문학자들이 화성에 대한 자신의 주장을 진심으로 인정하는지 의심하기 시작했다. 1894년 로웰의 첫 번째 화성 관측에 대비해 고용한 대니얼 드류(Daniel Drew)가 1897년 6월에 그만뒀고, 드류와 함께 고용한 윌버 코그쉘(Wilbur Cogshall)은 같은 해 10월 천문대를 떠났다.

1897년에 고용한 새뮤얼 부스로이드(Samuel Boothroyd)도 1898년 갑자기 그만뒀다. 마찬가지로 1894년 관측에 대비해 고용한 천체 관측 전문가 토머스 제퍼슨 잭슨 시(Thomas Jefferson Jackson See)는 자만심과 이기적인 천성 때문에 동료들로부터 큰 반감을 산 끝에 1898년 7월 결국 해고됐다.

1901년에는 앤드류 더글러스(Andrew Douglas)를 해고했다. 그는 1894년 초 로웰 팀에 합류해 로웰이 망원경 설치를 위한 최적의 장소를 결정하는 데 도움이 되는 대기 측정을 시행했었다. 해고 사유는 "신뢰할 수 없다"는 것이었다. 더글러스는 로웰의 매제이자 로웰 천문대 재정을 담당하던 윌리엄 퍼트넘(William Putnam)에게 "로웰의 방법론은 비과학적이며 그가 쓴 글은 대부분 도움이 되지 않고 해만 끼친다"고 불평한 바 있었다. 더글러스의 마지막 조언은 가혹했다.

"그가 과학적인 사람으로 변화하지 않을 것 같아 걱정된다."

아니나 다를까, 퍼트넘이 이 편지를 로웰에게 보여주자 더글러스는 해고됐다.[18]

1901년 로웰은 천문대를 그만뒀던 코그셸이 추천한 베스토 멜빈 슬라이퍼를 고용했다. 당시 그는 인디애나대학교에 재학 중이던 대학원생이었다. 슬라이퍼는 이후 로웰이 살아있는 동안 줄곧 로웰과 로웰이 남긴 유산을 충실하게 따랐고, 은퇴할 때까지 로웰 천문대를 떠나지 않았다. 곧이어 로웰은 칼 오토 램플런드(Carl Otto Lampland)를 고용했고, 그는 로웰 천문대에서 1901년부터 1951년까지 근무했다. 램플런드는 천체 사진, 특히 행성 관측을 위한 천문 사진의 발전에 크게 기여했다. 몇 년 뒤인 1906년 로웰은 슬라이퍼의 동생 얼(Earl)을 고용하면서 장기적으로 일할 직원들을 충원했다. 얼 또한 1964년까지 로웰과 천문대를 위해 충실히 활동했다.[19]

로웰이 끊임없이 재촉해 베스토 슬라이퍼는 화성 대기에서 수증기를 측정할 수 있는 장비와 기술을 연구하는 데 몇 년을 바쳐야 했다. 1908년 슬라이퍼는 달을 관측할 때보다 화성을 관측할 때 어떤 선에서 강력한 신호를 감지했다. 로웰은 화성에 물이 존재한다는 확실한 증거를 찾아낸 것이며, 화성에 관한 자신의 이론을 모두 확인해주는 성취라며 이를 널리 알렸다. 자신의 천문대를 호의적으로 홍보하는 데 능했던 로웰은 슬라이퍼의 발견에 관한 소식을 빠르게 퍼뜨렸다.

화성과 화성의 생명체에 관한 로웰의 이야기는 1906년 로웰이 저서 《화성과 운하(Mars and Its Canals)》를 출간하면서 절정을 이뤘다. 그는 이 책에서 화학적 과정을 통해 생명체가 자연 발생적으로 그리고 필연적으

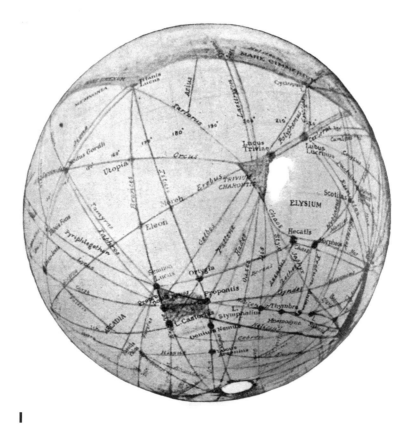

화성을 감싸고 있는 운하 구조를 보여주는 퍼시벌 로웰의 화성 지도. 로웰에 따르면 화성인이 사용하는 운하는 물이 풍부한 극지방에서 카론의 교차로(Trivium Charontis)로 알려진 엘리시움(Elysium) 근방의 적도 지역까지 물을 수송하는 데 사용됐다. _Lowell, Mars as the Abode of Life, 1908.

로 진화한다는 개념에 우호적인 주장을 펼쳤다. 결과적으로 우주의 다른 곳은 물론 화성에 생명체가 존재한다는 것은 필연적이다. 그는 한 걸음 더 나아가 "식물이 존재한다면 더 고등한 형태의 생명체가 존재할 가능성이 높다"고 주장했다. 화성의 경우 화학적 생명의 기원이 되기에 알맞은 모든 성분이 있기 때문에 생명체의 진화가 일어났을 것이 분명했다.[20]

운하에 대한 방대한 양의 측정으로 그는 극지방에서 적도를 향해 하루에 82킬로미터 속도로 움직이는 '어둠의 파도(wave of darkening)'가 있다는 사실을 알아냈다. 그는 이 같은 어둠의 파도 속도가 인공적으로 물을 퍼 올려 운하를 통해 움직이는 속도와 일치해 빠르게 식물에게 물을 공급함으로써 꽃을 피우게 되는 것이라는 결론을 내렸다. 이 이론을 지지하는 강력한 주장 중에는 에뤼투라의 바다(Mare Erythraeum, 당시 이름이 지금도 사용되고 있다)로 알려진 커다랗고 어두운 지역에 관한 다년간에 걸친 한 연구가 있었다. 그는 적도에서 남쪽으로 24도 부근에 위치한 이 지역의 색깔이 겨울이 시작되면 청록색에서 흑갈색으로 바뀌고, 봄이 오면 다시 에뤼투라의 바다가 초록색으로 바뀐다는 사실을 관측했다.[21]

10여 년이 넘는 시간 동안 로웰은 글쓰기와 강연을 통해, 그리고 천문대 직원들에게 화성 연구를 하게 해서 자신이 바라던 결과를 성취했다. 화성의 운하에 관한 천문학자들 사이에 벌어진 논쟁을 화성인에 관한 국제적인 대중 논쟁으로 바꿔놓았던 것이다. 12월 말 〈월스트리트저널〉에서 어떤 익명의 필자는 "1907년 한 해를 돌아보고 머리에 남아 있는 12개월 중 가장 특이했던 사건을 꼽아봐달라"고 요청했다.

"대부분의 다른 생각 대신 우리의 마음속을 차지하고 있는 것이 분명 경제 공황은 아닐 것이다. 가장 특이했던 일은 화성에 의식이 있고 지능이 있는 인간이 존재한다는 천문학적 관측에 의해 얻어진 증거였다."

기고문에서 필자는 "이 증거는 사실 정황적인 증거이지만 화성에 지적인 생명체의 존재에 대한 정황적인 증거를 제시하기에는 충분했다"고 서술했다. 필자는 "이 발견의 중요성을 말하자면 다른 행성에 생명체가 있다는 사실을 확립하는 데 이보다 더 멋진 성취는 없을 것"이라며 모든 공

로가 퍼시벌 로웰에게 있다고 강조했다.[22]

로웰의 전략은 대부분 효과가 있었다. 1908년 그는 《생명이 사는 화성 (Mars as the Abode of Life)》이라는 저서을 한 권 더 출간했다. 로웰은 책을 집필하는 도중 당시 영국의 저명한 학술지 〈네이처〉의 편집장에게 화성의 권위자로서 화성과 1907년 로웰 천문대의 화성 관측에 대한 원고를 청탁받았다. 로웰은 남극관이 녹는 현상, '태양의 호수'의 활동 개시, 북쪽과 남쪽으로 뻗은 운하와 색의 변화, 화성의 표면 색깔이 실시간으로 바뀌는 현상 등 로웰 천문대에서 가장 최근에 수행했던 관측을 자세히 설명했다.

"이로부터 현재 화성에 지적이고 건설적인 생명체가 살고 있다는 추론을 할 수 있다. 그리고 이와 같은 추론에서 나온 화성에 생명체가 서식한다는 의견은 절대로 선험적인 가설이 아니라 관측에서 나온 연역적인 결과이며, 내가 이후에 했던 관측이 모두 그것을 입증하는 것이라고 말하고 싶다. 이곳에서 관측한 사실에 모두 부합하는 다른 추정은 없다."[23]

수많은 유력 신문에 그를 지지하는 기사가 나오고 급기야 〈네이처〉에서 화성에 관한 글을 써달라는 청탁을 받자, 운하와 지적인 화성인 문제에 관한 승자는 로웰인 것처럼 보였다.[24]

화성의 생명체에 관한 로웰의 이론에 핵심적인 화성의 환경에 관한 몇몇 측정이 놀랍게도 모두 로웰에게 유리하게 조정된 것처럼 보였다. 생명체는 물이 필요하고, 물은 분명히 화성에 이미 존재하고 있다고 그는 믿었다. 게다가 화성에 생명체가 존재하기 위해서는 화성의 대기가 도움을 줘야 했다. 로웰 천문대의 천문학자들은 대기의 두께를 측정하기 위해 열심히 연구했고, 화성의 표면 압력이 지구 대기의 표면 압력의 12분의 1이라는 사실을 알아냈다. 꽤 작은 값이었지만, 그들은 화성에 생명체가 존재하기에는 충분하다고 생각했다.

로웰은 화성의 대기에 수증기가 존재한다는 사실에서 지구의 대기에 풍부하게 존재하는 다른 기체가 화성의 대기에도 풍부하게 존재할 것이라는 사실을 거의 확실하게 알 수 있다고 주장했다. 또한 로웰은 자신의 가설에 도움이 되는 정황 증거를 화성 중력의 강도 형태로 수집했다. 화성의 중력은 가장 가벼운 기체인 수소를 제외한 모든 기체가 우주로 빠져나가지 못할 만큼 강하기 때문이다. 따라서 산소와 이산화탄소는 우주로 빠져나가지 못하기에 지구와 비슷한 수준으로 화성에 존재해야 한다.

마침내 1907년 7월 로웰은 화성의 구름양, 반사율, 공기와 대지에 의한 열의 흡수, 기압 등을 고려해 복잡한 계산식을 만들어냈고,[25] 이를 이용해 화성의 표면 온도가 9도라는 사실을 알아냈다. 이 답을 통해 그는 화성의 표면 온도가 생명체가 사는 지구와 비슷하다는 결론을 내릴 수 있었다. 로웰이 화성의 표면 온도를 계산한 방법에 대해 거의 즉시 이의가 제기됐다. 1907년 12월 영국의 물리학자 존 포인팅(John Poynting)은 자신이 '온실 효과(greenhouse effect)'라고 이름 붙인 현상을 고려해 계산한 결과를 공개했다.[26] 그의 답은 섭씨 영하 26도에서 42도 사이였다. 포인팅의 답이 로웰보다 정답에 가까웠다.

그러나 현대 천문학의 결과는 이른바 화성에 관한 진실이 모두 틀렸다는 것을 보여준다. 화성은 매우 건조하며, 19세기에 화성의 대기에 있던 수증기의 양은 모두 틀렸다. 더욱이 화성의 대기는 로웰 천문대 직원들이 생각했던 것보다 15배 이상 얇다. 1965년 7월 NASA의 화성 탐사선 매리너 4호(Mariner IV) 프로젝트 책임자 제럴드 레비(Gerald Levy)를 위시한 무선과학팀은 어느 기발한 실험에서 매리너 4호가 화성 뒤에 있을 때 매리너 4호에서 나오는 무선 신호를 화성의 대기를 통과해 지구로 전송했다.[27] 그 과정에서 그들은 무선 신호의 특성이 변화하는 것을 측정해 기압, 밀도, 온도를 구하는 방법을 보여줬다. 매리너 4호가 구한 답은 화성 표면 기압은 지구 표면 기압의 4,000분의 1에서 7,000분의 1 사이였다(최신 측정치는 1기압의 6,000분의 1로 수렴하고 있다).

매리너 4호 팀은 또한 화성의 위도와 계절에 따라 달라지는 화성의 표면 온도가 섭씨 영하 103도에서 영하 93도 사이라는 것을 발견했다. 최근 측정한 표면 온도는 저점에서 약 영하 153도, 고점(화성의 여름철 적도 근방)에서는 약 20도였다. 화성의 평균 표면 온도는 영하 약 62도로 로웰이 생각했던 것보다 일반적으로 50도 이상 낮았다. 중요한 점은 화성에는 대기에 산소가 없다는 것이다. 화성 대기는 거의 모두 이산화탄소로 구성돼 있다. 그래서 화성은 지구와 많이 다르다.

결론은 로웰 자신 또는 로웰 천문대의 다른 천문학자가 측정하거나 계산한 화성 대기의 모든 특성이 잘못됐다는 것이다. 화성은 지구에 있는 사막의 극단적인 형태라고 할 수 있다. 밤과 낮의 온도 차이가 어마어마하게 크고 극도로 건조하다.

로웰은 운하가 직선이라는 것, 너비가 일정하다는 것, 바퀴의 부챗살처럼 방향이 설정된 사실과 가운데 지점에 어두운 점(그는 이 점이 직경 약 240킬로미터의 오아시스라고 설명했)이 있는 것 등을 고려해 화성의 운하가 인공물이라고 주장했다.[28] 대중과 천문학계의 전문가들 모두 화성에 생명체가 산다는 주장을 믿게 하려는 로웰의 노력은 로웰에게 동의하지 않는 사람들로부터 비난을 받았다. 직업적으로 로웰과 반대되는 의견을 가진 사람들은 화성의 운하 구조를 지지하지 않으면, 지적인 화성인 역시 지지하지 않을 것이라는 이유로 화성의 운하를 찾아야 한다는 로웰의 주장에 반대 의견을 집중했다.

그의 반대자 가운데 가장 유명한 사람은 앞에서 살펴본 윌리엄 월리스 캠벨이었다. 릭 천문대 책임자였던 그는 로웰과의 싸움에 다른 이들의 도움을 끌어모을 수 있었다. 캠벨은 릭 천문대 직원들과 1908년 윌슨(Wilson) 산에 가서 화성 대기의 수증기를 측정하기 위해 팀을 조직했다. 화성에서 물을 발견했다고 알려진 과거의 측정을 반박하기 위해서였다. 또한 로웰 천문대에서 관측을 하면 릭 천문대를 비롯한 다른 주요 천문대보다 훨씬 명확하게 관측을 할 수 있다는 로웰의 주장을 반박하는 편지를 학술지 4곳에 보내는 운동을 지휘했다.

캠벨의 응원에 힘입어 위스콘신에 위치한 여키스(Yerkes) 천문대의 40인치 굴절 망원경과 캘리포니아의 월슨 산에 있는 60인치 굴절 망원경 등 당시 세계 최고의 거대 망원경 2기를 제작했던 조지 엘러리 헤일(George Ellery Hale)은 1909년 월슨 산 천문대의 60인치 망원경을 이용해 화성을 관측했다. 이후 헤일은 캠벨에게 "그들이 운하의 흔적조차 보여주지 못한다는 사실을 알면 놀랄지도 모르겠습니다"라고 전했다.[29] 물론 캠벨은 전혀 놀라지 않았다.

캠벨은 에드워드 에머든 바너드(Edward Emerson Barnard)에게 헤일의 60인치 망원경을 사용해 화성 연구를 해보지 않겠느냐고 권했다. 바너드는 그 시대의 유명한 천문학자 중 한 사람이었다. 그는 천체 사진의 선구자였고 수십 개의 혜성은 물론 지구에서 두 번째로 가까운 별이며 그의 이름을 따 '바너드별(Barnard's Star)'로 불리게 되는 땅꾼자리(Ophiuchus)

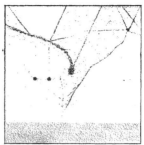

FIGURE 10.   October 5.
From a photograph.
by Professor Hale.
60-inch Refractor.

FIGURE 11.   November 3.
Professor Lowell.
24-inch Refractor.
stopped down to some 15 inches.

Views of Syrtis Major and Lacus Moeris 1n 1909 with various telescopes.

1901년 캘리포니아 윌슨 산 천문대에 설치된 당시 세계에서 가장 큰 망원경을 이용해 조지 엘러리 헤일이 얻어낸 화성 표면 사진(왼쪽)과, 같은 해 퍼시벌 로웰이 애리조나의 로웰 천문대에서 관측해 손으로 그린 화성의 스케치(오른쪽)와의 비교. 사진에서는 스키아파렐리와 로웰이 화성 표면에서 찾아냈다던 직선이 사실은 다른 지역보다 빛의 반사가 적은 넓고 희미한 지역이라는 것을 분명하게 보여준다. _Antoniadi, Popular Astronomy, 1913.

의 적색 왜성을 발견했다. 바너드는 여키스로 옮기기 직전 릭 천문대에 있던 36인치 망원경을 이용한 1892년과 1894년 관측을 통해 이미 화성의 바다와 운하에 관한 논쟁에 참여한 적이 있었다. 그때 그는 왕립천문학회 월간 회지에 결론을 발표했다. 그는 화성의 바다와 대양이 캘리포니아에 있는 것과 유사한 거대한 협곡과 사막으로 보인다고 말했다.

"멀리 떨어진 바다와 대양으로 보일 만한 것이 아무것도 없다. 전혀 그렇게 보이지 않는다."

그는 또한 무심코 이렇게 말하기도 했다.

"최근에 그림에서 봤던 것 같은 지표면에 곧게 뻗은 직선도 없었다."[30]

1905년 바너드는 로웰 천문대에서 일하는 천문학자 램플런드가 그 해에 찍은 화성 사진의 원본을 조사하려고 로웰 천문대를 찾아갔다. 램플런드는 숙련된 천체 사진가로서 로웰 천문대에서 일하고 있었다. 당시 행성의 천체 사진은 항성이나 혜성보다 촬영하기가 훨씬 어려운 것으로 간주되고 있었다. 많은 학자들이 행성 사진 촬영은 불가능한 것으로 여기기까지 했다. 로웰의 압력에 자극을 받은 램플런드는 새로운 기술을 개발했다. 특별히 설계된 24인치 굴절 망원경용 흡수율이 낮은 렌즈, 영상이 번지지 않는 기상 조건에서만 관측, 서로 다른 장소에 있던 빛이 한 곳에 초점을 맞출 때 나타나는 번짐을 감소시키기 위해 설계된 컬러 필터, 하늘 너머 화성을 따라 일정하게 움직이는 망원경 속도를 제어하는 적도의(赤道儀, driving clock, 지구의 자전수를 세는 시계) 등이 그것들이다.

램플런드는 이 같은 노력으로 여러 주요한 개선 작업을 성공시켜 1905년 영국 왕립사진협회 훈장을 받았고, 1905년 5월부터 700장의 화성 사진을 찍을 수 있었다. 피시벌 로웰은 이 사진들이 얼마나 놀라운 것인지 신문을 이용해 미국과 유럽 전역에 알렸다. 그는 1906년 12월 런던 왕립학회 회보에 실린 "화성 운하의 첫 번째 사진(First Photographs of the Canals of Mars)"이라는 기고문에서 이렇게 쓰고 있다.

"사진 건판 상태가 충분히 좋으면 화성의 운하를 볼 수 있다."[31]

그는 이런 글과 사진을 〈대중천문학〉〈천문학소식〉〈벨기에천문학회소식(Bulletin de la Societe Belge d'Astronomie)〉〈하버드대학천문대소식(Harvard College Observatory Bulletin)〉을 비롯해 〈로웰천문대소식(Lowell Observatory Bulletin)〉에도 실었다. 주요 신문에서는 이들 사진이 화성 운하 논쟁의 주요한 패러다임이 전환됐다는 사실을 나타낸다고 보도했다. 로웰은 1906년 저서 《화성과 운하》에서 사진을 통한 발견에 대해 직접 언급하면서 "사진은 화성이 지구의 인간보다 훨씬 발전한 화성인의 지배를 받고 있었다는 사실을 확인해주고 있다"고 단언했다.

"램플런드의 사진에는 잘 알려진 화성의 특징이 드러났다. '대륙'과 '바다', '운하'와 '오아시스' 등 신기한 지형이 최초로 흑백 사진에 담겼다. 사진에는 첫눈이 내리는 모습, 새로운 극관의 형성이 시작되는 모습 등이 담겨 있고 38곳의 운하를 볼 수 있다. 그중 한 곳인 닐로케라스(Nilokeras)에서는 쌍생이 나타났다. 운하가 실재한다는 사실을 스스로 드러냈다."[32]

그러자 〈런던데일리그래픽(London Daily Graphic)〉의 한 기자는 로웰의 의견에 동의하면서 이들 화성 사진이 "최근 천체 관측가들의 삶을 뒤흔든 격렬한 논쟁에 종지부를 찍을 것"이라고 썼다.[33] 〈허스트(Hearst)〉의 한 칼럼니스트는 직접 원본 사진을 분석한 후 이에 동의했다.

"우리는 이제 적어도 화성의 주요 운하는 존재하는 것으로 인정해야 할 것 같다."[34]

대중 출판물에는 사진을 원본 수준으로 실을 수 없었기 때문에 실제 사진을 본 사람은 거의 없었지만, 다른 신문들도 많은 천문학자와 마찬가지로 이런 취지에 뜻을 함께했다. 1907년 화성이 충에 섰을 때 남아메리카에서 다른 로웰 천문대 직원들이 얻어낸 추가적인 사진이 〈센츄리앤드코스모폴리탄(Century and Cosmopolitan)〉 12월호와 1월호에 공개되면서 이 같은 주장은 불길처럼 번져나갔다.[35]

반면 바너드는 원본 사진을 조사한 뒤 "사진에는 그들이 주장하는 운하가 보이지 않았다"고 결론 내렸다. 바너드는 캠벨의 압력을 받아 1910년 말 화성을 관측했지만 이번에도 마찬가지로 운하가 존재한다는 단서는

찾지 못했다.[36]

로웰의 주장에 반대하는 사람들 중에는 19세기 가장 뛰어난 수학자라고 평가받는 사이먼 뉴컴(Simon Newcomb)이 있었다. 그는 미국 과학아카데미 회원이자 영국 왕립학회 회원이었고, 미국 수학회 회장과 미국 천문학회 초대 회장을 역임했다. 왕립 천문학회 금메달, 왕립학회 코플리 메달, 레지옹 도뇌르 슈발리에 등 수상 경력도 화려했다. 지적인 논쟁에서 그가 같은 편에 있는 게 반대편에 있는 것보다 훨씬 좋았겠지만, 뉴컴은 로웰과 로웰의 운하 주장에 반대했다. 뉴컴은 이미 1897년부터 반대 의견을 피력했었다.

> 모든 천문학자가 퍼시벌 로웰의 에너지와 열정에 대해 극도의 존경심을 갖고 있지만, 아무리 유능하고 경험 많은 관측자라고 하더라도 지구의 대기권과 같은 방해 물질을 통과해 8,000만 킬로미터에서 1억 6,000킬로미터 정도 떨어진 곳에 있는 물체의 특징을 묘사하는 경우 실수를 할 수 있다는 사실을 잊어서는 안 된다. 스키아파렐리가 운하라는 의미의 카날리라고 부른 어떤 무늬가 존재한다는 데 이의를 제기할 사람은 없을 것이다. 그러나 이 무늬가 스키아파렐리의 지도와 로웰의 아름다운 책에 묘사된 뚜렷하고 가느다란 직선인지에 대해서는 의문의 여지가 있다.[37]

뉴컴은 로웰이 애리조나 플래그스태프라는 최적의 관측 장소와 시력의 우수성을 바탕으로 관측할 수 있다고 주장한 화성 표면의 상세한 부분을 볼 수 있는지 여부에 관해 끊임없이 공개적인 의문을 제기했다. 뉴컴은 인간의 눈이 약 30미터 떨어진 곳에 밝은 배경으로 보이는 검은 선을 식별할 수 있는지에 대한 일련의 테스트를 수행한 뒤, 로웰의 측정은 불가능하다고 결론 내렸다. 그렇지만 그는 "이런 결과가 전체 운하 구조의 실제 존재 가능성을 낮추기는 하지만, 그 가능성을 부정하는 것은 아니다"라고 여지를 뒀다.[38]

로웰이 했던 모든 발견에서 중대한 문제가 나타났다. 다른 천문학자들은 금성의 표면을 관측할 수 없었고, 오늘날까지도 지구의 망원경을 이용해 금성 표면을 봤다고 주장하는 천문학자는 없다. 오늘날 대다수의 사람들은 어마어마하게 두꺼운 대기층이 금성을 감싸고 있기 때문에 당시 로웰이 금성 표면의 모습을 관측하지 못했다는 사실을 안다. 금성의 자전 주기에 관해서도 로웰의 측정을 확인해줄 수 있는 천문학자는 없다. 더욱이 그것 역시 잘못됐음을 알고 있다. 금성은 243일에 한 번씩 아주 천천히 자전하며, 방향도 로웰이 측정한 방향과는 반대로 움직인다.

1896년 12월 금성 지도를 공개하며 로웰은 그가 직업적인 동료라고 생각했던 사람들 사이에서 유명 인물이 됐다. 하지만 그가 동료라고 생각했던 사람들은 천문학자로서 전문 교육이나 학위를 받지 않은 로웰을 직업적으로 동등하다고 여기지 않았으며, 금성에 대한 연구로 인해 로웰은 천문학자들 사이에서 외면당하는 신세가 된다.

퍼시벌 로웰의 초창기 지지자들 중 한 사람이었던 유진 안토니아디(Eugene Antoniadi)는 훗날 대표적인 강경 반대파로 변신했다. 그는 콘스탄티노플(현재의 이스탄불)에서 태어나 천문학자로 교육받은 뒤 1893년 프랑스 파리의 뫼동 천문대에서 플라마리옹과 함께 경력을 시작했다. 그곳에 있는 동안 안토니아디는 (그가 생각하기에) 40개가 넘는 화성의 운하를 개인적으로 관측할 수 있었다. 영국 천문학회 화성 부문의 새로운 책임자로 임명되자 그는 천천히 화성을 다르게 보기 시작했다. 그는 새롭게 리더 역할을 수행하면서 협회 회원들의 화성 관측 자료를 수집하고 이를 바탕으로 연간 보고서를 출간했다. 첫 보고서에서 그는 화성에 생명체가 있다는 플라마리옹과 로웰의 주장과 더불어 운하 가설의 열정적인 지지자였다. 그는 1896~1897년 보고서에서 "모든 구성원이 변함없이 운하를 보고 있다"고 기술했다. 또한 어두운 부분을 천문학회 회원이 '불그스레한 식물'이라고 부른 것은 얼마 되지 않는 초록색 식물로 덮인 육지일 가능성이 높다"고 지적했다.

"그 어두운 부분은 아마도 식물과 물 모두를 나타내는 것일 수 있다. 식물에는 계절적인 변화가 기록되는 반면, 물은 일반적으로 색깔이 변하지 않는 것이 주요한 특징이기 때문이다."

그러나 처음 비판을 직면했을 때 안토니아디는 "직선이 쌍으로 나타나는 현상은 시력이 불완전한 상태에서 두 번째 영상이 형성됐기 때문이라는 것을 확신했다"고 밝혔다. 사실 안토니아디는 개인적인 호기심에서 시력 때문에 하나의 선이 둘로 보일 수 있는지 증명하는 실험을 수행한 바 있었다. 당시 안토니아디는 이런 현상을 '인위적인 쌍생'이라고 불렀는데, 이 현상의 가장 주요한 원인은 '초점 오류'였다. 하나의 운하는 존재한다고 쳐도 쌍생은 실제로 존재하지 않았다.[39]

두 사람의 다른 천문학자가 안토니아디보다 많은 운하를 볼 수 있었지만, 안토니아디는 46개의 운하를 찾아낸 공로는 자신에게 있다고 믿었다. 안토니아디는 또한 운하를 찾는 것이 쉽지 않다고 설명했다. 그는 스키아파렐리의 연구를 통해 운하의 존재를 미리 알지 못했다면 대부분 그냥 지나쳤을 것이라고 말했다. 결과적으로 그는 신중하게 C. 로버츠(C. Roberts)의 연구 결과를 개요에서 제외했다. C. 로버츠는 6.5인치 망원경만으로 적어도 134개 이상의 운하를 그림으로 기록한 인물이다. 1898~1899년 화성 관측을 마친 뒤 안토니아디는 1901년 보고서를 출간하면서 이렇게 썼다.

"많은 과학자에 대한 자연스런 의심에도 불구하고, 충이 설 때마다 스키아파렐리가 발견한 화성의 표면에 밭고랑처럼 보이는 선형 무늬가 존재한다는 것을 확인해주는 결과가 나타났다." [40]

하지만 안토니아디의 신중한 회의론은 점점 커져만 갔다. 그는 "마운더(Maunder)와 B. W. 레인(B. W. Lane)의 실험은 '관 모양의 환영'이 일부 사람의 눈에서 발생하는 생리학적 현상임을 보여준다"면서 "관측된 운하의 절반이 희미한 중간 색조의 경계에서 나타났다"는 사실에도 주목했다. [41] 그리하여 그는 인간의 시력과 뇌가 희미한 영상에서 가상의 구조를 생성하는 능력에 대해 호기심이 발동하기 시작했다. 게다가 로웰의 관측팀이 목성의 일부 대형 위성은 물론 수성과 금성에서도 선형 무늬를 발견했다고 보고하기 시작하자, 안토니아디는 모든 행성에서 보이는 선들이 모두 광학적인 환영인지 아니면 햇빛에 대한 반사율이 다른 지역, 행성천문학 용어로 표현하면 반사계수(albedo)가 다른 지역의 경계인지 궁금해졌다. 안토니아디의 1898~1899년 보고서에 일부 운하에 대한 새로운 설명이 나와 있다.

"이제 우리는 이른바 운하의 상당수가 반사계수가 다른 인접한 지역의 경계와 일치한다는 사실을 확실히 알게 됐다. 이 사실은 중요하다."

바꿔 말하면 운하라고 알려진 지형은 단지 햇빛에 대한 반사율이 다른 서로 다른 색을 띤 두 지역의 경계일 뿐이라는 것이다. 그가 보기에 그것이 운하라는 증거는 점점 사라지고 있었다. 안토니아디는 또한 "운하가 넓어지는 교차지점에 형성된 호수가 반드시 존재한다고 할 수 없으며, 이미지의 중첩일지 모른다"고 발표했다.**42**

1902년에 그는 더 이상 화성에 운하가 존재한다는 가설의 열렬한 지지자는 아니었지만, 아직 반대자가 되지는 못한 상태였다. 더 이상 플라마리옹과 일하지는 않았다. 1903년 화성의 충에 대한 안토니아디의 관측 보고서에는 주요한 변화가 나타나고 있다. 그 보고서에서 그는 운하가 있는 화성과 운하가 없는 화성에 대한 2가지 도표를 공개했다. 그런 다음 그는 잠시 화성 논쟁에서 빠져나와 5년 동안 건축을 공부했다. 하지만 1909년 뫼동 천문대 책임자가 유럽에서 가장 큰 직경 33인치 초대형 망원경(Grand Lunette)을 이용한 화성 연구를 제안하자 결국 그 제안을 받아들였다.

1909년 9월 20일 밤은 근대 이전에 망원경으로 화성을 관측한 사람들에게 역사적으로 최고의 밤이었다. 파리에 지표면 기온이 상층보다 낮아지는 기온역전(temperature inversion) 현상이 나타나 7시간 동안 초대형 망원경 위의 하늘은 선명했고 바람 한 점 없었다. 그 결과 안토니아디는 그때까지 천문학자들이 얻어낸 것들 중 최고의 화성 사진을 확보할 수 있었다. 우주망원경과 행성 간 우주선 시대가 열리기까지 그 사진보다 뛰어난 것은 나오지 않았다. 그때 안토니아디는 무엇을 봤을까? 운하는 아니었다. 직선조차 볼 수 없었다. 누구도 로웰과 스키아파렐리의 상상력이 넘치는 화성 그림과 동일한 모습을 볼 수는 없었다. 그는 이렇게 발표했다.

"화성은 방대하고 믿을 수 없을 만큼의 사소한 세부적인 특징으로 뒤덮여 있었고, 이들은 모두 자연스럽고 논리적이었으며, 불규칙했고, 기하학적인 모습은 전혀 찾을 수 없었다."[43]

안토니아디가 운하에 대한 자세한 해설을 다룬 1909년 여섯 번째 중간 보고서를 제출할 때까지 그는 반운하 운동의 입장을 굳건히 지키고 있었다. 소수의 중복된 운하를 발견했던 한 관측자의 보고서를 소개하면서 안토니아디는 돌려 말하지 않고 분명하게 지적했다.

"이런 유형의 증거는 아무런 가치가 없다고 선언해야 할 때가 됐다. 그러나 일반적으로 성능이 떨어지는 망원경에서 얻은 불확실한 데이터가 없었다면, 화성에 운하가 존재한다는 것에 대한 의문도 없었을 것이다."

그는 이어서 이렇게 말했다.

"그런 현상이 운하의 존재를 믿는 사람에게 얼마나 환영받을 소식일지 모르겠지만, 그 현상들은 잘못된 기하학적 형태의 아주 복잡하고 불규칙한 구조를 보여주는 것 이외에 실제로 아무런 의미가 없다."

스키아파렐리의 운하에 관해서는 이렇게 언급했다.

"한 가지 중요한 사실은, 좋은 관측 조건에서 보면 거의 모든 스키아파렐리의 운하들이 대부분 복잡하고 불규칙한 미세한 차이를 지닌 집단으로 나뉘거나 이런 차이를 이루는 들쑥날쑥한 경계를 구성할 뿐이었다."

안토니아디는 화성에 운하가 존재한다는 가설에 대한 놀랄 만한 갑작스런 공격을 다음과 같은 대담한 결론으로 마무리했다.

"우리에게는 화성의 수로나 도로가 존재하는지 여부는 물론, 화성의 진짜 운하에 대해서도 말할 권리가 없다. 화성에 그런 것들이 존재하는지 아닌지 우리는 모른다. 그와 관련된 생각은 검증되지 않은 추측으로 다뤄져야 한다. 운하라는 용어는 달의 바다처럼 화성과는 아무런 관련이 없다."

그리고 부록으로 조지 헤일이 세계에서 가장 강력한 장비인 윌슨 산 천문대의 60인치 망원경을 이용해 관측한 보고서를 첨부했다. 헤일은 이렇게 설명하고 있었다.

"가느다란 선이나 기하학적인 구조물은 흔적도 볼 수 없었다. 조금 큰 스키아파렐리의 운하가 몇 개 보였지만, 가느다랗지도 직선도 아니었다."

안토니아디는 최종 결론을 내렸다.

"앞서 말한 내용으로 화성의 무늬에 대한 진정한 특징에 모든 의구심이 사라졌으면 한다. 소규모 굴절 망원경에서 나온 허술한 증거는 거대한 장비에서 나온 결정적인 단서 앞에서 모두 사라졌다. 그리고 프린스턴, 릭, 여키스, 윌슨 산, 뫼동 등의 천문대 망원경이 문제를 영구히 해결했다."[44]

안토니아디는 그가 내린 결론을 로웰의 일반 독자에게 직접 전달해 화성의 운하를 끝장내는 일을 마무리했다. 1913년 〈대중천문학〉에 쓴 글에서 안토니아디는 독자에게 이렇게 말하고 있다.

"어마어마하게 많은 양의 글이 새로운 운하 발견을 기록하기 위해 쓰였다. 하지만 미래의 천문학자들은 이런 기이한 광경에 코웃음을 칠 것이다. 그리고 운하의 오류로 인해 30년 이상 발전이 늦춰졌다. 운하는 과거의 근거 없는 믿음으로 기억되고 말 것이다."[45]

안토니아디의 말이 옳았고, 예측도 정확했다. 로웰의 연구로 인해 로웰이 살아있는 동안 실제로 행성천문학 분야의 발전이 늦춰졌다. 설상가상으로 로웰의 연구는 20세기 전반기 대부분 동안 행성과학에 큰 오명을 남겼다. 행성천문학이 주요한 과학 분야로 재탄생하게 된 것은 러시아의 스푸트니크(Sputnik)가 발사되고 행성 간 우주선이 발명되면서였다.

관측하기 좋은 위치에 서게 되는 다음 시점인 1924년 캘리포니아대학교의 천문학자 로버트 트럼플러(Robert Trumpler)는 당시 세계에서 네 번째로 큰 망원경*인 릭 천문대의 36인치 굴절 망원경을 이용해 사진과 직접적인 시각적 관측을 이용한 화성 표면에 관한 신중한 연구를 수행했다. 그는 약 1,700장의 화성 사진을 얻어냈다.

"때때로 묘사되는 것처럼 뚜렷한 선으로 보이는 이른바 운하의 모습은 보이지 않았지만, 그럼에도 불구하고 30개가 넘는 운하를 볼 수 있었다."

최적의 대기 조건하에서도 운하는 어느 정도 분산돼 보였고, 너비가 가장 좁은 곳에서도 40킬로미터가 넘었다. 약간의 비판을 감수하면서 트럼플러가 내린 결론은 이것이었다.

"운하라는 용어에 서로 다른 특징을 가진 다양한 무늬가 포함되는 것 같다."[46]

트럼플러는 이런 지형이 자연적이라는 것을 암시하려 했지만, 로웰의 유산과 용어 때문에 오아시스와 운하를 논하게 되는 덫에 빠졌다. 트럼플러는 엄청난 성공의 길을 걷고 있었다. 1930년 그는 항성 간 우주에서 작은 티끌의 존재를 입증해 20세기 최고의 중요한 천문학적 발견을 했다. 작은 티끌은 항성 사이에서 멀리 떨어진 항성의 빛을 흡수해 실제보

---

* 가장 큰 굴절 망원경은 1895년 완성된 위스콘신 여키스 천문대에 있는 40인치 망원경이었다. 윌슨 산 위에 있는 60인치(1908년 완성)와 100인치(1917년 완성) 굴절 망원경도 가장 큰 망원경이었다.

다 멀리 떨어진 것처럼 보이게 한다. 그렇지만 그의 화성 연구는 최고의 순간이 아니었기에 로웰의 운하 가설에 마지막 작은 숨을 남겨주었다.

안토니아디가 1931년 저서 《화성(La Planete Mars)》을 출간하자 사실상 모든 부분에서 로웰의 운하와 지적인 화성인 이야기는 막을 내렸다. 안토니아디는 한 장 전체를 "운하의 환영(L'illusion des canaux)"에 할애하며 (적어도 퍼시벌 로웰이 상상한 형태의) 화성 생명체를 역사의 잿더미로 쫓아냈다.

09

엽록소와 이끼 그리고 조류

화성의 운하와 생명체에 관한 퍼시벌 로웰의 개념은 직업 천문학자들 사이에서 신뢰를 잃었지만, 그런데도 로웰의 영향력은 계속해서 동쪽으로 뻗어나가 러시아에까지 이르렀고, 천문학자 가브릴 아드리아노비치 티호프(Gavriil Adrianovich Tikhov)의 연구를 이끌었다. 티호프는 화성의 빛에서 '엽록소(葉綠素, chlorophyll)'가 존재한다는 단서를 찾아서 화성에 식물이 서식한다는 사실을 입증하고자 했다. 1875년 민스크(Minsk)에서 태어난 그는 모스크바대학교를 거쳐 파리 4대학(소르본)에서 공부했다. 이후 그는 풀코보 천문대에서 거의 40년 동안 천문학자로 일했다. 제1차 대전 중에는 전투기 감시자로 복무했으며, 이후 러시아 혁명을 비롯해 여러 차례의 내전을 겪으면서 살아남았다. 그 와중에도 늘 천문학 연구를 계속했다.[1]

티호프는 일찍이 1909년부터 엽록소를 찾기 시작했다. 엽록소가 함유돼 있는 지구상의 식물에서 반사되는 빛은 초록색으로 보인다는 사실을 알게 된 그는, 집에서 만든 컬러 필터를 이용해 화성 지표면에 초록색 지역이 있다는 단서를 찾으려고 했다. 지구상의 식물은 대부분 초록색으로 보이는데, 그 이유는 엽록소 때문이다. 엽록소 분자(식물에는 2가지 엽록소, 즉 엽록소 a와 엽록소 b가 있다)는 광합성 작용을 한다. 엽록소 분자는 햇빛을 흡수해 태양 에너지를 전자에게 전달해 광합성을 하며, 전자는 물과 이산화탄소를 당분과 산소로 바꾸는 과정을 시작한다. 엽록소 분자는 햇빛에 들어 있는 에너지를 흡수하는 일에 매우 능하다. 엽록소 a와 엽록소 b는 함께 보라색과 파란색의 빛을 거의 50~90퍼센트를 흡수하고, 빨간색에서는 50~60퍼센트의 광자를 흡수한다. 하지만 이들 분자는 초록색과 노란색은 잘 흡수하지 못한다(반사한다).

처음 화성의 엽록소를 관측하기 시작했을 때 티호프는 반사된 빛에서 초록색이 있다는 단서를 전혀 찾을 수 없었다. 물론 화성에는 어두운 부분이 있지만 초록색으로 보이지 않는다. 티호프는 그의 초기 가설이 틀렸음을 입증하는 단서가 나왔는데도 타격을 받지 않는 듯 의연하게 계속해서 1918년과 1920년 화성의 충 기간에 엽록소를 찾는 계획을 세웠다. 그는 이 목적에 맞게 원초적인 분광기를 설계해 제작했다. 제1차 대전과 러시아 내전도 그를 막지 못했다. 이 기간 중에 풀코보 천문대 주변에서 전투가 일어났지만, 그는 계획대로 화성을 관측했다. 하지만 화성의 스펙트럼에서 엽록소에 대한 단서를 찾아내지는 못했다. 20년 뒤인 1941년 9월 레닌그라드가 포위됐을 때 풀코보 천문대가 파괴됐다. 전쟁이 끝난 뒤 티호프는 카자흐스탄으로 자리를 옮겨 알마아타(Alma-Ata) 천문대에서 천문학 연구를 다시 시작했다.

"단서의 부재가 부재의 단서는 아니다"라는 말이 있듯이 화성에서 엽록소를 명확하게 검출해내지 못한 것이 화성 어디에도 식물이 존재하지 않음을 나타내는 것은 아니었다. 상상력과 믿음이 관측에 의한 단서보다 강했다. 그는 자신의 측정이 뜻하는 것은 단순히 화성의 식물과 지구의 식물이 다르다는 것이며, 망원경에 의한 단서가 말하는 것은 화성의 식물이 엽록소의 도움이나 혜택을 받지 않고 성장한다는 것을 나타낼 뿐이라고 믿었다.

화성의 생명체는 엽록소가 필요 없다는 사실이 관측에 의해 명백히 증명됐는데도 그는 의연하게 알마아타 천문대에 있는 동안 화성의 색을 더 잘 이해하기 위해 지구 식물의 색을 조사했다. 이 같은 추론 과정에서 티호프는 스스로 천문식물학(astrobotany)이라고 부른 연구 분야를 창안하게 된다. 천문식물학에서는 엽록소의 초록색 특징이 없을지 모를 식물의 스펙트럼을 찾기 위해서, 특히 극한적인 화성과 비슷한 지구의 환경(고도가 높거나 기온이 극도로 낮은)에서 자라는 특정 식물에서 반사되는 빛을 연구한다. 그는 놀랍게도 매우 낮은 온도에서 일부 식물의 경우 엽록소에서 반사되는 빛의 색이 언제나 초록색은 아니라는 사실을 발견했다. 게다가 어떤 식물은 낮은 온도에서 성장하는 경우 초록색이 아닌 다른 색으로 변했다.

화성에 식물이 존재하는 것에 관한 결론의 견고함은 화성의 표면 온도가 식물에게 도움이 되는지에 따라 크게 달라졌지만, 19세기 천문학자들은 화성의 표면 온도를 추측할 수밖에 없었다. 로웰과 포인팅이 1907년에 만들었던 온도 계산식은 정확하지도 않고 분명하지도 않았다.

1920년대 초, 평생을 워싱턴 DC에 위치한 미국 표준국(National Bureau of Standards)에서 일했던 물리학자 윌리엄 코블렌츠(William Coblentz)가 화성의 온도를 측정했다. 그는 로웰 천문대에서 램플런드와 함께 화성에서 오는 파장 8~15미크론 중적외선의 강도를 측정하기 위해 신중하게 계획한 일련의 관측을 수행했다. 여기서 나온 측정값과 화성의 반사율에 관한 가정, 이들 측정값에 미치는 지구 대기의 영향을 이용해 코블레츠는 계절과 밝고 어두운 지역을 구분해 화성의 온도를 측정했다. 그는 밝은 지역의 온도가 어두운 지역의 온도보다 낮다는 사실을 발견했다. 그러자 지구의 밝은 지역에서 뜨거운 사막을 떠올린 그는 화성의 육지 형태는 이처럼 밝고 기온이 낮은 곳과 어둡고 기온이 높은 곳의 이원양상(bimodality)을 보이며 "표면에 드러나 있는 사막이 불타오를 것처럼 뜨거운 지구와는 정반대의 환경일 뿐"이라고 결론 내렸다.[2] 그의 논리는 현실을 거스르는 것이었다. 반대의 결론, 즉 어떤 측면에서는 화성이 지구와 비슷하다는 결론에도 쉽게 도달할 수 있었다. 지구에서 가장 밝은 지역은 추운 북극관이며 가장 따뜻한 지역은 북극관과 멀리 떨어진 대륙 지역으로, 화성과 같다고 할 수 있다.

코블렌츠는 이와 같은 온도 측정을 기반으로 화성의 다른 조건, 특히 지구에 비해 상대적인 건조한 화성의 습도를 고려해 화성의 식물에 관한 중요한 결론을 추가적으로 도출했다.

"화성에서 국지적으로 높은 온도가 관측된 것은 팜파스 그래스(pampas grass), 이끼, 시베리아의 건조한 툰드라에 모여서 자라는 '지의류(地衣類, lichens)' 같은 식물이 존재한다는 사실로 잘 설명할 수 있다."

코블렌츠는 기대하던 그리고 아마도 그가 원했던 답을 얻어냈다. 그리고 일부는 그가 옳았다. 화성의 가장 높은 온도에서 식물이 자랄 수 있다는 것이다. 화성의 대부분 지역에서 낮 기온은 거의 언제나 섭씨 영하 16

도에 가깝고, 밤 기온은 영하 90도로 급감한다. 하지만 여름철 적도의 한낮 기온은 섭씨 20도까지 높아지기도 한다. 그러나 코블렌츠는 화성의 식물이 화성의 기온에 영향을 미친다는 사실에 대한 증거는커녕 팜파스 그래스, 이끼, 지의류 등이 실제로 화성에서 성장한다는 단서 역시 전혀 확보하지 못했다.

1920년대와 1930년대에 미국인 천문학자 베스토 슬라이퍼와 로버트 트럼플러, 그리고 캐나다의 천문학자 피터 밀먼(Peter Millman)이 서로 독자적으로 티호프와 같은 목표를 추구했다. 그들은 아마도 서구의 천문학자와는 고립돼 활동한 티호프의 연구에 대해서는 전혀 알지 못한 채 화성을 관측했을 것이 분명했다.

슬라이퍼의 1908년 연구는 그다지 가치가 없다. 그런데도 퍼시벌 로웰은 자신의 연구가 화성 대기에 물이 존재한다는 사실에 대한 명확한 단서라며 떠들어댔다. 1920년대에 슬라이퍼는 화성에 관해 무슨 연구를 하고 있었을까? 물론 로웰 천문대는 그때까지 화성 관측의 오랜 역사를 간직한 곳이었다. 그리고 슬라이퍼와 그의 동생 얼은 꾸준히 화성 관측 프로그램을 지속해왔다. 화성은 2년마다 지구에서 망원경으로 관측하기 좋은 위치에 서기 때문에, 슬라이퍼 형제의 화성 연구 발표 역시 당연히 이런 주기를 따르고 있었다. 적어도 둘 중 한 사람은 1922년 화성 관측과 관련해 적어도 네 편의 논문을 발표했고, 1924년에는 다섯 편 이상, 1927년에는 네 편 이상 발표했다.

베스토 슬라이퍼는 1905년에서 1907년 사이에 퍼시벌 로웰의 재촉에 못 이겨 엽록소에 대한 단서를 쫓기 시작했지만 성공하지는 못했다. 20년 뒤 천체 사진 기술의 발전이 있었다. 슬라이퍼는 암실에서 상업용 사진 건판을 사용하기 전에 유제를 조절해 사용하던 방법 대신 이제 새로운 감광유제, 즉 초록과 노랑의 감도를 높이는 피나베르돌(pinaverdol), 빨강의 감도를 높이는 피나시아놀(pinacyanol), 적외선의 감도를 높이는 디시아닌 A(dicyanin A)와 크립토시아닌(kryptocyanine) 등을 사용해 연구를 할 수 있게 됐다.

이들 새로운 화학물질을 사용하면 화성의 빨간색이 특히 달과 비교해 두드러지게 보일 수 있었다. 엽록소의 반사 스펙트럼은 "눈의 감도를 벗어난 짙은 빨강에서 밝다"고 그는 지적했다. 그는 엽록소의 이런 '짙은 빨강'의 특징을 찾기로 했다. 화성에 엽록소가 존재한다는 사실을 증명하면 화성에 생명체가 존재한다는 사실을 증명할 수 있고, 그러면 퍼시벌 로웰의 유산에 한 가지를 더 추가하는 것이었다. 비록 슬라이퍼가 실험 결과를 다소 조심스럽게 묘사하긴 했지만, 그 결과는 화성에 엽록소가 존재한다는 사실에 대해 명백히 부정적이었다. 그는 1924년 발간된 저널 〈태평양천문학회(Astronomical Society of the Pacific)〉를 통해 이렇게 발표했다.

"화성의 어두운 지역의 스펙트럼은 아직까지 일반적인 엽록소의 반사 스펙트럼에 대한 어떠한 단서도 주지 못하고 있다."[3]

이후 여러 해 동안 그는 로웰 천문대를 운영하고, 로웰의 행성 X를 탐색하고, 금성과 거대 행성의 대기를 연구하고, 희미하게 확장된 성운의 스펙트럼(이 중 일부는 우리은하의 구름이 됐고 일부는 멀리 떨어진 은하가 됐다)을 얻느라 바빴지만 다시는 화성을 관측하지 않았다. 그리고 이 프로젝트에 관한 상세 자료도 더 이상 공개하지 않았다. 단순히 화성에 대한 흥미를 잃었는지, 아니면 스스로에게 난처하거나 자신이 이끌었던 천문대를 영광스럽게 빛낸 남자 로웰의 유산에 포함시키기 난처한 연구는 하지 않기로 한 것인지 우리로서는 알 수 없다.

1924년까지 트럼플러의 평판은 확고했다. 주된 이유는 1922년 9월 21일 오스트레일리아에서 관측한 태양의 개기일식 중 아인슈타인의 상대성 이론에 관한 테스트에서 그가 했던 역할 때문이었다. 1919년 5월 29일 아서 에딩턴 경(Sir Arthur Eddington)이 일식 탐사를 하는 도중 태양의 인력에 의해 별빛이 휘어지는 모습을 촬영하며 아인슈타인을 세계적으로 유명하게 만들었지만, 에딩턴의 측정은 측정 한계에 걸쳐 있었다. 반대로 트럼플러가 측정한 태양의 가장자리 부근에서 일어난 별빛의 굴절은 최초로 아인슈타인의 상대성 이론을 인증했음을 나타내는 것이었다.

몇 년 뒤 트럼플러는 우리은하 내부의 모든 공간이 항성 간 티끌에 의한 안개로 채워져 있다는 사실을 발견했다. 1930년대 이후의 모든 천문학 교과서에 이름이 오를 만한 발견이었다. 이런 안개는 멀리 떨어진 별의 빛을 어둡게 하고 빨간 빛보다 파란 빛을 더 차단해 실제 색보다 빨갛게 보이게 하는 효과가 있었다. 천문학에 중대한 기여를 한 트럼플러는 1932년 미국 과학아카데미 회원으로 선출됐다.

트럼플러는 1927년 〈사이언스뉴스레터(Science News-Letter)〉에서 자신의 화성 연구에 관해 설명했다. 그는 비록 화성의 표면에 보이는 모여 있는 선들이 인공적이라는 의견은 일축했지만 연결된 선과 청록빛이 도는 어두운 지역 사이에 밀접한 관계가 있다는 사실을 알아냈다.

"둘 다 식물에 의해 보이는 것이며, 모여 있는 선은 아주 비옥한 부분임을 나타낸다."[4]

로버트 트럼플러의 연구는 프린스턴대학교 천문학 교수 헨리 러셀

(Henry Russell)의 의견이 영향을 미쳤다. 현재 헤르츠스프룽–러셀 도표, 줄여서 H–R 도표 개념을 만든 러셀의 연구가 천문학에 차지하는 중요성은 아무리 강조해도 지나침이 없다고 할 수 있다. 1926년 러셀은 〈사이언스뉴스레터〉의 필자가 최근 화성 관측에 대해 던진 질문에 "화성은 우리가 아는 생명에 필요한 모든 조건을 갖추고 있다"는 사실을 지적하며 답변했다. 여기에 더해 "계절에 따라 색이 바뀌는 대규모 녹색 지역은 식물의 존재를 가능하게 한다"고 평했다.[5]

15년 뒤 다음 관측 주기 동안 화성이 조사하기 좋은 위치에 서자 피터 밀먼은 화성에서 엽록소를 찾아보기로 했다. 밀먼의 첫 논문은 그가 일본 고베에 있는 캐나다인 학교에서 고등학생 시절을 보내고 있는 동안 했던 관측을 바탕으로 한 화성 연구에 관한 것이었지만, 전문적으로 화성을 관측하는 것은 처음이었다. 토론토 대학에서 연구를 마무리한 뒤 하버드대학교에서 4년 동안 있으면서 그는 유성 연구의 전문가라는 지위를 얻었다.

1939년 이전에는 밀먼이 연구생활을 하면서 식물 연구와 화성의 엽록소를 찾는 일을 할 만한 계기가 없었다. 쌍성을 연구했던 밀먼은 전갈자리(Scorpio)의 세페이드(Cepheid)를 발견했다. 세페이드는 아마도 천문학자들에게 가장 중요한 부류에 속하는 항성일 것이다. 세페이드 항성은 밝았다 희미해졌다 다시 밝아지기를 반복하는 변광성으로 알려졌고, 실제로도 그런 식으로 밝기가 규칙적으로 변화했다. 가장 밝은 세페이드는 변광 주기를 한 번 순환하는 데 100일 이상 걸리는 반면, 가장 희미한 세페이드는 불과 하루 만에 변광 주기를 한 번 순환한다.

세페이드의 움직임에 대한 이해가 계량화되자 천문학자들은 세페이드의 변광 주기를 측정할 수 있었고, 그 정보를 이용해 세페이드와 그 세페이드가 속한 성단까지의 거리를 계산할 수 있었다. 에드윈 허블은 세페이드 변광성을 이용해 1925년 우리은하가 우주의 유일한 은하가 아니라는 사실을 증명했다. 그는 그런 다음 1929년과 1931년 다시 세페이드를 이용해 우주가 팽창하고 있다는 사실을 발견했다. 1930년대 말 세페이드 변광성은 여전히 천문학자들에게 가장 중요한 연구 대상이었다. 사실 21세기에도 여전히 중요한 대상으로 남아 있다.

세페이드의 발견은 중요한 발견이었고, 밀턴이 강력한 관측 기술을 가지고 있다는 사실을 뜻했다. 그런 대상을 발견하려면 몇 달이나 몇 년 동안 매우 세심하게 측정해야 하기 때문이다. 그는 또한 유성, 화구, 혜성 등을 촬영하는 방법과 분광기를 이용해 관측하는 방법에 관한 다수의 글을 발표했다. 여기에 더해 유성의 스펙트럼을 분석해 지구와 충돌하는 유성의 빈도를 연구한 다수의 논문을 썼다. 그의 전문적인 글 사이에서 마치 화성의 초록색 부분처럼 눈에 띄는 것은 "화성에는 식물이 있을까(Is there vegetation on Mars)"라는 제목의 소논문이다. 이 논문은 1939년 〈스카이(Sky)〉를 통해 발표됐다. 이 잡지는 발간된 지 몇 년 뒤 〈스카이앤드 텔레스코프(Sky and Telescope)〉에 병합됐다.

이 프로젝트에 대한 밀턴의 연구는 지금까지 화성의 생명체라는 주제에 쏟아 부은 노력 가운데 가장 합리적이고 실용적이며 과학적인 면을 나타내고 있다. 그는 논문에서 이렇게 썼다.

"행성에 관해 쓰인 어처구니없는 글들이 너무 많다. 여전히 화성이 매우 중요한 과학적 조사 대상이라는 사실을 간과한다."

그는 많은 천문학자가 느꼈던 간단하지만 강력한 근거가 어떻게 화성에 식물이 있다는 가설로 이어졌는지 독자에게 상기시켰다. 화성은 계절에 따라 크기가 달라지는 극관이 있는 것으로 잘 알려져 있다.

"남극관의 크기가 줄어들면 아마도 극관에 포함돼 있는 얼음이 녹아 어둠의 파도가 극지방에서 적도로 향했다. 겨울에는 쇠퇴해 눈에 띄지 않는 바다는 극지방에 가까운 곳부터 점점 청록색으로 변했다. 바다가 실제로는 극지방에서 녹은 눈에서 성장한 식물이라는 것이 자연스럽고 일반적인 설명이었다. 바다의 초록색은 이 가설에 대한 추가적인 지지로 여겨졌다."[6]

그는 이 가설은 검증을 받아야 한다고 말하면서 이를 위한 테스트를 설계하기 시작했다. 그의 방법은 합리적이고 논리적이었으며 감정에 치우치지 않았다.

그는 식물의 잎이 초록색인 이유는 엽록소가 연두색과 노란색을 강하게 반사하는 반면, 파장이 짧은 빛(보라, 파랑, 청록)이나 긴 빛(빨강)은 약하게 반사하기 때문이라고 설명했다. 엽록소는 또한 적외선에서 반사율이 매우 높다고도 말했다.

따라서 화성에 반사된 빛 중에 엽록소에 반사된 빛과 비슷한 빛을 찾으면 엽록소가 존재한다는 단서를 찾을 수 있는 것이다. 강한 초록색 빛, 나머지 가시광선 영역 중 약한 색, 빨간색 바로 너머에 있는 강한 적외선 등이다. 이런 방법은 10년 전에 슬라이퍼가 사용했던 것과 매우 유사하지만, 밀먼의 관측 전략 토대가 됐다.

밀먼은 토론토 근교에 위치한 데이비드 던랩(David Dunlap) 천문대의 74인치 망원경(1935년부터 사용하기 시작)을 이용한 관측 계획을 세웠다. 먼저 그는 화성 사진을 구해서 대 시르티스(Syrtis Major)와 튀레니의 바다

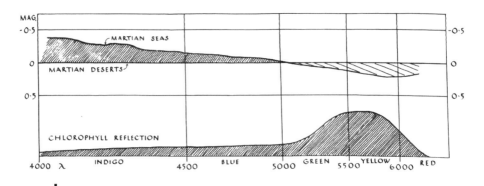

화성에서 반사된 빛의 강도(단위는 항성 등급)와 파장(단위는 옹스트롬, 1옹스트롬은 1미터의 100억 분의 1) 또는 빛의 색과의 관계를 표시한 도표. 그림 상단 부분은 화성의 바다(위에 보이는 선)와 화성의 사막(아래 보이는 선)에서 반사된 빛의 강도를 보여주고 있다. 남색과 파란색에서는 바다가 사막보다 훨씬 밝지만, 초록색과 노란색에서는 사막보다 어둡다. 그림 아래 부분은 엽록소에 반사된 빛의 강도를 보여주고 있다. 엽록소는 초록색과 노란색에서 극도로 반사를 잘하고 다른 색에서는 반사율이 훨씬 작아진다. 분명한 것은 화성의 바다나 사막 모두 엽록소의 스펙트럼 반사 특성과 비슷하지 않다는 것이다. _Millman, The Sky, 1939.

(Mare Tyrrhenum)* 같은 이웃한 어두운 부분을 분리했다. 그런 다음 그는 인접한 지역에서 밝은 색 지역을 촬영했다. 그가 시험하고 있는 가설에 따르면 대 시르티스와 튀레니의 바다가 어둡게 보이는 이유는 식물로 뒤덮여 있기 때문이고 덜 어둡게 보이는 지역은 식물이 없기 때문이다. 화성의 식물에 엽록소가 존재한다는 가정 아래 두 지역의 반사된 색 사이의 비교에서 뚜렷한 대비가 나타나야 한다.

밀먼은 측정을 통해 어두운 색의 바다가 우리 눈에는 초록색으로 보였

---

* 현대 용법에서 분화구, 산, 바다, 협곡을 비롯한 화성 표면 지형물의 이름은 모두 IAU의 행성계 명명법을 위한 실무 집단의 승인을 받아야 한다. IAU는 1958년에 최초로 화성 표면 126곳의 지형물에 대한 명칭을 승인했고(대 시르티스와 튀레니의 바다 포함), 1967년에는 3곳, 1973년에는 273곳, 1976~1979년에는 528곳의 명칭을 승인했으며, 이후 화성 표면의 지형물 명칭 승인 업무를 바쁘게 수행하고 있다.

고 바다가 상대적으로 보라, 파랑, 청록색 빛에서 강하게 보이는 반면 노랑, 주황, 빨강 등에서 약하게 보였다는 사실은 "초록색을 생산하는 대리인으로서의 엽록소의 존재를 부정하는 것"임을 알아냈다. 엽록소가 존재한다면 황록색과 노란색 빛이 다른 색보다 강했을 것이다.

밀먼은 일관성을 확인하기 위해 동일한 실험을 지구에서 자란 진짜 캐나다의 초록색 잎을 이용해 실시했고, 엽록소를 함유한 물질에서 기대할 수 있는 정확한 결과를 얻었다. 캐나다의 초록색 잎은 다른 색에 비해 황록색과 노란색에서 빛을 강하게 반사했다.

밀먼은 그의 실험에서 합리적인 결론을 이끌어냈다. 그는 이렇게 썼다.

"실험 결과는 화성 표면에 식물이 존재하는지, 또는 존재하지 않는지에 대한 아무런 명확한 증거를 주지 않는다. 실험 결과가 가리키는 것은 초록색 바다를 화성의 식물 가설을 입증할 단서로 여겨서는 안 될 것 같아 보인다는 것이다. 바다의 초록색은 지구 식물의 잎에서 반사되는 초록색과는 달라 보이기 때문이다."

그리고 이렇게 덧붙였다.

"결론적으로 아마도 우리는 지구의 생물과 일부 유사해 보이는 화성의 무언가가 지구의 유기체와 같은 방식으로 진화할 것이라는 다소 주제넘은 생각을 한 것 같다."

이후 밀먼은 다시는 이 프로젝트로 돌아오지 않았고 화성을 연구하는 일도 없었다.

1940년대가 되자, 걸어 다니고 말하는 화성인이 우리와 태양계를 공유하고 있다는 생각은 완전히 사라졌다. 그렇지만 화성에 생명체가 살 가능성은 여전히 높았다. 제2차 대전을 치르는 동안 과학자와 엔지니어가 이룩한 기술 발전은 천문학에도 미쳤을 영향을 고려하면, 젊고 영리한 천문학자들이 이런 새로운 도구를 이용해 화성을 연구하는 새로운 방법을 발견하는 것은 시간문제에 불과했다.

20세기 천문학의 거두 제러드 카이퍼(Gerard Kuiper)는 젊고 총명한 천문학자였다. 1940년대와 1950년대에 카이퍼는 위스콘신 주 윌리엄스 베이(Williams Bay)에 있는 시카고대학교 여키스 천문대와 서부 텍사스 포트 데이비스(Fort Davis) 인근 오스틴에 위치한 텍사스대학교 맥도널드(McDonald) 천문대에서 일했다. 1947년 카이퍼는 1940년대 초에 군사용으로 개발된 당시 새로운 기기였던 황화납(黃化鉛, lead sulfide) 광도전 소자(photoconductive cell)를 맥도널드 천문대 82인치 망원경의 새로운 탐지 시스템에 이용했다. 이 기기는 매우 민감한 적외선 분광기로 이전 세대에 사용하던 것보다 최대 1,000배 이상 적외선에 더 민감하게 반응했다. 이 새 시스템을 이용해 카이퍼는 현대 적외선천문학을 창안했고, 이를 새로운 도구 삼아 행성을 연구했다.

1944년 미국 매사추세츠 주 케임브리지(Cambridge)의 방사능 실험실에서 전쟁 연구(war research)를 수행하기 위해 시카고대학교와 여키스 천문대를 휴직한 뒤 카이퍼는 한 논문을 통해 토성의 가장 큰 위성인 타이탄의 대기에서 메탄(카이퍼는 메탄이 타이탄의 대기에서 가장 많이 발견할 수 있는 기체라고 주장했지만 현재는 질소가 가장 많은 것으로 알려졌다)을 발견한 사실을 공개했고, 1948년에는 천왕성을 공전하는 다섯 번째 위성 미란다(Miranda)를 발견했다. 1951년에는 혜성의 궤도 정보를 이용해 태양계 바깥 해왕성보다 멀리 떨어진 곳에 원반 모양의 물체가 존재한다는 사실을 예측했다. 태양계의 이 띠(band)는 1990년대에 와서야 관측됐으며 현재 카이퍼 벨트(Kuiper Belt)[*]라고 부른다. 그리고 NASA의 카이퍼 항공(Kuiper Airborne) 천문대는 1960년대 항공적외선천문학을 개척한 뒤 1973년 사망한 카이퍼를 기리기 위해 붙인 이름이다. 카이퍼 항공 천문대는 C-141 군용 화물수송기의 화물 적재실에 적외선 망원경을 설치한 것이다. 카이퍼 항공 천문대는 지구 대기의 수증기 99퍼센트 이상이 포함된 고도보다 높은 곳에서 관측하기 위해 13.7킬로미터의 고도로 비행했고 1975년에서 1995년까지 활동했다. 카이퍼 항공 천문대에 탑승해 근무하는 천문학자들은 높은 고도에서 생존하는 훈련을 받았다. 만일 통제실의 기압이 떨어지면 그들은 15초 안에 산소마스크를 착용해야만 질식사하지 않을 수 있었다.

카이퍼는 1948년 맥도널드 천문대에서 82인치 망원경(1938년 완성 당시 세계에서 두 번째로 큰 망원경이었다)을 사용해 화성을 촬영한 최초의 컬러 사진을 얻어냈다. 이는 너무나도 흥분되는 일이었고, 〈라이프(Life)〉는 6월 그의 멋진 사진을 공개했다. 이 사진과 함께 실린 기사의 제목은 다소 평범했지만 당시 주류 천문학과 잘 어울렸다.

"최신 사진과 연구는 화성의 생명체가 단순 식물일 뿐이라는 사실을 밝히고 있다."

카이퍼는 기사에서 다음과 같은 사실을 전했다.

"초록색 지역은 식물이다. 하지만 하등 식물인 지의류로 공기 중의 습기를 먹고 산다."

---

[*] 1949년 아일랜드의 케네스 에지워스(Kenneth Edgeworth)는 이와 유사하게 태양계 해왕성 너머에 많은 수의 혜성과 소행성이 모여 있을 가능성을 암시하는 예측을 했다.

그리고 이런 의견을 피력했다.

"미천한 지의류는 붉은 행성의 마지막 저항을 나타낸다."[7]

카이퍼의 사진이 화성에 관해 믿기지 않는 무언가, 즉 생명체가 있다는 사실을 밝혀낸 것은 아닐까 추측할지도 모르겠다. 하지만 놀랄 만한 소식은 카이퍼가 화성에서 생명체를 발견했다는 사실이 아니었다. 화성에 생명체가 있다는 생각은 그 전에도 귀에 못이 박히도록 들었던 소식이었다. 화성의 생명체에 대한 기대와 가정은 물론 심지어 화성에 생명체가 있는 줄 아는 사람도 있었지만 세부적인 내용이 밝혀진 적은 없었다. 중요한 것은 카이퍼가 화성의 생명체는 지의류에 국한돼 있다는 사실을 증명했다는 사실이다. 작은 초록색 인간도 아니고, 나무가 모인 숲도 아니고, 심지어 조류(藻類, algae)나 이끼도 아닌, 뿌리도 줄기도 잎사귀도 없는 지의류였다.

하등하고 원시적인 지의류는 실제로 서로 다른 유기체와 상징적인 관계 속에서 함께 살아간다. 대부분의 지의류는 긴 관 모양의 섬유가 이어진 긴 균류 세포로 구성돼 있다. 일반적인 식물의 세포와는 달리 균류 세포에는 핵이 포함돼 있으며, 탄수화물 중합체 분자인 키틴질로 이뤄진 균류 세포의 구조적인 도움으로 세포벽이 매우 강하다. 균류 세포와 함께 살아가는 다른 지의류는 광합성을 하며, 보통은 녹색 조류라고 알려진 조류의 일종이지만 때로 시아노박테리아(식물은 아니지만 청록색 조류라고 부른다)라고 부르는 오래된 형태의 박테리아다.

1947년 말에 시작해 1948년 초까지 이어진 화성의 충 관측에서 카이퍼는 화성 대기에 소량의 이산화탄소가 함유돼 있으며, 이산화탄소가 화성의 주요 기체라는 사실을 확실히 보여줬다. 하지만 이산화탄소가 얼마나 존재하는지 정확히 알아내는 것은 화성 대기에서 이산화탄소가 가장 중요한 기체임을 보여주는 것보다 훨씬 어려운 일이었다. 그가 화성의 대기에 존재하는 이산화탄소의 양을 계산해 얻어낸 결과는 너무 적었지만, 화성의 대기가 지구보다 훨씬 얇다는 사실은 정확히 추론해냈다.

〈타임(Time)〉이 1948년 3월에 게재한 카이퍼의 발견에 관한 보고서에서 지적했듯이, 로웰은 화성의 생명체가 지구의 생명체보다 오래됐고 훨씬 발전했다고 믿었다. 로웰에 따르면 적어도 인간의 선조들이 아직 어류나 파충류일 때 화성인들은 과학 문명의 단계에 도달했을 수도 있다. 아마도 화성인들은 지금 과학을 뛰어넘는 단계까지 진화했을 수도 있다.[8] 하지만 화성과 화성인에 대한 로웰의 관점은 1948년 당시의 사고에 비추어 뒤떨어졌고, 카이퍼가 발견한 화성에 이산화탄소가 풍부하게 존재한다는 사실은 퍼시벌 로웰이 생각했던 만큼 쾌적한 곳이 아니라는 것을 드리냈다. 카이퍼의 새로운 연구에 관한 〈타임〉 기사는 이렇게 전하고 있다.

"지난 가을 카이퍼는 대기 중에 식물(기초적인 생물)에게 필요한 소량의 이산화탄소가 함유돼 있다는 사실을 발견했다. 이산화탄소가 없으면 식물은 살지 못하지만, 너무 많아도 살지 못한다."

이 설명에서 빠진 것은 화성의 대기에는 이산화탄소를 제외하면 거의 아무것도 없다는 사실이다. 화성의 대기에는 소량의 이산화탄소가 포함돼 있지만, 다른 것은 거의 없다. 화성의 대기가 얇기 때문이라는 명백한 증거가 밝혀진 것은 20여 년이 지나서였지만, 카이퍼는 이것이 사실인지 의심을 떨치지 못했다. 그럼에도 불구하고 카이퍼는 화성의 기후가 "고도 15킬로미터인 곳의 지구와 비슷하며, 이 사실은 지의류가 존재한다는 가설에 도움이 될 것"이라고 하면서 다음과 같이 단언했다.

"이런 식물은 스펀지처럼 공기 중의 수증기를 빨아들이기 때문이다. 이들이 존재하는 데 반드시 비가 필요한 것은 아니다."[9]

카이퍼에게 화성은 춥고, 메마르고, 공기가 거의 없는 곳이었다. 천문학자가 화성인을 찾길 기대하는 사람에게 카이퍼의 이야기는 실망스러웠을 것이다. 카이퍼가 알아낸 사실은 거의 틀림이 없었다. 그는 계속해서 화성의 극관을 연구하기 시작했다. 그가 판단하기로 고체 이상화탄소(드라이아이스)는 상대적으로 따뜻한(고체 이산화탄소 입장에서) 화성의 표면 온도와 그가 이미 측정했던 화성의 기압에서는 존재하지 않을 것 같았다. 그렇지만 고체 이산화탄소가 존재하지 않을 것 같다는 생각은 추측일 뿐이었다. 카이퍼는 새 적외선 분광기를 이용해 자신의 가설을 테스트했다. 그런 뒤 "화성의 극관을 관측한 결과, 하얗게 덮인 부분은 얼음의 스펙트럼과 닮았다"고 결론 내렸다. 이산화탄소 눈, 지구의 눈, 서리 등의 스펙트럼을 비교하기 위해 반복적으로 관측하고 테스트를 한 뒤에 카이퍼는 답을 얻었다.

"결론적으로 화성의 극관은 이산화탄소로 이뤄진 것이 아니라 낮은 온도의 물로 이뤄진 서리가 분명하다."

〈타임〉은 다시 한 번 공개적으로 카이퍼의 천재성을 칭송했다.

"지난 주 카이퍼는 화성의 5월에 빠르게 사그라지는 빛나는 빙관에 분광기 초점을 맞췄었다. 빙관은 '고체 상태의 물'인 것으로 드러났다."

극관 문제에 대한 카이퍼의 해결책은 일부는 맞지만 일부는 틀렸다. 오늘날 우리는 화성의 극관이 얼음으로 된 빙관에 이산화탄소 얼음으로 된 빙관이 덮인 것이라는 사실을 알고 있다.[10] 얼음이라는 단서를 보여준 카이퍼의 관측은 옳았다. 하지만 화성의 극관 수수께끼를 풀기 위해서는 행성과학계가 추가적으로 50년의 시간을 들여 다수의 탐사선을 화성으로 보내야 했다.

대기 문제를 해결하고 극관 문제를 부분적으로 해결한 카이퍼에게는 계절에 따른 변화 때문에 많은 경우 식물이라고 여겨지는 화성의 녹색 지역의 본질에 관한 문제가 기다리고 있었다. 카이퍼는 0.6, 0.8, 1.0, 1.6 미크론의 파장에서 화성의 녹색 지역과 이른바 사막 지역이라 불리는 주변 지역을 관측하는 실험을 설계했다.

인간의 눈은 가시 스펙트럼 영역인 파장이 짧은 보라색(약 0.4미크론)에서 파장이 긴 빨간색(약 0.67미크론) 사이의 빛을 감지한다. 카이퍼는 엽록소가 초록색(약 0.51미크론)과 노란색(약 0.57미크론) 빛, 즉 0.6미크론 이하의 빛을 잘 반사하고 다른 색 가시광선은 흡수한다는 사실을 알고 있었다. 녹색 식물은 또한 인간이 감지할 수 없는 0.8~1.0미크론 적외선 파장에서 매우 강하게 빛을 반사한다. 카이퍼는 화성의 녹색 지역과 사막 지역 사이의 차이를 측정할 수 있다면 무슨 이유로 초록색 빛이 나오는지에 대한 의문을 해결할 수 있을 것이라는 가설을 세웠다. 지구와 마찬가지로 엽록소를 함유한 식물이 존재한다면 화성에서 반사되는 빛의 비율은 0.6과 1.6미크론에서보다 0.8과 1.0미크론에서 급격하게 낮아질 것이다. 하지만 엽록소가 존재하지 않는다면 반사되는 빛의 비율은 네 곳의 파장에서 차이가 없을 것이었다.

카이퍼는 두 지역 사이의 차이가 네 곳의 파장에서 변화가 없다는 사실을 발견했다. 엽록소가 녹색의 원인이 아니라는 결과였다. 이처럼 단순하고 우아한 실험 결과를 통해 카이퍼는 화성에 주로 존재하는 식물이 지구의 종자식물과 유사한 식물일 가능성은 배제했다. 그가 〈타임〉을 통해 설명한 것처럼 나무나 풀 같은 식물일 가능성은 없었다. 그는 이렇게 결론 지었다.

"극도로 혹독한 화성의 기후를 고려한다면 놀라운 일은 아니다. 종자식물과 양치식물 모두 많은 수분을 함유하고 있는 관속식물이며, 이와 같은 식물은 화성의 기후에서 분명히 얼어 죽고 말 것이다."

종자식물이 아니라면 화성에는 어떤 형태의 식물이 존재할 수 있을까? 〈타임〉은 카이퍼의 생각을 다음과 같은 방식으로 설명했다.

"화성의 식물은 맥도널드 천문대 부근에 있는 메마른 암석에서 자라는 지의류 같은 하등 식물일 수도 있다. 지의류는 액체 형태의 물이 없어도 된다. 화성의 지의류 같은 식물은 녹지 않은 상태에서 증발하는 빙관에서 나오는 수증기의 수분만으로도 충분할지도 모른다."

실제로 제러드 카이퍼는 자신의 1948년 저서 《지구와 행성의 대기(The Atmospheres of the Earth and Planets)》의 '행성의 대기와 그 기원'이라는 장에 이렇게 썼다.

"지구에서 가장 강인한 식물은 균류와 조류의 공생체인 지의류이다."

또한 그는 독자들에게 지의류의 반사 스펙트럼이 화성과 똑같다는, 다시 말해 지의류가 0.6, 0.8, 1.0, 1.6미크론에서 보여준 색의 대비가 화성과 똑같다는 사실을 명확히 밝혔다.

"이런 지의류의 스펙트럼과 화성 지역의 스펙트럼은 0.5미크론과 1.7미크론 사이에서 비슷하다."[11]

카이퍼가 자신의 입으로 직접 화성의 지의류에 관한 스펙트럼을 발견했다고 말하지는 않았지만, 그와 매우 비슷한 내용의 말을 암시하려고

했던 것은 분명했다.

"화성의 대기에 있는 수증기를 모두 녹색 지역(카이퍼의 예측에 따르면 화성의 3분의 1에 해당하는)에 모아 넣는다면 두께가 0.02밀리미터가 될 것이다. '식물'의 살아있는 부분의 높이는 이보다 10배 이상, 즉 0.2밀리미터보다 높을 수는 없다. 아마 훨씬 작을 것이다. 이런 예측은 지의류로 뒤덮였을 때에도 가능하다."[*]

카이퍼는 화성의 녹색 지역에 녹색을 다시 나타나게 할 힘이 없다면 이 녹색 지역은 먼지 폭풍에서 나오는 노란 티끌로 오래 전에 뒤덮였을 것이라 지적하며 계속해서 지의류를 옹호하는 주장을 이어나갔다. 그는 또한 산소가 전혀 없다고 해서 지구의 지의류가 모두 죽지 않는 것처럼, 지의류는 산소가 없는 화성에서 살아남을 수 있다고 확신했다.

"지의류는 극소량의 산소를 생산하며, 활성화된 극소량의 산소조차 점차 행성을 빠져나갈 것이다."

결과적으로 화성 대기에서 산소를 검출하지 못한 사실은 화성의 지의류에게도 일관적으로 적용된다. "분광 테스트와도 모순되지 않는 결과가 나올 것"이라고 그는 쓰고 있다. 결국 카이퍼는 자신의 주장을 펼칠 때는 잘 보이지 않는 신중함까지 보이며 화성에 지의류가 산다는 데 호의적인 주장을 다음과 같이 요약했다.

"최종 판단은 아마도 여전히 보류 중일 것이다."

그 정도로 신중하다면 현명하다고 할 수 있었다. 자신이 자신의 충고를 받아들이기만 한다면 말이다. 카이퍼는 훗날 〈천체물리학저널〉에 발표

---

[*] 원문에서는 이탤릭체로 표현돼 있다.

한 과학 논문에서도 단지 스펙트럼이 지의류의 스펙트럼과 일치한다고 암시할 뿐 화성에서 지의류를 발견했다고까지 말하지는 않았다. 하지만 〈라이프〉 기자와 이야기할 때는 아마도 다소 방심했는지 과거 지의류에 관해 주장할 때의 모습이 약간 드러났다.

1955년 〈태평양천문학회〉에 발표한 글에서 카이퍼는 "화성에 운하가 있다고 생각하지 않으며, 화성에 일종의 식물이 존재하는 문제가 아니라 아마도 지의류와 관련된 전반적인 문제에 자신이 했던 말이 잘못 인용된 것 같다"고 썼다.

"1948년, 1950년, 1954년에 82인치 망원경을 이용해서 화성을 연구했다. 대개 날씨가 좋았고 망원경의 배율은 660과 900배를 이용했다. 나는 길고 좁다란 운하 또는 불분명한 운하가 복잡하게 이어져 있는 모습을 본적이 없다. 개인적으로 이런 개념의 바탕이 된 객관적인 단서에 잘못된 해석이 있었고 그림으로 재현할 때 오류가 있었으리라고 확신한다."[12]

카이퍼는 운하의 존재는 깨끗이 잊어버리고 식물이 존재한다는 단서를 조사했다. 1955년 그는 운하는 존재하지 않는다 해도 식물이 존재한다는 단서는 존재할지 모른다고 결론 내렸다. 그 단서는 모호했지만 그럴듯했다. 사실 그의 발견은 생물학적 가설에 호의적인 단서에 무게를 실어주었다.

"어두운 지역 내의 계절적이고 장기적인 변화에 대해 몇 명의 필자가 설명한 적이 있었다. 이 같은 변화는 대개 어두운 지역이 식물로 뒤덮여 있다는 사실을 강하게 가리키는 것으로 간주됐지만 입증하기는 충분하지 않다. 무기물과 관련된 설명은 비록 제기된 설명이 개연성이 없어 보인다고 해도 즉시 배제할 수는 없다. 1947년 맥도널드 천문대에서 화성의 대기에 있는 이산화탄소의 발견과, 극관이 이산화탄소가 얼어붙은 게 아니라 물이 얼어붙은 것이라는 사실을 보여준 극관의 적외선 스펙트럼은 원시 식물이 화성에 존재하는 선험적 확률을 크게 높였다."

어두운 지역의 색이 변화하는 것에 대한 훨씬 가능성 높은 설명으로 기후 효과나 화성학(火星學)*이 아닌 '원시적인' 식물을 채택한 자신의 선택을 고려하면서 카이퍼는 지의류에 대한 자신의 초창기 발언에 대해 다음과 같이 말했다.

"식물 가설은 다른 곳에서 개발돼서인지 여전히 어두운 지형의 다양한 음영과 계절에 따른 복잡하고 장기적인 변화에 대한 가장 만족스런 설명인 것 같다. 그러나 내가 이 가설의 식물이 지의류라고 생각한다는 인상을 바로잡아야 한다. 특히 지의류와 비교하는 것은 상식적인 가치밖에 없는 것으로 여겨질 게 분명하다. 화성에서 지구와 비슷한 종이 진화했다면 정말 놀라운 일일 것이다."

이 말들은 그의 1948년 저서 《지구와 행성의 대기》의 '행성의 대기와 그 기원' 장의 끝부분에서 했던 말을 그대로 인용한 것이었다.

1950년대 중반까지 여러 대륙에서 다수의 관측자들이 30년에 걸쳐 연구를 했지만 화성에 엽록소가 있다는 것에 대한 어떤 단서도 발견하지 못했고, 로웰의 운하는 거의 잊혀 카이퍼의 '원시 식물'이 당시 유일하게 화성의 생명체 주장을 지탱하고 있는 과학의 축으로 남아 있었다. 카이퍼 스스로가 전문적인 글을 쓸 때 매우 신중해졌고, 동료들에게 자신의 화성의 지의류 개념이 화성의 어두운 지역에서 일어나는 계절에 따른 변화

---

* 화성에 관한 지질학(geology)을 말한다.

와 장기적인 변화를 설명하기 위해 제시된 단지 하나의 가설이었다는 사실을 상기시켰다. 그리고 〈타임〉이나 〈라이프〉에서 나온 기자들에게 대담한 발언을 하지 못하게 했다.

〈천체물리학저널〉 1957년 3월호에 투고한 글에서 카이퍼는 이렇게 언급했다.

"1954년과 1956년 충(각각 이른 봄과 늦여름 화성의 남반구에서)에 서 있는 동안 관측된 생생한 색이 빠져 있는 어두운 부분에 대한 설명이 식물 가설과 함께 고려돼야 한다. 가장 그럴 듯한 무기물 가설은 바다가 용암원, 달의 바다와 비슷한 무언가, 어쩌면 수성의 바다처럼 보인다는 것이었다. 일반적인 기준으로 그런 통합적인 가설이 인기가 많다. 겉보기에는 모래가 용암에 있는 틈을 채우는 동안 유리 같은 표면을 날려버린다. 따라서 용암원은 식물 가설을 선호하는 주장의 하나로 불려나온 먼지 폭풍이 지나간 뒤에 '재생력'이 생긴다"고 언급하면서 과거를 되짚어보았다.

카이퍼는 조심스러워지긴 했지만 화성의 식물 개념을 완전히 포기할 수는 없었다. 그는 다음처럼 마지막 문장을 서술했다.

"하나의 효과적인 가설로써 바다가 부분적으로 매우 강인한 식물의 일부를 보충할 수 있다." [13]

카이퍼는 화성에서 지의류를 발견했다고 단언하지 않고 완벽하게 대비했다. 우리의 이웃 행성 화성, 밤하늘에 흐릿하게 빛나는 빨간 점이 생명체가 넘치는 행성이라는 믿음에 변화가 일어나기 시작했다. 그런데 화성의 생명체라는 개념이 영원히 사라지려는 그 순간, 빌 신턴(Bill Sinton)이 등장했다.

퍼시벌 로웰의 연구에서 드러난 오류가 남긴 불운한 유산 하나는 20세기 전반부 동안 행성천문학이 전공으로서 인기가 없었다는 점이었다. 대신 천문학자들은 대개 항성과 은하를 연구했다. 그리고 항성과 우주물리학 연구에서 큰 성공을 거뒀다. 이처럼 무관심 속에 잊힌 분야에서 일하기 위해서는 약간 어리석거나 용기가 있어야 했다. 빌 신턴은 제2차 대전에서 26 보병사단 소속으로 같이 싸웠다. 그때 함께 겪었던 고생 덕분인지 신턴은 카이퍼의 지도를 받았다. 그는 적외선천문학 분야가 발전하는데 선구적인 역할을 했고 그 결과를 태양계 안의 행성들를 연구하는데 응용했다. 그는 존스홉킨스대학교에서 박사 학위 논문을 쓰기 위해 금성을 비롯한 기타 행성들의 적외선 스펙트럼과 온도를 측정했다. 그의 다음 관심사는 달과 화성이었다.

그가 해결해야 할 최대 난관은 멀리 떨어진 천체에서 방출되는 적외선을 측정하기 위해 사용한 탐지기에서 방출되는 어마어마한 양의 적외선(배경 신호)이었다. 모든 물체는 빛을 방출하며, 방출하는 빛의 종류는 온도에 따라 크게 달라진다. 이를 '흑체 복사(blackbody radiation)'라고 한다. 온도가 수백만 도가 되는 물체는 X선 형태에서 가장 효과적으로 빛을 방출한다. 태양처럼 온도가 수천 도에 이르는 물체는 가시광선을 가장 잘 방출한다. 건물이나 망원경, 천문학자, 천문학용 탐지기 등 상온(수백 K의 절대온도)에 있는 물체는 적외선을 풍부하게 방출한다. 100K(절대온도) 이하의 온도에서는 초단파나 전파가 많이 방출되지만, 적외선, 가시광선, 자외선, X선 광자는 거의 방출되지 않는다.

신턴은 탐지기의 온도를 낮추면 문제를 일으키는 배경 신호의 강도를 줄일 수 있다는 사실을 알고 있었다. 이론적으로는, 탐지기의 온도를 충분히 낮추면 탐지기에서 방출되는 적외선이 무시할 만한 수준에 가깝게 줄어든다. 따라서 달이나 화성에서 나오는 적외선 신호를 감지할 수 있게 된다. 하버드 천문대의 61인치 망원경(1934년 설치)을 이용해 연구하던 신턴은 액체 질소를 이용해 섭씨 영하 300도까지 온도를 낮출 수 있는 장비를 혼자서 제작해 사용했다. 당시 천문학 탐지 시스템으로서는 놀랄 만큼 낮은 온도였다. 이와 같이 아주 낮은 온도에서 화성에 관한 적외선 연구가 가능해졌다.

신턴은 식물이 존재한다는 신호를 찾기 위해 3.4미크론의 적외선 파장에서 화성을 연구하기로 했다. 잘 알려진 것처럼 카이퍼 덕분에 "화성에 식물이 존재한다는 중요한 단서가 이미 있다"고 그는 썼다.[14] 신턴은 자신의 자외선 천문학 기술을 이용해 실질적인 분광학적 증거를 수집하려고 했다.

화성은 3에서 4미크론 사이의 파장에서 반사되는 태양의 적외선의 양보다 훨씬 적은 빛을 방출한다. 하지만 화성 표면에 있는 물질이 반사되는 햇빛의 스펙트럼에 영향을 미칠 수 있다. 특히 화학 연구 팀이 1948년 발표된 실험실 일지에서는 탄소 원자 둘이 각각 하나의 전자를 하나의 수소 원자와 공유할 때 원자의 조합은 유기분자*에서 예상할 수 있는 것처럼, 특히 3.46미크론의 파장에서 빛을 잘 흡수하고 방출했다. 유기 분자가 예컨대 1개의 탄소와 4개의 수소 원자(CH_4)로 구성된 메탄 분자처럼 아주 가볍다면, 그 분자가 효과적으로 빛을 흡수하고 방출하는 대역은 더 짧은 파장인 3.3미크론으로 바뀔 수 있다. 일반적으로 지구상의 생물학적 물질처럼 크고 무거운 유기 분자는 3.4에서 3.5미크론 사이 영역으

---

* 유기 분자는 반드시 하나 이상의 탄소 원자와 탄소–수소(C-H) 결합이 있어야 한다.

로 바뀐다. 신턴은 화성의 식물이 지구의 식물과 똑같은 특징을 보여준다는 가정 아래에 이런 분광학적 특징을 찾아내는 화성 연구 실험을 설계했다.

들어오는 빛, 가령 햇빛이 3.1, 3.2, 3.3, 3.4, 3.5, 3.6미크론에서 대략 같은 양의 빛을 포함하고 있다고 생각한다면, 이처럼 각기 다른 파장에서 빛의 파동이 잎, 이끼, 풀, 지의류 등을 포함하는 표면에 반사될 때 유기 물질은 C-H 결합으로 가득하기 때문에 3.4~3.5미크론 영역에서 빛을 효과적으로 흡수하고 다른 파장에서는 효과적으로 빛을 반사한다. 반사되는 빛의 강도(y축의 값)를 빛의 파장에 대한 함수(x축의 값)로 나타낸다면 3.1, 3.2, 3.3, 3.4미크론에서 일정한 양의 빛이 나타나고, 3.4~3.5미크론에서는 빛의 세기가 감소하며, 3.5~3.6미크론에서는 빛의 세기가 증가하는 모습을 볼 수 있을 것이다.

이처럼 파장이 짧은 영역에서 빛의 세기가 줄어드는 것을 흡수선이라고 한다. 앞서 살폈듯이 한 세기 반 전에 최초로 발견된 프라운호퍼선과 비슷한 개념이다. 신턴은 은방울꽃 잎, 단풍나무 잎, 지의류 두 종류, 이끼 등 3.4~3.5미크론 사이의 영역에서 흡수하는 특징을 보여준 생물에서 반사된 빛에 흡수선이 존재한다는 사실을 보여주기 위해 지구의 생물학적 시료에 대한 적외선 스펙트럼을 얻어냈다. 그런 다음 그는 화성의 적외선 스펙트럼과 자신의 테스트 스펙트럼을 비교했다.

1956년 말 그가 얻어낸 화성의 스펙트럼은 3.46미크론의 유기물 파장 영역에서 급격한 감소를 보였다. 1957년 〈천체물리학저널〉에 발표한 논문에서 그는 이 같은 급격한 감소가 지의류가 존재한다는 사실을 입증하지는 않지만 "유기물 분자가 존재한다"는 사실을 가리킨다고 썼다.[15]

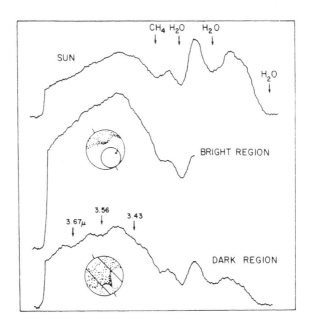

태양(위)에서 반사된 빛의 양, 화성의 밝은 영역(중앙), 화성의 어두운 영역(아래)을 파장의 함수로 비교한 도표. 장파장(약 4미크론)은 왼쪽, 단파장(약 3미크론)은 오른쪽이다. 화성의 어두운 영역의 3.67, 3.56, 3.43미크론에서 반사된 빛의 강도가 급격히 줄어드는 데 반해, 화성의 밝은 영역과 직접적인 태양의 빛에서는 빛의 강도가 급감하지 않는다는 사실을 신턴은 화성에 식물이 존재한다는 단서로 해석했다. _Sinton, Lowell Observatory Bulletin, 1959.

이 파장에 진짜 흡수선이 존재한다면 매사추세츠 케임브리지에 있는 하버드대학교와 화성의 표면 사이 빛이 움직이는 경로 어딘가에 3.46미크론에서 빛을 잘 흡수하는 어떤 물질이 존재하는 것이라고 했던 신턴의 주장은 옳았다. 그러나 그 물질이 유기물이라고 주장하기에는 근거가 약했다. 3.46미크론에서 빛을 흡수하는 것이 무엇이든 화성의 대기에 있을 수도 있지만, 지구의 대기에도 있을 수 있었다. 신턴은 곧 실제 흡수하는 물질에 관한 지식보다 자신이 더 많이 알고 있다고 결론 내렸다. 그는 이렇게 주장했다.

"유의미한 파장에서 급감이 나타난 것은 결과적으로 식물이 있다는 부가적인 단서다. 계절에 따른 변화라는 강력한 단서와 함께 이 단서는 화성에 식물이 존재할 가능성을 극대화하고 있다."

카이퍼와는 달리 신턴은 전문적인 글에 신중하게 접근하지 않았다. 그는 얼버무리지 않고 단호하게 화성에 사는 식물에 대한 명백한 단서를 발견했다고 확정했다.

2년 뒤 화성이 다시 지구에서 관측하기 좋은 위치로 돌아오자 신턴은 화성 연구를 재개했다. 1958년 꾸준한 기술 발전으로 신턴은 개선된 장비의 혜택을 받았다. 아울러 화성에서 생명체를 찾아내는 데 처음으로 성공한 것이 영향을 미쳤는지, 61인치 하버드 천문대 망원경을 이용하다가 1948년 문을 연 남부 캘리포니아 팔로마(Palomar) 산에 있는 200인치 헤일(Hale) 망원경을 사용할 수 있게 됐다. 이곳에서 그는 2주 동안 망원경을 이용할 수 있는 권한을 부여받았다.

이런 방식은 천문학에서는 아주 일반적이다. 먼저 지역의 작은 망원경을 이용해 발견 경력을 쌓은 뒤 이를 발판 삼아 더 큰 망원경에서 관측할 수 있는 기회를 얻는 것이다. 큰 망원경을 사용하면 똑같은 관측 시간 동안 작은 망원경을 이용했을 때보다 더 많은 빛을 모을 수 있어 효율적이고 신뢰성 있는 결과를 얻을 수 있다. 게다가 크고 새로운 망원경은 기상 조건이 좋은 산에 설치됐고, 보통 작은 망원경보다 현대적인 장비를 탑재하는 경우가 많았다(당연한 일이다). 결과적으로 큰 망원경, 이 경우에는 당시 세계에서 가장 큰 망원경을 사용하게 된 빌 신턴은 화성 연구에서 결정적인 관측 프로그램을 수행해 화성에서 식물의 존재를 입증할 수 있을 것으로 기대됐다.

1958년 신턴의 목표는 1956년 관측에서 찾아냈다고 주장했던 흡수선이 실재한다는 데 대한 의구심을 제거하는 것이었다. 자신의 머릿속에서는 어떤 의구심도 없이 흡수선의 실재와 분포가 확립됐다는 목표를 성취했다. 그의 새 발견은 1959년 명망 높은 과학 저널 〈사이언스〉에 발표됐다. 이를 통해 신턴의 연구는 영향력을 최대로 발휘할 수 있었고, 최고의 명성을 얻을 수 있었으며, 널리 알려질 수 있었다.[16]

신턴에 따르면 화성의 스펙트럼에는, 특히 화성의 어두운 부분을 관측할 때 측정한 부분의 스펙트럼에는 3.43과 3.56미크론에서 가장 강한 흡수선이 있었고, 3.67미크론에서 세 번째 흡수선이라 할 수 있는 특징을 보였다(나중에 3.45, 3.58, 3.69미크론으로 수정됐다).[17]

"3.5미크론 부근의 영역은 대부분 유기 분자에 의해 생성된 것 같다. 이들은 상대적으로 적은 시간 안에 국소적인 영역에서 생성된다. 식물의 성장이야말로 유기 분자가 나타난 것에 대한 가장 논리적인 설명으로 보인다."

가장 긴 파장 영역 때문에 신턴은 고민에 빠졌다. 지구의 식물에서는 볼 수 없는 것이었기 때문이다. 그래도 운이 좋았는지 그는 실험실에서 지의류와 조류를 이용해 분광 테스트를 수행했다. 지의류와 조류 모두 3.43미크론과 3.56미크론에서 깊게 파인 흡수선은 물론 3.7미크론에서도 얕은 흡수선 특징이 나타났다.

신턴은 화성의 스펙트럼과 조류의 스펙트럼이 비슷하게 보이는 까닭을 이렇게 설명했다.

"화성에서 관측된 것은 조류에 존재하는 탄수화물 분자에 의해 생성됐음을 나타낸다. 탄소 원자 중 하나에 산소 원자 하나가 붙으면 같은 탄소에 수소 원자 하나가 붙었을 때 일어나던 공명이 더 긴 파장에서 나타난다. 따라서 이 단서는 유기 분자뿐 아니라 탄수화물도 가리키는 것이다."

신턴은 이런 분광학적 특징이 의미하는 것은 화성에 생명체가 존재하는 것을 입증하는 것일 뿐 아니라 많은 양의 식량을 저장하려면 화성의 식물이 필요하다는 단서이기도 하다고 주장했다. 그가 대성공을 거둔 듯 보였다. 단지 화성에 생명체가 존재한다는 것을 밝혀낸 것 이상이었다. 그는 화성에 사는 생명체가 어떤 유형인지까지 말해주는 분광학적 특징을 발견한 것이었다. 카이퍼의 지의류와는 달리 화성의 조류는 탄수화물을 생성하고 저장하는 지구의 조류와 상당히 유사하다. 곧 과학자들은 화성의 스펙트럼에서 3.4미크론과 3.7미크론 사이의 영역을 '신턴 영역'이라고 불렀고, 과학 잡지에서는 신턴 영역이 화성에 생명체가 산다는 단서임을 입증하는지에 대한 찬반 토론이 벌어졌다.

특히 1958년 오후에 신턴은 알루미늄(완벽에 가까운 반사경으로 여겨지는)에 반사된 빛을 관측해 태양의 스펙트럼을 얻어냈다. 아마도 신턴은 알루미늄에 반사된 빛의 스펙트럼을 이용해 태양이나 지구의 대기의 영향으로 인한 스펙트럼의 변화를 보정하려고 했다. 그런데 그 스펙트럼은 아마도 목적에는 충분하지 않았던 것 같다. 그는 화성과 비교하기 위해 화성과 비슷한 높이로 하늘에 떠 있는 달의 스펙트럼을 구하지 않았다. 아마도 1956년 관측에 기반을 둔 (반사된) 태양의 스펙트럼이 달의 스펙트럼보다 보정에 대한 비교 대상으로 더 좋다고 결론을 내렸기 때문인 것 같다. 실제로는 달의 스펙트럼이 지구 대기의 영향을 보정하는 데 더 효과적이었을지도 모른다. 그리고 달의 스펙트럼을 이용했다면 자신의 오류를 더 빨리 발견했을지도 모르겠다.

1961년 〈사이언스〉에 발표한 글에서 코네티컷 주 스탬퍼드(Stamford) 연구실험실의 노만 콜트헙(Norman Colthup)은 적외선 분광학 분야의 거인 신턴이 "3.43미크론에서 발견한 영역이 지구 식물을 닮은 식물의 탄수화물과 단백질 유기물 내부의 탄소−수소 결합 때문에 나타난 것이 거의 확실하다는 데 동의한다"고 썼다.[18] 콜드헙은 계속해서 3.56미크론과 3.67미크론의 두 스펙트럼의 유일한 원인은 '유기 알데히드(organic aldehydes)'라고 알려진 분자가 틀림없으며, 유기 알데히드가 3.43미크론과 3.67미크론 부근에서 강한 띠를 보이는 극소수의 물질이기 때문이라고 설명했다.

알데히드는 탄소 원자 1개와 산소 원자 1개가 2개의 전자를 공유하고 세 번째 전자는 수소 원자 1개와 공유하는 원자 집단 CHO을 포함하는 화합물이다. 하나의 탄소 원자는 4개의 전자를 공유할 수 있기 때문에 CHO 집단 안에 있는 탄소 원자는 여전히 전자와 결합을 하나 더 할 수 있다. 네 번째 전자는 이 화합물과 결합할 화학종, 예컨대 메타날(methanal)인지, 에타날(ethanal)인지, 프로파날(propanal)인지를 실제로 어떻게 결정할까? 알데히드는 에타날 계열에 속한다. 콜트헙이 지적한 것처럼 아세트알데히드는 3.58미크론과 3.68미크론에 가까운 파장에서 매우 효과적으로 흡수한다. 이는 화성의 스펙트럼 특징과 아주 잘 들어맞는다고 콜트헙은 주장했다.

콜트헙은 구체적으로 아세트알데히드로 인해 신턴 영역이 생성됐고, 화성에 산소가 거의 없으므로 화성에 이 물질이 존재할 가능성이 높다는 사실을 알아냈다. 이 특정한 분자는 산소가 희박한 환경에서 더 잘 생성되기 때문이다. 콜트헙은 혹시 너무 소극적으로 말할까 봐 계속해서 과장해가며 떠벌렸다.

"내 추측을 말해도 된다면 아세트알데히드는 특정 혐기성 대사 과정의 최종 산물이 될지도 모른다."

그는 그런 과정으로 탄수화물이 아세트알데히드로 변해 최종적으로 알코올이 되는 발효를 예로 들었다.

"이 과정은 기존의 산화 과정보다 훨씬 적은 에너지를 산출한다. 하지만 지구의 어떤 유기물은 산소를 구할 수 없을 때 발효를 에너지원으로 이용한다. 아마도 화성에도 이런 일이 일어날 것이다."[19]

과학적 개념의 경연장에서 자주 볼 수 있듯이 모든 사람이 콜트헙과 신턴의 의견에 동의하는 것은 아니었다. 1962년 캘리포니아대학교 버클리 캠퍼스(UC 버클리) 우주과학실험실의 도널드 레아(Donald Rea)가 반박을 시작했다. 당시까지 천문학자들이 수행했던 행성의 대기에 관한 연구를 대부분 검토하고 난 뒤 레아는 화성 표면에서의 화성 대기의 온도와 압력에서 증기압의 영향으로 아세트알데히드 분자는 기체 상태가 되어 결국 대기로 흘러 들어간다는 사실을 알아냈다.[20]

"이 화학물질은 휘발성이 높아서 대기의 농도가 높아진다. 그렇다면 화성의 어느 지역에 국한되지 않고 화성의 전체 표면을 관측해야 한다."

그러나 신턴은 화성의 어두운 지역에서 오는 반사된 빛에서만 이런 흡수선을 봤다. 화성의 밝은 지역에서는 흡수선이 명확하지 않았기 때문에 레아는 콜트헙이 도출한 결론은 틀렸다고 주장했다. 레아는 그의 실험실에서 신턴이 내린 결론의 오류가 나타나자 악착같이 물고 늘어져 그냥 놔주지 않았다.

1년 뒤 레아 그리고 두 사람의 화학자 T. 벨스키(T. Belsky)와 멜빈 캘빈

(Melvin Calvin)은 실험실 스펙트럼을 제시하며 많은 부분에서 신턴의 연구에 추가적인 문제가 있음을 밝혔다.[21] 이들 문제의 일부는 장비와 관련된 것이었다. 예를 들어 화성에서 오는 빛이 망원경에 의해 신턴의 탐지기에 초점이 맞춰지면, 적외선 탐지기를 고정하는 봉인된 과냉각된 기기 안으로 들어가기 위해 그 빛은 먼저 합성수지로 만들어진 창을 통과해야 했다. 레아와 그의 동료들은 측정된 빛의 파장이 합성수지를 통과하면서 바뀐다고 주장했다. 합성수지 창을 이용한 결과 화성에 대한 스펙트럼이 변형되어 변형 이전의 올바른 파장을 알 수 없을 수도 있다고 주장했다.

다른 문제는 신턴이 테스트한 조류 클라도포라(cladophora)를 비롯한 지의류 등 기타 생물학적인 물질을 이용해 흡수선을 올바르게 찾아냈는가 하는 것이었다. UC 버클리의 화학자들은 신턴이 클라도포라에게 단일한 스펙트럼을 지정한 것은 기껏해야 제한적인 결론이며, 화성의 스펙트럼에 조류 클라도포라 스펙트럼의 다른 특징이 빠져 있다는 것을 보여줬다. 만일 하나의 클라도포라에 대한 스펙트럼이 있다면 다른 것도 있지 않겠냐고 그들은 질문했다. 그들은 답이 "그렇다"는 사실을 알고 있었다. 그렇다면 아마도 클라도포라에 대한 단서가 신턴의 주장처럼 명확히 드러나지 않았을 수 있다. 1963년 레아와 벨스키 그리고 캘빈이 대부분의 의문을 제기했지만 뚜렷한 답을 듣지는 못했다. 하지만 그 질문들은 신턴과 그의 지지자들에 대해 문제가 생기고 있다는 신호였다.

다른 UC 버클리의 화학자들인 제임스 셔크(James Shirk), 윌리엄 해슬타인(William Haseltine), 조지 피멘텔(George Pimentel) 등도 신턴 영역이 화성에 조류가 존재하거나 능동적인 발효 과정이 일어난다는 데 대한 단서라는 사실에 납득이 가지 않았다. 그들은 다른 설명을 찾아 나섰다.

1965년 1월 그들은 한 가지 설명을 찾아냈다. 바로 물이었다. 사실 그들이 찾은 설명은 화성 대기에 있는 중수와 반중수가 모두 존재한다는 데 집중하고 있었다.

물의 세 가지 동위원소(H_2O, HDO, D_2O)가 중력에 다르게 반응하듯이, 미세하게 다른 파장에서 빛을 흡수하고 방출한다. 셔크와 그의 동료들은 HDO와 D_2O가 신턴 영역의 파장과 아세트알데히드보다 가까운 곳의 파장에서 빛을 흡수한다는 사실을 발견했다.

"흡수가 화성의 대기에 있는 HDO나 D_2O 때문에 일어나는 것일 수도 있다."[22]

그들의 설명은 답이 필요한 다른 흥미로운 의문들을 제기했다. 예컨대 화성의 어두운 지역은 왜 밝은 지역보다 더 높은 수증기 함유량이 나타날까?

1965년 화성의 조류와 발효조(發酵槽, fermenter)가 마침내 콜로라도 주 덴버(Denver)에서 만났다. 덴버대학교에서 얻은 태양의 관측 결과와 신턴이 헤일 망원경을 이용해 1950년대 말 관측을 진행했을 때 팔로마 산 위 공기에 함유돼 있던 수증기의 총량을 측정한 값을 이용해 도널드 레아와 브라이언 오리어리(Brian T. O'Leary)가 신턴과 함께 다음과 같은 결론을 도출했다.

"3.58미크론과 3.69미크론에서의 빛의 세기와 빛이 움직이는 경로에 있는 지구의 수증기의 양 사이에는 상관관계가 있는 것 같다. 한 가지 중요한 추론은 이런 스펙트럼의 특징이 화성 때문이라는 단서는 없다는 것이다."[23]

이런 스펙트럼의 특징이 화성 때문이라는 단서는 없다. 3.58미크론과

3.69미크론에서의 신턴 영역은 지구에 의한 것이다. 모든 것은 지구의 대기에 있는 수분과 관련된 것이며 화성의 대기와는 아무런 관련이 없다. 신턴이 찾은 것은 물, 특히 화성이 아니라 지구에 있는 중수였다.

세 번째 신턴 영역 3.45미크론은 어떨까? 지나고 나서 생각해보면 1959년 발표된 신턴의 논문에 나오는 원래의 스펙트럼을 검토했던 공정한 심판이라도, 3.45미크론의 스펙트럼에서 설명되지 않는 특징을 찾을 수는 없었을 것 같다. 그런 특징이 있었던 적이 없었기 때문이었다. 이해해야 할 흡수선도 없었다. 신턴이 측정한 것은 모두 '잡음(noise)', 즉 잡신호였다.

그래도 신턴이 위대한 것은 10년 동안 자신이 했던 연구를 무너뜨린 논문에 공동 저자로 참여했다는 사실이다. 세상의 이목을 끄는 중요한 과학적 오류를 공개적으로 인정하는 것은 흔치 않은 일이고 학자로서 대단히 용기 있는 일이다. 그후 신턴은 오랫동안 겸손하고 기품 있게 과학계에서 활동했다. 하와이의 마우나케아(Mauna Kea) 산 정상에 천문대를 세우는 데 기여했고, 목성의 위성 이오에 있는 화산을 연구했으며, 달과 천왕성 그리고 해왕성에 관해 집중적으로 적외선 연구를 수행했다.

〈사이언스〉는 신턴 영역에 대한 토론을 10년 동안 주도해왔다. 이제 논쟁은 끝났고 1964년 11월 발사됐던 NASA의 매리너 4호 우주선이 1965년 7월 15일 역사상 최초로 화성의 근접 촬영 사진을 보내주면서 행성 과학의 새로운 시대가 시작했다. 매리너 4호는 화성을 근접 비행하면서 21장의 사진을 촬영했다. 역사적인 사건의 1주년을 기념하기 위해 〈사이언스〉 1966년 7월 15일호에서는 에른스트 율리우스 외픽(Ernst Julius Öpik)에게 화성에 대한 전망을 부탁했다. 에스토니아에서 태어나 러시아에서 교육을 받은 외픽은 북아일랜드 아마(Armagh) 천문대에서 퇴직하고 〈아일랜드천문학저널(Irish Astronomical Journal)〉에서 편집자로 활동했다. 1960년에는 미국 과학아카데미 회원으로 임명됐고, 1975년에는 왕립천문학회에서 금메달을 받았다. 외픽은 20세기 천체물리학과 행성천문학의 거인이었으며, 화성의 생명체에 관한 천문학자들의 지식을 〈사이언스〉에 소개하면서 대중과 소통하는 데 큰 중점을 뒀다.

외픽은 지구인들이 당시 화성에 대해 가지고 있던 생각을 "화성의 표면(The Martian Surface)"이라는 12쪽짜리 글로 정리했다.[24]

"3.6미크론 부근의 적외선 영역에 관한 이야기는 매우 교훈적이다."

그는 관측이 부족한 것이 문제라고 지적했다.

"이들 영역은 처음에는 복잡한 '탄화수소(hydrocarbon, 메탄)'의 CH 결합 특성 때문에 나타나는 것이며 유기물의 일종이라는 것을 가리켰다. 그리고 이들 영역이 중수, 즉 HDO의 흡수선에 훨씬 잘 들어맞는다는 사실이 드러났다. 이는 가벼운 수소가 먼저 우주 공간으로 빠져나갔거나 다른 어떤 메커니즘을 통해 화성에 듀테륨이 풍부할 것이라는 추론으로 이어졌다. 그 영역은 지구의 대기에 있는 중수에서 나온 것이며 화성과는 무관하다."

명쾌하고 간결하고 정확했다. 그는 계속 설명했다.

"화성의 표면에는 서로 다른 색을 띤 지역이 있다. 약 70퍼센트(대륙)는 주황, 노랑, 빨간색이다. 나머지(바다)는 어둡게 보이며 때로는 녹색이나 파랑으로 표현되지만, 사실 다른 지역보다 덜 빨간색일 뿐이다."

마지막으로 외픽은 화성은 녹색으로 보인 적이 없다고 인정했다. 단지 때로 덜 붉게 보일 뿐이다. 그리고 수세기 동안 알려진 것처럼, 화성의 음영과 색조는 계절에 따라 바뀐다. 그러나 반대되는 모든 증거에도, 매리너 4호가 보낸 거친 입자의 영상에서 드러나는 불모지의 모습에도, 화성에 생명체가 있다는 단서로서 신턴 영역이 자격을 잃었는데도, 화성은 때로 덜 빨갛게 보였을 뿐 녹색으로 보인 적이 없다는 인정에도, 외픽은 과거의 많은 천문학자처럼 자신이 화성의 생명체라는 개념에 사로잡혀 헤어 나오지 못하고 있다는 사실을 깨달았다.

"이와 같은 환경에서도 화성의 표면에 있는 표시가 계속 남아 고정돼 있다는 사실은 일종의 재생적인 특성을 나타내는 것 같다. 표류하는 먼지를 이용해 좋은 장소에서 성장하는 식물이 하나의 설명이 될 수 있다. 식물이 극도의 추위와 건조한 화성의 기후에서 살아남을 수 있다는 사실이 놀랍게 보일 수도 있다. 하지만 이런 혹독한 환경이 도움이 될 수도 있다. 야간 기온이 너무 낮아서 서리가 녹지 않고 쌓일 수 있다(흙이나 얼어붙은 식물에서 관찰할 수 있다). 아침에 해가 떠 따뜻해지고 이것이 녹아 액체 상태의 물이 되면 식물이 이용할 수도 있다. 바다의 식물 가설이 얼마나 의심스러워 보일지 모르지만, 모든 사실을 설명하는 대안을 찾기는 어렵다."

엽록소의 경우는 단서가 없다. 지의류나 원시 식물에 대한 증명도 없다. 조류로 인한 CH 결합이나 녹색 지역도 단서가 없다. 하지만 여전히 생명체가 있다는 개념은 사라지지 않고 있다. 또한 1965년까지 화성은 믿을 수 없을 만큼 춥고, 산소가 고갈됐고, 물이 거의 없는 곳으로 알려졌다. 화성의 대기가 너무 얇고 오존층이 없기 때문에 표면은 치명적인 수준의 태양에서 오는 자외선에 노출돼 있고, 태양과 태양 너머에서 오는 위험한 우주선(cosmic ray)이 그대로 쏟아진다. 그럼에도 불구하고, 화성 표면에 식물이 살 가능성을 포기해야 할 명백한 여러 이유에도 불구하고, 외픽은 그럴 수가 없었다. 화성에서 생명체를 찾으려는 엄청난 욕망이 20세기 중반 인간의 마음속에 너무 깊게 뿌리 박혀 있어 외픽은 그 가능성을 포기할 수 없었다.

20세기 말 행성천문학의 두 거인 제임스 폴락(James Pollack)과 칼 세이건은 마침내 이 문제를 1년 뒤인 1967년 마무리하기로 했다. 세이건은 이미 화성과 금성의 대기 연구와 1966년 출간된 그의 사변적인 저서 《우주의 지적인 생명체(Intelligent Life in the Universe)》로 잘 알려져 있었다. 비록 아직 바이킹(Viking) 계획에 참여하거나 TV 다큐멘터리 시리즈 〈코스모스(Cosmos)〉에서 해설을 맡기 전이라 전세계적으로 유명한 상태는 아니었다. 폴락은 수십 년 동안 매리너 9호(화성), 바이킹 1호·2호(화성), 보이저 1호·2호(목성, 토성, 천왕성, 해왕성), 파이어니어 계획(금성), 마스 옵저버(Mars Observer)의 화성 탐사 프로젝트, 갈릴레오(Galileo)의 목성 탐사 계획 등 사실상 모든 행성에 대한 NASA의 임무에서 연달아 중요한 역할을 수행했다. 그는 토성의 고리와 관련된 물리학, 거대 행성의 형성, 지구의 초창기 대기의 진화에 관한 전문가였다.

폴락과 세이건은 화성의 표면을 연구하고 이해하기 위해 캘리포니아 주 골드스톤(Goldstone) 천문대에 있는 NASA의 심우주(deep space) 통신망 안테나에서 수집한 화성의 레이더 지도를 사용했다. 그들은 골드스톤의 안테나 중 하나를 이용해 화성 표면에서 튀어나오는 무선파를 전송했다. 그리고 전송할 때와 똑같은 커다란 안테나를 사용해 반사되는 신호를 측정했다. 그들은 화성의 어두운 지역이 밝은 지역보다 고도가 높다는 사실을 발견했다. 게다가 색상이 장기적으로 변화하는 어두운 지역은 색상이 변화하지 않는 지역보다 넓이가 작고 고도가 낮았다. 그 결과 그들은 밝은 지역에서 나온 모래와 먼지가 경사가 낮은 인근 어두운 지역 위에 떨어지거나 인근 어두운 지역에서 나온 모래와 먼지가 밝은 지역으로 이동하면서 장기적인 변화가 생긴다는 가정을 세웠다.

"어두운 지역에서 나타나는 이른바 재생 특성, 즉 빛을 쪼이고 나면 어두운 지역을 더 어둡게 하는 힘은 바람이 불어와 쌓여 있던 입자가 경사진 고지대를 벗어나면서 생기는 것이다." [25]

바꿔 말해 화성의 기상계(weather system)는 화성 표면에 모래바람을 일으킨다. 모래 입자는 우선적으로 저지대의 사막에 쌓인다. 모래 입자는 반사율이 매우 높아 사막은 아주 밝게 보인다. 작은 모래 입자가 바람에 날려 얕고 경사진 표면을 덮으면, 이들 지역은 밝아져 사막처럼 보인다. 바람이 얕은 경사에 있는 작은 모래 입자를 다른 곳으로 보내면, 이 같은 경사의 표면은 빠르게 어두워진다. 이처럼 표면이 어두워지는 것이 봄에 화성의 식물이 빠르게 재생하는 것을 나타낸다고 (잘못) 해석한 것이다.

세이건과 폴락은 훗날 처음에는 순수하게 묘사적이었던 가설을 지지하기 위해 화성의 바람에 날아간 먼지 입자에 대해 정량적인 모델을 제시했다. [26] 그들은 "바람에 날아간 먼지 모델의 성공이, 물론 화성의 생명체가 존재하지 않는다고 주장하는 것은 아니다"라고 결론을 내리면서, 바람에 날아간 먼지 모델의 성공이 마침내 화성의 색깔이 바뀌는 것이 극관에서 나온 녹은 물이 화성의 봄이 와서 꽃이 필 때가 됐음을 알리면서 화성에 신록의 파도가 일면서 나타나는 것이라는 생각에 종지부를 찍었다. 더 이상 나무나 이끼, 지의류, 조류 이야기는 사절이다. 바람에 날아간 먼지는 환영이지만.

10

바이킹, 닻을 내리다

1976년 7월 20일 NASA의 바이킹 1호가 화성 표면의 크리세(Chryse) 평원에 착륙했다. 6주 뒤인 9월 3일에는 바이킹 2호가 유토피아 평원*에 착륙했다. 두 우주선 모두 미국 플로리다 케이프커내버럴에서 1975년 8월과 9월에 발사돼 화성 궤도에 도착하는 데 성공했고 지표면에 무사히 착륙했다. 동일한 과학 장비를 싣고 온 바이킹 2호 착륙선은 약 25도 정도 북쪽, 경도로는 크리세 평원에서 화성을 반 바퀴 정도 돌아간 지점에 착륙했다. 인간이 지휘하는 과학 실험이 화성 표면에서 최초로 시작됐다.

바이킹 1호와 2호가 화성에 착륙하기 전 화성에 대한 인류의 전반적인 지식은 극도로 제한적이었다. 비록 더 이상 물이 풍부한 극지방에서 불모지인 적도까지 물을 수송하는 운하를 건설한 화성의 지적인 존재에 대

---

* 크리세 평원과 유토피아 평원이라는 명칭은 모두 1973년 IAU의 인가를 받았다. 이런 명칭들은 안토니아디의 20세기 초기 화성 지도에서 볼 수 있는 고전적인 용법에서 유래한 것이다.

한 퍼시벌 로웰의 상상에 사로잡히지 않는다더라도 여전히 화성은 미스터리였다. 행성과학자들은 화성의 대기가 얇고 대부분 이산화탄소로 구성돼 있다는 사실을 알고 있었다. 천문학자들은 처음에는 제러드 카이퍼의 망원경 연구를 통해 학습한 다음 매리너 호에서 얻은 상세한 데이터를 통해 지식을 늘리고 향상시켰다.

또한 매리너의 영상 측량을 이용해 크레이터가 패인 평원과 소수의 거대한 화산, 고대의 말라붙은 강바닥과 기다란 퇴적 운하처럼 보이는 좁게 패인 지형이 상당수 지면을 덮고 있다는 사실을 알 수 있었다. 당시에는 극관이 대부분 언 상태의 이산화탄소로 구성돼 있다고 생각했지만, 행성과학자들은 화성의 여름에 CO_2가 대기로 승화되고 나면 얼음으로 된 극관의 잔여물이 남는다는 사실도 알고 있었다.

그러나 과학자들은 대부분 화성에 대해 알고 있는 것보다 알고 싶은 것이 더 많았다. 표면에는 부드러운 먼지가 깊은 층을 이루며 덮여 있을까? 착륙선은 착륙하고 난 뒤 쓰러졌을까? 착륙선은 먼지 속에 파묻혔을까? 지질학자들은 대부분 표면이 꽤 단단할 것으로 기대해 착륙할 때 사고가 나지 않을 것으로 생각했지만, 프로젝트의 기획자들은 최초의 바이킹 착륙선이 표면에 정지할 때까지 답을 알 수 없었다. 그들이 확인한 대로 화성 표면의 먼지는 그리 두껍거나 입자가 가늘지 않았고, NASA에 있던 사람들 모두 마음을 놓을 수 있게 착륙선이 쓰러지지도 않았다.

화성 대기에 생명을 유지할 만큼의 질소는 고사하고, 질소가 있기는 했을까? 질소는 지구의 생명체에게 무엇보다 중요하다. 질소는 DNA 구성에 필수적인 아미노산과 핵산 염기 모두에 주요한 기본 구성 요소다. 1950년대 천문학자들이 화성의 대기에 질소가 95퍼센트 이상 존재한다고 확신했지만, 그런 초창기 가정은 실제 관측에 의해 깨졌고, 매리너 9호가 화성 대기에서 질소를 탐지하지 못했기 때문에 바이킹이 나오기 이전의 행성과학자들은 화성 대기에서 질소의 양은 기껏해야 몇 퍼센트일 것으로 생각했다.

화성에 관한 가장 중요한 우주생물학적 발견 중 하나는 바이킹 임무에서 화성의 대기 낮은 부분에 2.7퍼센트 수준의 질소가 존재한다는 사실을 확인한 것이다.[1] 2013년 탐사 로버 큐리오시티(Curiosity) 팀은 질소의 양을 1.89퍼센트로 잘못 측정했다.[2] 이 결과는 그후 '재확인'했다. 큐리오시티 팀에서 측정한 수정될 질소의 양은 2.79퍼센트로 바이킹 착륙선이 측정한 값과 매우 가까웠다.[3]

화성에는 화성의 둘레를 감싸는 강력한 먼지 폭풍이 있다고 하는데, 이 폭풍이 허리케인 급의 강력한 바람으로 마치 영화 〈마션(The Martian)〉에서 그랬던 것처럼 무사히 착륙해 있는 착륙선을 날려버리지는 않을까? 폭풍 때문에 먼지가 대기로 올라와 몇 달 동안 우리의 시야를 가로막을 수는 있지만 답은 "그렇지 않다"이다. 대기가 너무 얇아서 착륙선을 쓰러뜨릴 추진력을 얻을 수 없다.

'대생물(macrobes)'은 존재할까? 대생물은 칼 세이건이 상상 속에서 만들어낸 육안으로 보이는 생명 형태를 가리킨다. 만일 이들이 화성에 존재한다면 바이킹 호가 착륙 장소에서 촬영한 사진에 보일까? 세이건은 엉뚱한 것이 아니라 단지 절대적으로 거부할 수 없는 모든 가능성을 열어놓았을 뿐이었다.

"사실 크기가 개미보다 크고 북극곰보다 작은 정도의 생물을 배제할 이유는 없다. 그리고 화성에서 큰 생물이 작은 생물보다 더 잘살 것이라는 근거도 있다."[4]

비록 세이건이 로웰과 비슷하게 보일지 모르지만, 그는 화성에 대생물이 존재할 가능성을 높게 생각하지는 않았다. 다만 훗날 바이킹 착륙선이 화성에 도착하기 전까지 화성에 대생물이 없다고 자신 있게 말할 수 있는 사람도 없었다. 대생물을 찾아봐야 한다고 세이건은 고집했다. 카메라가 화성에 와서 육안으로 확인할 수 있는 크기의 화성의 생물체를 조사해야 했다. 세이건이 토론에서 이겼고, 두 대의 바이킹 착륙선에 화성인을 찾기 위해 전경을 살펴볼 수 있는 카메라를 실었다. 동일한 이들 카메라는 기본적인 지질 연구에도 사용할 수 있었다.

바이킹 1호와 2호는 착륙하자마자 화성 표면의 영상을 지구에서 애타게 기다리고 있는 사람들에게 전송했다. 바이킹의 카메라를 통해 세이건을 쳐다보고 있는 대생물은 없었다. 화성의 생명체 탐색은 이제 미생물의 단서를 찾기 위해 설계된 생물학 실험에 집중할 수 있었다. 이 실험들은 착륙한 지 8일째(Sol 8로 표기한다)에 시작했다. 그런데 3일 뒤 이상한 일이 시작됐다.

1976년 7월 31일 탐사 11일째의 일이었다. NASA의 에임스연구센터(Ames Research Center) 생명과학 부문 임원이자 바이킹 프로젝트의 생물학 조사팀장 해럴드 클라인(Harold Klein)이 기자회견을 진행했다. 이 기자회견의 기본 내용은 수년 전 NASA가 조사원을 선발해 바이킹 계획에서 할 조사를 선정하면서 '생물학 실험'이라는 두리뭉실한 명칭으로 구분해놨을 때 이미 정해진 것이었다. 클라인을 비롯한 생물학 조사 팀은 화성에 생명체가 존재한다는 단서를 찾고 있었고, 이 기자회견은 그 결과를 보고하는 첫 번째 자리였다. 그들은 화성에서 생명체를 찾았을까?

1976년 6월 20일 화성의 지표면에서 바이킹 호가 바라본 최초의 전경. 눈으로 확인할 수 있을 정도로 큰 화성인의 모습은 보이지 않는다. _NASA.

클라인은 신중하지만 낙관적으로 말했다. 두 바이킹 실험 중 하나인 '가스 교환(Gas-Exchange)' 실험에서 벌써 "매우 능동적인 표면 물질에 대한 예비적인 단서 이상의 것"이 나온 것이었다. 이런 표현은 의도적으로 기자들에게 NASA가 아마 화성에서 생명체를 발견했지만 바로 발표하지는 않으려고 한다는 암시를 주기 위해 사용된 것이었다. 두 번째 실험인 '레이블 해제(Label-Release)' 실험에서는 "생물학적 신호와 매우 유사하게 보이는 반응"이 나왔다. 이 표현은 더욱 강하고 덜 신중한 단어를 사용하고 있었다. 클라인은 재빨리 제동을 걸었다. 두 결과를 모두 "매우 신중하게 봐야 한다"고 그는 주의를 환기시켰다.

"우리는 표면에 어떤 화학적·물리학적 개체가 존재한다고 믿고 있습니다. 그것은 표면 물질이 많은 활동을 하게 해주고, 어쩌면 생물학적 활동을 흉내(흉내라는 표현에 유의해야 한다) 내는지 모릅니다."[5]

클라인과 언론 및 대중 사이에 화성의 표면에서 진행 중인 생물학 실험(이 실험을 통해 클라인을 비롯한 동료들이 화성에 생명체가 있다는 신호를 찾고 있다)에 관한 토론이 벌어졌다. 클라인은 매우 신중하고 조심스럽고 합리적인 단어를 사용했다. 그는 실험 결과에 대해 대중과 대화를 나눈 생물학 팀이 아직 준비 단계에 있다는 사실을 분명하게 밝혔다. 나중에 생각해 보면 어처구니없을 정도로 미숙한 단계였다. 그렇지만 기자들과의 대화에 대비해 훈련을 받은 것도 아니었고, 기자와의 대화가 전문 지식을 갖춘 동료들과의 과학적인 토론과는 다르기 때문에, 대부분의 과학자들이 그렇듯 클라인도 기자들과 대화를 하고 공식적인 메시지를 전달할 때 통제력을 잃고 말았다. 사실 대화를 통제한 적도 없었다. 8월 1일자 〈뉴욕타임스〉 1면 헤드라인은 이랬다.

"처음으로 화성의 생명체를 암시하는 과학자들의 데이터(Scientists Say Data Could Be First Hint of Life on the Planet)."[6]

언론은 바이킹 실험이 화성에 생명체가 존재하지 않는다는 것을 입증하는 일은 아닌지 질문했다. 어느 기자가 한 실험에서 산소가 발생하는 것이 화성에서 광합성이 일어나고 있다는 단서가 아닌지 물었다. 이 질문을 한 기자는 자신이 질문하고 있는 실험의 상세한 부분까지 이해하는데 시간과 에너지를 쏟지 않았거나, 광합성이 어떻게 작용하는지 이해하지 못하는 것이었다. 아마 중학교 과학 시간 내내 졸았을 것이다. 물론 광합성을 하는 동안 식물은 이산화탄소를 흡수하고 산소를 배출하지만, 그렇게 하려면 태양에서 오는 에너지를 이용해서 동력을 공급해야 한다. 일부 산소를 산출했던 가스 교환 실험은 화성에서 바이킹 1호 착륙선 내부의 완전한 암흑 속에서 수행됐다. 따라서 질문에 대해 간단히 대답하자면 "아니오"였다. 이 실험은 광합성과 비슷한 어떠한 반응도 테스트할 수 없었다.

다른 기자가 동물이 산소를 배출할 수 있는지 클라인에게 물었다. 이

기자는 생물학 수업을 듣지 않은 것이 분명했다. 동물은, 적어도 기자와 과학자에게 익숙한 지구 동물은 산소를 들이마시고 이산화탄소를 내뱉는다.

기자단은 특별히 과학 관련 지식이 뛰어나게 많지는 않았다. 과학연구 팀, 즉 NASA 사람들은 기자단에게 감당하지 못할 미가공 데이터를 제시하기 전에 관련 지식을 교육할 수 있었다. 아니, 교육했어야 했다. 하지만 일부 미션 규약에 따르면 새롭고 흥미로운 결과(과학적 검증 과정을 거치지 않은 이 결과를 과학적인 결과라고 한다면 과장일 것이다)가 나오면 그 결과를 미션을 수행하도록 세금을 납부한, 큰 기대를 걸고 있는 대중 앞에 내놔야 한다. 연구 팀은 기자회견이 제대로 진행되지 않으리라는 것을 벌써 눈치 챘어야 했다. 기자회견을 통해 일반 대중에 공개되는 과학 관련 지식이 과학자들의 의도대로 보도될 것 같지 않았다. 물론 그들이 같은 날 일찍 회의를 할 때 했던 자신들의 주장을 들었다면 과학자들이 "생물학적 신호와 매우 비슷한" 같은 문장이 포함된 메시지를 제시하지는 않았을 것이다.

한 주 뒤인 8월 8일 〈뉴욕타임스〉 1면은 "화성 생명체의 힌트를 강화하는 바이킹 호의 실험(Tests by Viking Strengthen Hint of Life on Mars)"이라는 제목이 헤드라인을 장식했다.[7] 당시 언론은 바이킹 임무와 관련된 과학적인 내용이 해석되어 대중에 전해지는 방식을 통제했다. 바이킹 호의 과학자들은 그때 화성에 생명체가 존재하지 않음을 강력하게 나타내는 실험적인 단서의 의미가 사실 모호하다는 것을 대중에 납득시키지 못하고 있었다. 8월 14일 〈뉴욕타임스〉의 다른 기사는 이렇게 보도했다.

"한 토양 샘플에서 대생물로부터 산출될 수도 있는 분자를 포함한 탄소

복합체가 발견되지 않았다. 따라서 그 결과는 결정적이라고 할 수 없었다."[8]

8월 21일에는 "화성에 생물학적 과정이 존재할 가능성을 배제하지 못했다"라는 제목의 기사가 18면으로 밀려났다.[9]

바이킹 2호에서 수행한 실험(같은 실험 도구를 사용해 같은 팀이 진행한)의 결과는 바이킹 1호 실험의 첫 결과만큼 큰 관심을 받지 못했다. 비록 바이킹 2호가 불과 6주 뒤에 착륙하긴 했지만, 조사 팀 리더와 과학 팀 구성원들은 매우 현명했고, 실험은 물론 언론 대처에도 경험이 많았다. 과학 팀은 대부분 연구실로 돌아가 데이터에 관한 일일 보고서를 제출했고, 새로 얻어낸 과학적 정보를 가장 잘 이해할 수 있는 방법을 알아내려고 애썼다. 매일 과학 팀의 일을 들여다보던 강인하고 호기심 많은 기자들이 사라지자 과학 팀은 신중하고 체계적으로 데이터를 다뤘고, 그 결과 실시간으로 새로운 가설을 테스트할 수 있는 새로운 실험 규약을 설계할 수 있었다.

마침내 몇 년이 지나고 과학계, NASA, 미디어 등에 만족할 만한 과학적 결과를 얻어야 한다는 압박을 받은 과학자들은 바이킹 호의 생물학 실험을 3가지 독자적인 팀으로 나눠 운영하면서 테스트, 검증, 논쟁을 거듭했다. 결국 첫 기자회견에서는 명백하게 보였던 화성의 생명체 발견 가능성에 대한 열광과는 반대로, 거의 모든 과학자들은 이 모든 결과가 더해져 "두 착륙 지점에 생물은 존재하지 않는다"고 결론 내렸다.[10] 그러나 한 팀원은 지금까지도 여전히 반대의 입장을 고수하고 있다. 그는 자신의 실험에서 화성의 생물학적 활동에 대한 단서를 발견했다고 주장하고 있다.

NASA 에임스연구센터의 반스 오야마(Vance Oyama) 팀이 설계한 기체 교환 실험을 시작하기 위해 착륙선에서 로봇 팔이 화성 지표면의 흙을 긁어다가 착륙선 내부에 있는 상자 속에 떨어뜨렸다(이 로봇 팔이 화성의 흙이 필요한 다른 바이킹 착륙선에도 샘플을 제공한다). 이 상자 속으로 들어간 화성의 흙은 햇빛을 비롯한 모든 외부 환경은 물론 바이킹 착륙선의 다른 부속들과도 차단돼 있었다.

차단된 상자에 있는 흙은 우선 물을 추가하지 않고 테스트했다. 그런 다음 간접적으로 물에 노출했다. 흙 아래에 있는 그릇에 물을 주입하되, 물과 흙이 직접 접촉하지 않게 했다. 물그릇에서 증발한 수분은 흙 아랫부분을 통해 위로 올라가 흙을 축축하게 만들었다. 기체 교환 실험 마지막 단계에서 19가지 서로 다른 아미노산을 함유한 '닭고기 수프' 같은 혼합물이 물그릇에 더해졌다. 다양한 화학물질이 더해진 수분이 위에 있는 흙에 영양분을 공급하는 것이다. 만일 생물이 그 흙에 존재한다면 생물은 그 안에서 성장하고 숨을 쉬고 번식할 것이다. 아마도 생물은 이산화탄소, 일산화탄소, 메탄, 수소, 질소, 산소, 아산화질소, 황화수소 등을 내뱉을 것이다. 놀랍게도 오야마의 첫 샘플에 영양소를 주입한지 불과 2.5시간 만에 흙에서 다량의 산소가 배출되기 시작했다. 산소는 마치 실험을 시작할 때처럼 폭발하듯 배출됐다. 그리고 아주 낮긴 하지만 산소의 수준이 회복됐다. 이와 같은 산소 배출이 화성의 흙에 생명체가 산다는 단서였을까?

길버트 레빈(Gilbert Levin)의 레이블 해제 실험은 오야마의 기체 교환 실험과 부분적으로 유사했다. 메릴랜드 주 록빌(Rockville)에 있는 바이오스페릭스(Biospherics) 사 소속의 레빈은 화성의 오염된 물에서 미생물

바이킹, 닻을 내리다 / 203

을 탐지하기 위해 자신이 최초로 발명했던 기기를 화성에서 사용할 수 있도록 고치고 있었다. 그 기기는 미생물이 신진대사 활동의 결과로 배출하는 탄소를 감지하도록 설계됐다. 레빈의 기기는 오야마의 작은 기계와 마찬가지로 화성의 흙에 영양분을 주입했지만, 레빈의 영양분에는 아미노산과 탄수화물이 합성돼 안정적인 탄소 12($C12$) 대신 방사성 탄소 14가 들어 있어서, 무언가에 먹히거나 생물에 의해 신진대사가 일어나면 방사성 이산화탄소 형태로 배출될 것이었다.

오야마의 실험과 마찬가지로 레빈의 실험에서도 즉시 결과가 나왔다. 방사능 측정기 가이거 계수기(Geiger counter)는 분당 500회를 기록했다. 생물학적 활동이 일어나지 않았을 때의 신호 수준이 분당 500회였다. 그런데 놀랍게도 실험 시작 9시간 뒤에 가이거 계수기는 분당 4,500회를 기록했다. 하루 뒤에는 분당 1만 회까지 올라갔고, 이후에는 그 수준을 유지했다. 레빈의 영양분을 들이마시고 방사성 이산화탄소를 배출하는 생물학적 물질이 있었던 것일까?

해럴드 클라인이 오야마의 기체 교환 실험에서 산소를, 레이블 해제 실험에서 이산화탄소를 검출했다고 언급했던 7월 31일 기자회견으로 이어진 이 같은 초기 측정에서 검출된 신호가 생물학적 신호와 유사했을지도 모른다. 과학 팀이 며칠 더 기다렸다면, 또는 스스로 의혹이 없는지 더 관심을 기울였다면 그런 발언을 하지 않았을 것이다. 이후 며칠 사이에 그들은 곧 그런 결과가 나올 수 있는 이유는 생물학적 반응이 아니라 화학적 반응 때문이라는 사실을 깨달았다. 기체 교환 실험 및 레이블 해제 실험으로 화성 표면에 반응이 잘 일어나고 산화가 잘 일어나는 무엇이 존재한다는 사실을 확인할 수 있었다.[11] 그것은 다름 아닌 물이었다. 토양에

접촉하면 산소를 배출하거나, 유기 화합물이 함유되면 토양과 접촉할 시 이산화탄소를 배출하는 분자.

세 번째 실험인 열분해 방출(Pyrolytic-Release) 실험 역시 실험 결과물의 생물학적 기원에 관한 추론을 야기했다. 캘리포니아공과대학 생물학 교수 노먼 호로위츠(Norman Horowitz)는 화성과 비슷한 환경에서 테스트를 수행하기 위해 이 실험을 설계했다. 즉, 그는 물을 추가하지 않고 실험을 수행했다. 그는 화성은 건조하다고 주장해왔다. 화성의 생명체는 만약 존재한다면 물 없이 살아남아야 하기 때문에 그의 실험은 물을 제외하고 설계됐다. 대신 그는 토양에 사는 화성의 생물로 추정되는 것이 공기(실험을 위해 화성 공기가 실험 장치에 주입됐다) 중에서 일산화탄소 또는 이산화탄소를 들이마시고 탄소를 함유한 물질을 형성하는지 판단했다. 호로위츠는 방사성 원소를 이용해 일산화탄소와 이산화탄소 분자에 표시를 해서 화성의 생물이 섭취한 분자를 추적했다.

화성의 생물(존재한다면)에게 충분한 시간(활성화되고 CO 및 CO_2와 대사 작용을 일으킬 수 있도록 120시간의 기회가 주어졌다)을 준 뒤에 흙이 들어 있는 공간을 섭씨 635도까지 가열했다. 열을 가해서 더 많은 휘발성 기체가 토양에서 공기 중으로 나오게 해 감지하기 위해서였다. 호로위츠의 기구는 가열 뒤에 배출되는 CO와 CO_2의 방사성 동위원소가 방출하는 복사 에너지를 측정할 것이다. 이들 기체는 화성의 생명체가 섭취하고 분해한 탄소의 양을 판단하는 데 도움을 줄 것이다.

열분해 배출 실험은 탄소가 많은 분자, 즉 유기물을 배출했다. 하지만 결국 호로위츠 팀은 탄소를 함유한 물질은 극도로 높은 온도로 열을 가해도 파괴되지 않으며, 그렇기 때문에 생물학적인 물질이 아니라는 사실을 발견했다. 대신 그들은 이들 물질이 화성의 토양에 원래부터 풍부한 철이 많은 광물과의 화학 반응에 의해 생성된다고 결론 내렸다.

클라인이 전세계에 생물학적 신호와 매우 유사하게 보이는 매우 활동적인 지표면의 물질에 대한 예비적인 단서 이상의 것에 대한 첫 기자회견을 하기 1시간 전에 열린 회의에서 과학 팀은 벌써부터 다른 식의 설명을 놓고 토론하고 있었다.[12] 거기에는 산화물(oxides), 과산화물(peroxides), 초산화물(superoxides) 등 옥시던트(oxidant)라는 지표면 광물이 포함돼 있었다. 이들 합성물은 모두 적절한 환경이 제공되면 화학 반응에서 산소 원자를 포기했고, 따라서 오야마의 실험에서 감지되는 산소 과잉의 원인일 수도 있었다. 마침내 오야마와 그의 동료들은 기체 교환 실험에서 측정된 것 같은 자연적인 배출과 초기에 비축된 산소는 과산화수소 등의 화합물을 포함한 화학 반응이었다는 데 동의했다. 몇 년 동안의 연구실 경험이 그들의 직관에 큰 도움을 줬을 것이었다. 그럼에도 불구하고 생명체를 발견하려는 욕망과 화성의 생명체를 찾을 것이라는 낙관주의, 흥미진진하고 신문 머리기사를 장식할 만한 발견을 대중에게 선물하려는 NASA의 부추김이 합쳐져, 첫 기자회견에서 바이킹 착륙선의 생물학 실험에 관한 결과를 발표하는 방법의 선택에 영향을 미쳤을 것이다. 그들이 과학적인 직관에 귀를 기울였다면, 헤드라인은 훨씬 흥미가 떨어졌겠지만 적어도 오해를 불러일으키지는 않았을 것이다.

바이킹 착륙선에는 공식적으로는 생물학 실험의 일부는 아니었지만 생물학 실험과 매우 밀접하게 관련된 측정을 하는 실험 기구가 하나 더 있었다. MIT의 클라우스 비이만(Klaus Biemann)은 팀원을 이끌고 '가스 크로마토그래프 질량 분석계(Gas Chromatograph with a Mass Spectrometer,

이하 GCMS)'를 만들었다. 화성의 표면 부근에서 탄소를 함유하는 유기 화합물을 감지해 확인하는 것이 목적이었다.

이 실험은 작은 토양 샘플에 열을 가하고 증발시키는 것으로 진행됐다. 토양에는 처음에는 섭씨 50도, 그 다음에는 200도, 350도, 500도로 서서히 열을 가했다. GCMS에 수소 기체를 분사해 기화된 기체를 빈 공간으로 이동시켜 증기에 의해 방출된 빛을 측정한 다음 증기에 있는 입자의 질량을 측정했다. 측정 결과는 이랬다.

"두 곳의 착륙지 중 어느 곳에서도 유기 화합물은 발견되지 않았다."

나프탈렌(naphthalene, C_1OH_8, 좀약의 주요 성분)도 없었고, 벤젠(benzene, C_6H_6, 석탄과 석유의 제조된 유도체)도 없었으며, 아세톤(acetone, C_3H_6O, 지구에서는 자연적으로 발생하는 물질로 동물 지방의 신진대사에 문제가 생길 때 형성된다)도 없었고, 톨루엔(toluene, C_7H_8, 1837년 소나무 수액에서 최초로 증류했으며 용매로 사용된다)도 없었다. 이들 실험은 화성의 토양에는 유기 분자를 합성하는 데 효과가 있는 물질이 아무것도 없다는 사실을 보여주고 있었다. 게다가 탄소를 함유한 운석의 먼지는 꾸준하게 대기를 통해 스며들기 때문에 GCMS는 화성의 토양(또는 자외선과 우주선이 화성의 토양과 상호 작용해)이 화성 표면에 비를 타고 내리는 분자를 파괴하는 데 효과적이라는 사실을 보여줬다. 이 실험의 의미는 분명했다. 일련의 실험에서 유기 화합물이 없다는 사실은 이들 두 곳의 표면 물질 중에서 생물학적·비생물학적 과정에서 나오는 탄소 잔존물이 존재하지 않는다는 것이다."[13]

GCMS 실험은 바이킹 생물학 실험을 이해하고 해석하는 데 결정적이었다. GCMS 실험이 바이킹 이전의 계획에 포함돼 있었다면, 바이킹 생물학 실험은 화성 탐사에 포함되기는커녕 안건에 오르지도 못했을 것이다. 클라인, 호로위츠, 비이만 등이 1992년에 쓴 글을 살펴보자.

> (서로) 멀리 떨어진 두 장소에 유기 화합물이 없는 것은 현재 유기 화합물의 생물학적·비생물학적 합성이 일어나지 않는다는 사실을 보여줬다. 바이킹 미션 도중에 분명해졌던 것은 GCMS 결과가 옳다면(그리고 이것이 사실이라고 믿을 만한 근거가 있다면), 3가지 생물학 실험은 사실상 원래 목적을 상실한 것이었다. 표면에 있는 물질에서 유기물이 있었다는 흔적을 감지하지 못한다면, 두 장소에서 과거의 생명체가 있었을 가능성은 없다.
> 바이킹 미션의 결과는 크리세와 유토피아 두 장소에 생명체가 없다는 사실을 확인해줬다. 두 곳은 위도가 25도 떨어져 있고 행성의 반대편에 있지만, 표면의 화학 성분은 매우 비슷했다. 이런 유사성은 화성의 환경이 형성될 때 극도의 건조함, 낮은 기압, 단파장의 자외선 흐름, 행성 전반의 먼지 폭풍 같은 화성 전반의 힘이 영향력을 발휘했음을 반영한다. 이와 같은 힘은 사실상 화성의 표면 어디에도 생명체가 없다는 사실을 보장하는 것이다.[14]

두 대의 바이킹 착륙선이 화성의 생명체에 대한 단서를 찾지 못했다는 결론은 과학계 대다수의 의견이다. 그러나 만장일치라고는 할 수 없다. 길버트 레빈은 거의 40년 동안 줄곧 자신의 의견을 피력해왔다.

"6,400킬로미터 정도 떨어진 양쪽 착륙 지점에서 수행된 레이블 해제 실험에서 살아있는 미생물의 단서가 나왔다. NASA와 과학자 대다수는 처음부터 무시했다. 이 중대한 프로젝트의 결과는 그 어느 때보다 흥미와 논란을 일으켰다."

자신과 자신의 연구를 제3자의 시각에서 글을 써온 레빈은 2015년 개인 웹사이트에 자신의 과학적 견해를 다음과 같이 요약했다.

"1997년 화성의 레이블 해제 실험 결과와 과학자들이 화성의 환경 조건에 관해 얻어낸 새로운 정보, 지구의 어떤 극한적인 환경에서 생명체가 발견됐는지에 대해 21년 동안 연구한 끝에, 레빈 박사는 레이블 해제 실험이 실제로 화성에서 살아있는 미생물을 발견했던 것이라는 결론을 내렸다고 발표했다." [15]

1976년 바이오스페릭스 사의 길버트 레빈과 그의 동료 퍼트리샤 스트라트(Patricia Straat)는 꾸준하게 레이블 해제 실험이 바이킹 프로젝트에서 조사한 토양 샘플에 생물이 존재한다는 사실을 나타낸다고 주장해왔다. 1979년 〈사이언스〉에 기고한 글에서 그들은 "반대되는 모든 가정에도 불구하고 화성에서 생물학적 활동이 관측됐다는 또 다른 가능성이 남아 있다"고 결론지었다. [16] 10년 뒤 레빈과 스트라트(당시에는 미국국립보건원에서 활동)는 이렇게 썼다.

첫 레이블 해제 바이킹 생물학 실험에서 놀랍게도 긍정적인 반응이 나온 지 10년이 지났다. 하지만 유기 화합물이 발견되지 않자 그 반응은 설득력을 잃어버렸다. 결과적으로 화성의 생명체와 무관하게 레이블 해제 실험을 설명하기 위한 여러 시도가 이어졌다. 과산화수소가 화학 작용제 역할을 했다는 이론이 주도적이었다. 영양분 중 하나와 반응해 생물학적 반응과 유사한 반응이 나타났다는 것이었다. 이 이론은 테스트를 거쳐 틀렸다는 것이 입증됐다. 과산화수소가 실제로 화성에 존재한다는 단서가 없고, 생성된다고 해도 실험에 영향을 미치기 오래 전에 환경에 의해 파괴됐을 것이었다. 우리는 신중하게 모든 비생물학적 이론을 테스트했지만 과학적으로 만족할 만한 이론은 없었다. 우리는 또한 GCMS의 유기물 탐지 감도가 낮아 밀도가 매우 낮은 유기물을 놓쳤을 수도 있다는 사실을 증명했다. 과거의 레이블 해제 데이터와 이전에는 고려되지 않았던 다른 정보(화성에 지의류가 서식할 수도 있다는 것을 암시하는 바이킹 착륙선의 영상과 스펙트럼 데이터 등을 포함)를 합치면 레이블 해제 실험에서 실제로 화성의 생명체를 감지했을 가능성이 높아졌다는 결론을 내릴 수 있다는 것이 우리의 주장이다.[17]

바이킹 데이터에 대한 레빈의 해석이 일반적인 해석과는 동떨어져 있긴 하지만, 2010년 멕시코국립자치대학교의 라파엘 나바로-곤잘레스(Rafael Navarro-Gonzalez)와 NASA 에임스연구센터의 크리스 맥케이(Chris McKay)가 칠레의 아타카마(Atacama) 사막(고도가 4,000미터로 매우 높고 건조하다)에서 가져온 흙 한줌으로 실험을 하면서 레빈의 견해에 도움이 되는 사실이 나타났다. 매우 반응을 잘하고 산화를 잘 일으키는 염소와 산소로만 이뤄진 화학물질인 과염소산염(perchlorate, 음이온 ClO_4)을 흙에 섞고 샘플을 가열하자, 과염소산염이 흙 속에 있던 다른 물질과 반응하면서 생성된 2가지 화합물 클로로메탄(chloromethane, CH_3Cl)과 디클로로메탄(dichloromethane, CH_2Cl_2)을 발견할 수 있었다.[18]

새롭게 생성된 이들 2가지 화합물에는 모두 과염소산염에는 없는 탄소와 수소 원자가 있었다. 염소 원자는 당연히 과염소산염에서 나온 것이었다. 탄소는 어디에서 나온 것일까? 탄소 원자는 분명히 토양에 이미 존재했던 탄소를 함유한 분자에서 온 것이 틀림없었다. 즉, 클로로메탄과 디클로로메탄의 생성은 아타카마 사막의 흙에 유기물이 존재한다는 간접적인 증명인 것이었다.

하지만 이 부분에서 신중해야 한다. 탄소를 함유한 분자는 정의에 따라, 전부는 아니지만 거의 모두 유기 분자다. 유기 분자는 반드시 탄소를 함유해야 하지만, 탄소가 함유된 모든 분자가 유기물은 아니다. 유기물이 되려면 탄소를 함유한 화합물에 수소와 결합된 탄소가 있어야 한다. SiC(silicon carbide, 탄화규소), WC(tungsten carbide, 탄화텅스텐), CO(일산화탄소) 등은 탄소를 함유한 분자이지만 유기물이 아닌 게 그 예다. 유기물 분자가 있다고 해서 반드시 생명체가 존재한다는 단서가 되는 것은 아니다. 유기물 분자는 탄소와 수소가 존재하는 환경이면 어디서나 존재할 수 있기 때문이다. 게다가 탄소는 아타카마 사막의 흙에 들어 있던 광물에 흡수된 대기 중의 이산화탄소나 일산화탄소에서 나왔을 수도 있다.

화성과 바이킹 생물학 실험과의 연관성은 다음과 같다. 1976년 바이킹 1호는 15피피비(ppb, 1피피비는 10억 분의 1) 수준 농도의 클로로메탄을 감지했고, 바이킹 2호는 2~40피피비 수준의 디클로로메탄을 감지했다. 이들은 나바로-곤잘레스와 맥케이가 아타카마 사막의 흙을 이용해 진행했던 실험에서 발견한 두 화합물과 동일한 것이다. 바이킹 팀은 클로로메탄과 디클로로메탄을 감지한 것 모두 지구의 오염물질 때문이라고 전했다.

행성과학자들은 발사하기 전에 지구의 기체가 탐지실과 호스에 스며들지 않게 하려고 수고를 아끼지 않지만, 지구의 대기에서 화성에 가려고 몰래 숨어든 분자를 완전히 제거하지는 못했다. 두 대의 바이킹 착륙선이 지구에서 이들 2가지 화합물을 데려온 것이라고 바이킹 호의 과학자들은 말했다. 그러나 이제 나바로-곤잘레스와 맥케이는 실험실에서 아타카마 사막의 흙으로 실험해 반대의 결과를 입증했다고 생각한다.

레빈은 NASA의 피닉스 착륙선이 2008년 5월 25일 화성의 최북단에 착륙하자 가능한 지지선을 하나 더 확보했다. 피닉스는 그곳에서 화성의 겨울에 무릎을 꿇을 때까지 약 5개월 동안 운영됐다. 피닉스는 로봇 팔을 이용해 얼어붙은 흙을 긁어모아 선상에서 테스트를 시행했다. 피닉스 착륙선은 과염소산염이 화성의 토양에 용해된 소금 안에 0.4~0.6퍼센트 수준으로 존재한다는 사실을 발견했다.[19] 우주생물학의 관점에서 볼 때 이 발견은 아타카마 사막 실험과 결합하면 엄청나게 중요해진다. 나바로–곤잘레스와 맥케이는 이런 조각들을 모두 끼워 맞추면 바이킹 호가 감지했던 클로로메탄과 디클로로메탄은 순수한 화성의 화학물질에서 나온 것일 수도 있다고 주장했다.

화성의 과염소산염은 화성의 토양에 있는 유기물 분자와 반응해 바이킹 1호와 바이킹 2호가 탐지한 클로로메탄과 디클로로메탄을 산출할 수도 있었다. 과거에 GCMS 실험에서 도출된 결론은 틀린 것일 수도 있다고 그들은 주장한다. 만일 그렇다면 레빈의 레이블 해제 실험의 결과가 화성의 생명체가 존재한다는 것을 증명할 수도 있다. 화성에 유기물 분자가 존재한다는 사실이 화성에 생명체가 존재하거나 존재했다는 사실을 증명하지는 않지만, 크리스 맥케이는 유기물 분자에 생물학을 연결해 결론을 도출했다.

"유기물 분자의 일부가 사실은 생체지표일 가능성이 있다."[20]

11

뜨거운 감자

텍사스 휴스턴에 있는 존슨우주센터(Johnson Space Center)의 남극 운석 연구실 실장 로버타 스코어(Roberta Score)는 1984년 연말 동안 남극에서 운석을 찾고 있었다. 그녀는 캘리포니아대학교 로스엔젤레스 캠퍼스(UC LA)에서 지질학을 전공한 뒤 1978년 NASA에 채용돼 이 운석 연구실을 준비해 운영하는 일을 도왔다. 1960년대 말과 1970년대 초에 NASA는 아폴로 우주인들이 달의 표면에서 수집한 돌과 흙 381킬로그램을 조심스럽게 관리하고 저장하는 방법을 알아냈다. 연구소는 미국과학재단 남극 운석 탐색 프로그램의 도움으로 기존의 달 암석 수집품에 훨씬 더 먼 외계에서 온 암석을 추가하고 있었다. 남극의 푸른얼음에서 수집한 새것 같은 운석으로, 수천 수백만 년 전에 떨어진 후 눈 속에 파묻혀 얼음 속에서 보존돼 있다가 결국 움직이는 빙하와 바람 때문에 외부에 드러난 것이었다.

스코어를 비롯한 1984~1985년 수집 팀원 존 슈트(John Schutt), 칼 톰

남극에 있는 운석을 찾아오는 임무를 받은 캐서린 킹프레이저는 미국과학재단의 후원을 받는 1984~1985년 연구 팀의 팀원으로, 1984년 12월 초 거센 바람이 불어오는 앨런 힐스 메인 아이스 필드(Allan Hills Main Ice Field)를 가로질러 걷고 있다. ALH 84001 운석은 운석 탐사 팀원 로버타 스코어에 의해 같은 달 이 장소에서 50~60킬로미터 정도 떨어진 곳인 앨런 힐스 파 이스턴 필드(Allan Hills Far Western Ice Field)에서 발견됐다. _Roberta Score.

슨(Carl Thompson), 스콧 샌드퍼드(Scott Sandford), 밥 워커(Bob Walker), 캐서린 킹−프레지어(Catherine King−Frazier) 등은 남극의 추위를 피해 텐트에서 지내고 있었다. 그들은 스노모빌을 타고 위험한 지역을 가로지르며 크레바스에 빠지거나 동상에 걸려 손가락이나 코가 잘리지 않도록 주의하면서 부지런히 일하고 있었다.

로버타 스코어는 운석을 찾아 남극을 뒤지고 다니는 것은 아이들 놀이가 아닌 극한 스포츠 같은 것이라는 사실을 금세 깨달았다. 하지만 과학계에서 이들 운석은 하늘에서 떨어진 선물과도 같았고, 찾아내기가 힘들기는 했지만 충분히 감수할 가치가 있었다.

12월 27일 스코어는 운 좋게도 운석이리라고 올바르게 추측되는 녹색을 띤 회색빛의 기이한 모양의 돌을 발견했다. 그녀가 마치 감자처럼 생긴 돌을 남극의 얼음에서 들어올리자 지구가 움직였다(비유적으로 표현해 그렇다는 말이다). 12년 뒤에 아이디어를 폭발적으로 내놓을 때까지 그녀가 방출한 충격파는 점점 에너지가 커져갔다. 훗날의 폭발은 천문학, 생물학, 지질학, 지구물리학, 행성과학 등 차분한 세상에 파문을 일으키며 모든 원칙을 극적으로 바꿔놓았다.

태양이 지지 않는 밤이 지나 아침이 오긴 했지만, 지독하게 추웠던 그날 아침 로버타 스코어는 맨손이 운석에 닿아서 운석이 오염되지 않도록 조심했다. 수집 팀원들의 도움을 받아 그녀는 검정색 막이 덮인 특이하게 생긴 이 암석을 NASA가 제공한 청정 봉투(clean bag)에 집어넣고 테이프로 밀봉했다. 몇 달이 지난 뒤, 휴스턴에 돌아와 있던 그녀는 남극에서 수집한 운석마다 번호를 붙이는 일을 해야 했다. 스코어는 먼저 가장 좋아하는 운석을 꺼냈다. 그 운석을 가장 좋아하는 이유는 초록색이기 때문이었는데, 일반적으로 운석은 초록색이 아니었다. 하지만 놀랍게도 실험실 조명에서 볼 때는 회색에 가깝게 보였다. 그녀는 꼬리표를 달고 001이라는 번호를 매겼다.

스코어의 녹색 암석이 1984~1985년 남극 운석 사냥 시즌에서 최초로 발견한 암석은 아니었지만, 휴스턴의 업무로 복귀하면서 꼬리표를 붙인 최초의 암석이 됐다. 그 과정에서 그녀는 앞으로 10년 동안 '지구에서 가장 유명한 돌'이라는 타이틀을 놓고 로제타스톤과 경쟁할 운석에 이름을 붙인 것이다. 1984년 남극의 앨런 힐 지역에서 수집한 수천 년 전에 하늘

존슨우주센터의 실험실에서 촬영된 화성의 운석 ALH 84001. 크기를 비교하면 우측 하단에 있는 검정색 작은 정육면체의 한 변은 1센티미터다. 운석의 외부 중 일부는 검은색 융해지각으로 덮여 있다. 반면 내부는 초록색을 띤 회색이다. _NASA, Johnson Space Center.

에서 떨어진 로버타 스코어의 돌은 현재 ALH 84001이라는 이름으로 알려져 있다. 그녀에게 경의를 표하기 위해 그녀가 이 돌을 발견했던 다윈(Darwin) 산의 메테오라이트 힐스(Meteorite Hills) 지역은 이제 '스코어 봉우리(Score Ridge)'라는 이름이 붙었다.[1]

존슨우주센터에 있는 NASA의 남극 운석 수집실로 들어가는 모든 운석이 같은 과정을 거치는 것처럼, 한 기술자가 ALH 84001 0.5그램을 조심스럽게 얇게 잘라내 그 조각을 워싱턴 DC에 있는 스미소니언 자연사 박물관으로 보냈다. 스미소니언에서는 한 운석 전문가가 ALH 84001 조각으로 간단한 조사를 수행한 다음 운석 분류 체계에 맞게 카테고리를 할당했다. 이런 피상적인 조사가 남극에서 수집된 모든 운석에 대해 수행되면 그 기록은 〈남극 운석 뉴스레터(Antarctic Meteorite Newsletter)〉에 실리고 전세계의 운석학자들이 업데이트 목록 중 자신의 연구실에서 추가적으로 연구할 가치가 있는 운석이 있는지 판단한다.

ALH 84001에 로버타 스코어가 001이라는 번호를 붙였고, 초록색 운석은 흔하지 않았기 때문에 이 운석이 휴스턴에 도착했을 때 특별대우를 받았다. ALH 84001의 얇은 조각 역시 스미소니언에 있는 글렌 맥퍼슨(Glenn MacPherson)의 실험실에 나타났을 때 우선적으로 처리됐다. 하지만 ALH 84001의 작은 조각을 조사한 글렌 맥퍼슨은 이 운석이 특별히 흥미로운 물체가 아니라는 것을 곧 알아차렸다. 그는 어느 날 ALH 84001이 세계적으로 유명해지게 된 최초의 중요한 단서를 발견했다. 그 돌은 원래 화산에서 생성된 화성암(火成巖, igneous rock)이었다.

ALH 84001은 다른 작은 암석들처럼 오래된 암석에서 떨어져 나온 것이다. ALH 84001가 떨어져 나온 ALH 84001보다 크고 오래된 암석은 암석을 생성했던 전구체(前驅體, precursor)를 녹일 만큼 온도가 높은 환경에서 생성됐을 것이다. 마그마와 용암은 가장 큰 소행성과 같거나 큰 태양계의 천체에서만 존재할 수 있다. 큰 천체만이 알루미늄(aluminum), 포타슘(potassium), 토륨(thorium), 우라늄(uranium)의 동위원소와 같은 방사성 광물이 붕괴할 때 충분한 열을 생성해 그 열을 표면에서 화산 활동이 일어나거나 표면 아래 깊은 곳에서 마그마의 활동이 일어날 정도로 내부 온도가 상승하도록 오랫동안 가둬놓을 수 있다. 커다란 부모 암석의 깊은 곳에서 천천히 식는 화성암을 형성하는 운석을 '디오제나이트(diogenite)'라고 한다. ALH 84001은 그런 환경에서 태어난 디오제나이트다.

1984년 알려진 모든 디오제나이트가 주로 생성된 곳이라 여겼던 천체는 베스타(Vesta)였다. 직경 약 525킬로미터인 베스타는 소행성대에서 세레스(Ceres) 다음으로 크기가 큰 소행성이다. 베스타의 크기 때문에 행성과학자들은 베스타가 생성된 직후인 태양계의 초기에 베스타 내부 깊은 곳에 묻혀 있던 방사성 물질, 주로 불안정한 상태에 있는 알루미늄 동위원소 알루미늄−26이 붕괴해 열을 배출했고, 그래서 베스타 내부에서 녹았을 것이라 확신하고 있다. 결과적으로 환원된 철, 즉 화학적으로 산소에서 떨어져 나온 철은 마그마를 통해 베스타의 중심에 도달해 철이 풍부하고 산소가 부족한 핵을 형성할 때까지 아래로 내려간다. 거기에 더해 중력이 베스타의 부드러운 내부를 통해 철을 아래로 끌어당겨 철과 결합하기 쉬운 원소를 함께 데려간다. 이와 동시에 가볍고 암석을 좋아하는 원소는 베스타의 표면으로 올라간다. 위로 올라가 굳어져 맨틀과 베스타의 외피를 형성한 현무암질 용암은 ALH 84001과 같은 화성(火成) 운석의 재료가 됐을 것으로 추정된다.

물론 태양계에 있는 천체 중에 베스타보다 큰 천체, 예컨대 지구의 달 또는 지구를 닮은 행성인 수성, 금성, 화성 등도 내부에서 융해가 일어나는 곳으로, 대류 현상에 의해 가벼운 마그마는 위로 올라가고 표면에는 화산 활동이 일어난다. 따라서 이런 천체 역시 현무암질 운석이 생성되는 원천일 수 있다.

운석이 태양계 안에 있는 대형 물체에서 오려면 몇 가지 일이 일어나야 한다. 먼저 상당한 크기의 소행성이 위성이나 행성 표면에 떨어지고, 그 충격으로 생긴 일부 잔해가 높은 속도로 멀쩡하게 표면에서 위로 튀어 올라야 한다. 일부 잔해가 표면에 부딪힌 충격으로 행성의 대기(행성에 대기가 있다면)에 구멍이 났을 것이다. 그리고 행성의 중력에서 벗어나기 위해 충분히 높은 탈출 속도(escape velocity)로 움직이며 대기 위로 나타날 것이다.

금성의 대기는 밀도가 높고 탈출 속도 또한 초속 10.4킬로미터로 높아서 거의 지구와 비슷하다(지구의 탈출 속도는 초속 11.2킬로미터). 운석이 밀도가 높은 금성의 대기를 뚫고 탈출 속도보다 높은 속도로 빠져 나와 지구의 표면에 떨어질 가능성은 거의 없다. 지금까지 우리는 금성에서 온 운석의 존재는 알지 못한다.

수성에는 대기가 없으며 탈출 속도(초속 4.3 킬로미터)는 금성보다 상당히 낮다. 수성에는 실질적인 대기가 없는데도 운석이 수성에서 지구로 오려면 역시 태양의 중력이 당기는 힘과 싸워 태양 밖을 향해 수성의 궤도에서 지구의 궤도로 가야 할 것이다. 태양 근처에서 지구에 가기 위해 9,100만 킬로미터를 상승해야 하는 일은 심각한 에너지 문제에 봉착하게 된다. 금성과 마찬가지로 우리가 수집한 운석 중에는 수성에서 온 것은 없다(이의가 제기되고 있지만 2012년 모로코 남부에서 발견된 NWA 7325라는 45억 년 된 운석은 수성에서 왔을지도 모른다).[2] 결과적으로 1984년 행성과학계는 수성이나 금성 모두 화성암 운석이 온 곳이 아니라고 판단했다.

반면 달과 화성은 모두 운석이 온 곳일 가능성이 있다고 여겨졌다. 두곳 모두 탈출 속도가 낮았고, 대기가 없거나(달) 얇았으며(화성), 상대적으로 지구와 가까웠다. 하지만 1980년대 초에 운석 수집품 목록에 두 곳에서 온 운석이 없다는 사실은 반대의 가능성을 암시했다.

운석과 관련해 중대한 발견이 1982년 1월 18일에 있었다. 워싱턴 주 스포캔(Spokane)에 사는 존 슈트(John Schutt)는 남극에서 운석을 찾는

1981~1982년 탐색 팀에 팀장으로 참가해 특이한 모양의 무게 31그램짜리 돌을 발견했다. 지금은 ALH 81005로 알려진 이 암석은 달에 있는 암석과 비슷했다. 1983년까지 운석학자 몇 사람이 이 표본은 의심할 여지없이 달에서 온 운석임을 확인했다.

마침내 운석이 달의 중력을 벗어나 지구까지 올 수 있음을 행성과학계가 확인한 것이다. 그럼에도 불구하고 ALH 84001은 달에 있는 암석을 ALH 81005만큼은커녕 조금도 닮지 않았고, 현장에서는 실제 운석이 존재하는지가 단서라는 점에서 보면 화성에는 지구로 올 운석이 없거나 오지 못한다는 사실을 보여주고 있었기 때문에, 1984년에도 여전히 디오제나이트는 모두 베스타에서 온 것일 가능성이 가장 높았다.

베스타는 유리한 점이 더 있었다. 천문학자들이 관측하는 베스타의 표면에서 반사된 햇빛의 스펙트럼은 화산에서 생성된 것으로 알려진 운석에서 반사된 빛의 스펙트럼을 연구하는 운석학자의 연구실 실험 결과와 매우 유사하게 보였다. 반대로 다른 종류의 운석에서 반사된 빛의 스펙트럼은 베스타의 스펙트럼과 비슷하지 않았다. 아울러 다른 소행성에서 반사된 빛의 스펙트럼은 베스타의 디오제나이트의 스펙트럼과 일치하지 않았다. 베스타와 이들 운석은 독특한 조합이었다. 다른 어떤 운석도 베스타와 좋은 짝이 될 수 없었다. 그리고 다른 어떤 운석도 이들 운석과 좋은 짝이 될 수 없었다. 이들 실험 결과는 모두 베스타가 화성암에 기원을 두고 있는 모든 운석이 온 곳일 가능성이 높다고 강하게 암시하고 있었다. 이 결과가 논란을 불러일으키지는 않았다. 오히려 행성 과학계가 우리가 수집한 운석을 어떻게 이해해야 하는지에 대한 폭넓은 공감대를 구성하는 데 일조했다.

ALH 84001에서 떨어진 작은 돌조각이 스미소니언에 도착했을 때 맥퍼슨은 특별히 어려운 일이라고 생각하지 않았다. 그는 고민 없이 곧 ALH 84001을 디오제나이트로 분류했다. 디오제나이트 ALH 84001은 특별하다기보다는, 베스타에서 왔다고 추정되는 1,000개에 가까운 운석 가운데 하나일 뿐이었다.*

이후 무관심 속에서 연구되지 않았던 ALH 84001은 1988년 록히드마틴(Lockheed Martin) 엔지니어 출신으로 NASA에서 일하던 지구화학자 데이비드 미틀펠트(David Mittlefehldt)에 의해 다시 연구되기 시작했다. 그는 베스타에서 온 것으로 추정되는 운석들을 연구하던 참이었다. 미틀펠트는 전자 현미분석기(electron microprobe)라는 기기를 이용했다. 이 기기는 전자선을 이용해 연구 중인 미세한 시료에 충격을 가했다. 비파괴적으로 시료에 들어 있는 원자들로 하여금 X선을 방출하게 하는 기법이었다. 방출된 X선의 에너지로 현재 연구 중인 물질의 원자가 어떤 상태인지 진단하는 것이었다.

1990년까지 미틀펠트는 그의 기기를 이용해 ALH 84001에서 나온 X선이 베스타에서 온 것으로 추정했던 운석 조각들의 X선과 일치하지 않는다고 판정했다. 당시에는 이해하지 못했지만 명백하게도 ALH 84001은 근본적인 방식에서 다른 모든 디오제나이트와 차이가 있었다. 3년 동안 더 아이디어를 고민하고 이런 차이에 대한 합리적인 설명을 찾으려고

---

* 운석학회는 383가지의 운석이 디오제나이트라고 밝히고 있다. 대부분 광물질 사방휘석(斜方輝石)으로 구성된 현무암질 운석이다. 그리고 유크라이트(eucrite)로 알려진 운석 279가지와 하워다이트(howardite)로 알려진 운석 329가지 역시 베스타에서 온 것으로 여겨진다.

노력한 끝에 그는 해답의 일부를 알아냈다. 다른 디오제나이트들은 모두 베스타에서 왔지만 ALH 84001은 아니었던 것이다. 물론 ALH 84001이 베스타가 아닌 곳에서 왔다는 것은 단지 새로운 미스터리를 만들어낼 뿐이다. 태양계의 다른 어떤 곳, 마그마가 나오고 내부 깊은 곳에서 그 물질을 서서히 식힐 만큼 커다란 천체 어느 곳에서 ALH 84001이 태어났을까?

암석을 구성하는 원자가 무엇인지 말해주는 ALH 84001의 X선 스펙트럼은 지문과 같은 것이다. 미틀펠트는 이미 과거에 특이한 운석의 X선 특성을 측정했던 다른 운석학자가 발표했던 연구의 도움을 받았다. 그는 ALH 84001의 특성과 소수의 다른 운석의 원자 특성과 일치하며, 그 다른 운석이 베스타에서 온 디오제나이트가 아니라는 사실을 발견했다. 놀라운 점은 X선의 특징이 ALH 84001과 일치하는 운석들이 모두 화성에서 온 암석이라는 것이었다. 미스터리가 풀렸다. ALH 84001은 베스타에서 온 것이 아니라 화성에서 온 것이었다. 하지만 화성에서 온 다른 운석과는 달랐다.

1993년 시카고대학교의 운석학자 로버트 클레이튼(Robert Clayton)은 암석 내부의 산소 동위원소를 분석해 이 운석이 어디에서 왔는지 확인했다.[4] 클레이튼은 1973년에 산소의 안정적인 세 동위원소 산소-16, 산소-17, 산소-18의 비율이 우주화학에서 어마어마하게 중요하다는 사실을 발견했다. 다시 말해 동위원소를 이용하면 암석 샘플이 태양계 어느 곳에서 왔는지 알아낼 수 있었고, 태양과 태양계가 생성되기 전 산소의 동위원소가 어떤 사건에 의해 생성됐는지도 알아낼 수 있었다. 클레이튼은 1980년 캐나다 왕립학회, 1981년에는 영국 왕립학회, 1996년에는 미국 과학아카데미 회원으로 선정됐다. 로버트 클레이튼이 운석의 산소 동위원소 비율을 바탕으로 ALH 84001의 기원이 화성이라는 사실을 확인해준다는 것은 로마 가톨릭 신앙에서 교황의 은총을 받는 것과 비슷한 일이었다.

산소의 동위원소란 무엇일까? 산소 원자는 원자핵에 언제나 8개의 양으로 하전된 양성자를 가지고 있으며, 또한 일반적으로 8개의 하전되지 않은 중성자를 가지고 있다. 이 같은 원자를 산소-16(^{16}O)라고 한다. 하지만 안정된 산소 원자는 또한 9개(^{17}O) 또는 10개(^{18}O)의 중성자가 8개의 양성자와 원자핵을 공유할 수 있다. 이른바 표준 해수(Standard Mean Ocean Water, 이하 SMOW) 존재비를 통해 지구에서 ^{16}O 원자(99.76퍼센트)의 ^{17}O 원자(0.039퍼센트)와 ^{18}O 원자(0.201퍼센트)와의 상대적 비율은 잘 알려져 있다. 게다가 증발(액체 형태로 남아 있는 것은 무거운 동위원소일 때 농도가 높은데, 무거운 동위원소에 더 강한 인력이 작용하기 때문이다)이나 화학적 결합(무거운 동위원소가 가벼운 동위원소보다 강한 결합을 한다)과 같은 질량 의존적인 과정의 결과 변화하거나 나뉠 수 있다는 사실은 잘 알려져 있다.

지구상의 물은 어떤 환경에 있으나 SMOW 존재비에 대해 편차를 갖는다. SMOW 존재비는 지구가 생성될 때 지구를 구성했던 태초의 물질에 존재했던 동위원소의 존재비로 결정되는 최초의 SMOW 값과 직접적인 관계가 있다. 이와 같은 편차를 ^{18}O 값의 편차와 ^{17}O 값에서의 편차를 한 그래프에 점으로 표시하면, 지구의 모든 물은 지구 분별선(terrestrial fractionation line)으로 알려진 단일한 직선으로 표현될 것이다. 이 지구 분별선은 지구와 달이 똑같다. 이는 둘이 동일한 최초의 물질에서 생성됐다는 사실을 말해준다. 하지만 화성이나 목성, 다양한 형태의 운석은 자신만의 고유한 산소 동위원소 분별선이 존재한다. 일단 알려지고 이해가 되면 이런 동위원소 비율은 행성과 운석의 기원에 대한 고유한 서명이된다. 사실상 어떤 암석의 고향 행성(위성 또는 소행성)이 어디인지 식별하는 지문인 것이다.

1985년 어떤 행성과학자도 아직 다른 행성에서 온 운석들의 정체를 알아내지 못했을 때 미네소타대학교의 로버트 페핀(Robert Pepin)은 1975년 바이킹 착륙선이 처음 측정한 것과 같은[5] 화성 대기에 존재하는 희귀기체의 상대적 비율과 EETA 79001[6]으로 알려진 운석 기포에 갇힌 동일한 기체의 상대적인 양 사이에 1 대 1 상관관계가 있다는 사실을 밝히는 주목할 만한 연구 결과를 발표했다. EETA 79001은 ALH 84001과 마찬가지로 남극에서 발견된 운석인데, 1979년 엘리펀트 모레인(Elephant Moraine) 지역에서 수집됐다.

페핀은 EETA 79001에 있는 기포에서 크세논-132, 크립턴-84, 아르곤-36, 아르곤-40, 네온-20, 질소분자(N_2), 이산화탄소 등의 상대적인비율이 화성 대기에서 바이킹 호가 발견한 기체의 비율과 차이가 없음을알게 됐다. 사실상 완벽하게 일치했다.

어떻게 화성을 빠져 나와 태양계를 건너 지구에 있는 남극에 도착해 그곳에서 수천 년 동안 조용히 운석 수집 팀이 딱지를 붙이기를 기다리고있었을까? 이런 질문은 던질 만한 가치가 있긴 하지만, ALH 84001에 중요한 정보는 EETA 79001이 어떻게 화성을 떠나 지구에 갔는지가 아니다. 결정적인 데이터는 언제 EETA 79001이 화성을 떠났는지, 언제 화성 대기에 있는 기체를 운석에 있는 기포 속에 가두고, 수백만 년 동안 기포를 보호하며 화성에서 지구로 이동하는 데 성공했는가 하는 것이다.

EETA 79001은 우리가 어떤 운석이 화성에서 온 것인지 테스트하는 데 기여했다. 특정 운석 안에 있는 기포에 갇힌 기체를 분석함으로써 화성의 대기와 비교하는 법을 이해하는 것이다.

ALH 84001의 경우 로버타 스코어의 암석은 그 안에 갇힌 작은 기포가 있었고, 그 기포에 갇힌 기체의 원자의 동위원소의 특성은 화성 대기에 있는 기체와 동일했다. 그랬다. ALH 84001은 그때 이런 방법으로 이미 화성에서 온 것으로 알려진 소수의 운석과 비슷하다는 사실을 알게 됐다. 그 운석들 역시 내부에 갇힌 화성의 기체가 있었기 때문이다. 따라서 ALH 84001이 화성에서 왔다는 사실은 확고해졌고 논쟁의 여지가 없어졌다.

화산에서 온 소수의 운석들 중에서도 ALH 84001은 다른 운석과는 달랐다. 화성에서 온 소수의 암석에는 셔고타이트(Shergottite), 나클라이트(Nakhlite), 차시그나이트(Chassignite) 등이 있다(이들을 합해서 SNC라고 한다).

셔고타이트는 현재는 셔가티(Sherghati)로 불리는 인도 북동부의 셔고티(Shergotty)를 딴 것으로 1865년 그곳에 떨어졌다. 100여 개가 넘는 셔고타이트가 남극, 캘리포니아, 리비아, 알제리, 튀니지, 말리, 모리타니아, 나이지리아, 오만 등지에서 수집돼 확인됐다. 가장 큰 것은 8.5킬로그램이 넘었고 가장 작은 것은 4.2그램에 불과했다.

나클라이트는 1911년 6월 28일 이 운석이 떨어졌던 이집트 알렉산드리아 남동쪽 40킬로미터 지점에 있는 담배 재배지 나클라(Nakhla) 마을의 이름을 딴 것이다. 40가지 개별적인 조각으로 구성된 나클라이트는 어느 농부가 연기꼬리와 함께 하늘에서 폭발이 있었고, 하늘에서 떨어진 암석 파편에 개가 한 마리 죽어 있었다고 처음으로 신고하면서 발견됐다. 그후 인터뷰를 마친 이집트 측량부는 개 이야기는 상상한 것 같다고 결론 내렸다. 나클라 마을의 개는 (아마도 여전히) 운석에 맞아 사망한 몇 안 되는 동물이다.* 총 18개의 나클라이트가 알려져 있는데, 1931년 인도에서 발견된 라파예트(Lafayette) 운석, 1958년 브라질에서 발견된 고베르나도르 발라다레스(Governador Valadares) 운석 그리고 남극, 모로코, 모리타니아 등지에서 지난 20년 동안 발견된 소수의 다른 운석 등이 있다. 가장 큰 나클라이트는 13.71킬로그램이고, 가장 작은 것은 7.2그램이다.

차시그나이트는 차시그니(Chassigny)라는 프랑스 북동부의 아주 작은 마을 이름을 딴 것으로, 운석이 떨어진 해는 1815년이었다. 다른 차시그나이트는 2개만 확인됐는데, 둘 다 아프리카 북서부에서 발견됐다.

SNC는 모두 약 13억 년 전에 화성의 표면에 녹아 있던 상태에서 생성됐다. 이와는 대조적으로 ALH 84001은 41억 년 전에 화성 내부에서 생성됐으며 화성의 나이와 비슷하다.[7] 화성이 생기고 나서 거의 비슷한 시기에 생성된 ALH 84001은 어떤 암석이든 화성을 비롯한 태양계 행성에 생성할 수 있을 만큼 온도가 낮았다. 갑자기 어떤 행성에서 온 태양계에서 가장 오래된 암석(탄소질 콘드라이트로 알려진 몇몇 운석이 약간 더 오래되긴 했지만 행성에서 온 것은 아니었다)이자 화성에서 온 암석이 된 ALH 84001

---

* 운석에 의한 사망으로 보고된 사례(모든 사건에 증거가 있는 것은 아니지만)에는 1825년 인도의 한 남자, 1836년 브라질의 소, 1860년 미국 오하이오 주의 말 한 마리, 1907년 중국의 한 가족 전체(증거는 없다), 1911년 이집트의 나클라 마을의 개, 1929년 유고슬라비아의 결혼피로연에 참석한 한 남자, 1908년 시베리아의 퉁구스카 대폭발로 사망한 수백 마리의 순록 등이 있다.

은 뜨거운 감자가 되어 전세계에서 온 운석 전문가들이 연구용으로 한 조각이라도 가져가려고 했다.

1996년 8월 7일 ALH 84001은 세계에서 가장 흥미롭고 논쟁을 유발하는 암석이 됐다. 그날 데이비드 맥케이(David McKay), 에버레트 깁슨 2세(Everett Gibson, Jr.), 캐시 토머스-케플타(Kathie Thomas-Keprta) 등 존슨 우주센터에 적을 두고 있는 과학자들과, 스탠퍼드대학교의 화학자·물리학자이자 미국 과학아카데미 회원인 리처드 제어(Richard Zare)가 워싱턴 DC에서 열린 NASA 후원 기자회견에 9명의 공동 저자로 구성된 팀을 대표해 나왔다.

그들은 〈사이언스〉에 논문을 발표하는 중이었는데, NASA는 그 내용이 지금 나와 있는 팀이 자신들이 주최한 기자회견을 통해 세상에 알릴 만한 가치가 있다고 밝혔다. 논문에서 이들은 ALH 84001이 고대 화성에 생명체가 존재했음을 강력히 암시하는 화석이라는 단서를 발견했다고 주장했다.[8]

"비유기물의 생성일 가능성도 있지만, 생명 유지 과정에 의한 구상체(球狀體, globule)의 생성은 관측된 특징의 많은 것을 설명할 수 있다. 여기에는 PAH도 포함된다(PAH에 관해서는 이 장 뒷부분에서 정의하고 논의할 것이다). PAH, 탄산염 구상체와 관련된 부차적인 광물 단계와 질감은 과거 화성 생물 유해의 화석일 수 있다."

운하, 엽록소, 지의류, 신턴 영역 등의 단서는 옳건 그르건 화성의 생명체에 대한 간접적인 단서일 뿐이었지만, 그와는 달리 기자회견과 그들이 발표한 논문에서 맥케이 팀은 그들이 화성 생명체의 화석이라고 주장하는 물체의 사진(그림이 아니라 사진이다)을 보여주고 있었다. 가정은 필요

없었다. 이 발견이 진짜라면 단연 경이적인 세기의 발견이었다.

맥케이, 깁슨, 토머스-케플타, 제어가 발표한 단서가 옳다면 어떻게 화성에서 생명이 발생했을까? 생명은 지구와 화성 모두에서 독립적으로 출현할 수 있다. 아니면 화성에서 먼저 나타난 생명체가 소행성이 화성과 충돌할 때 지구로 옮겨갈 수도 있다. 그 충돌로 생명체를 태운 운석이 화성을 벗어나 태양 주위를 도는 궤도에 진입했다가 수백만 년 뒤 지구로 떨어진 것이다.

맥케이 팀이 보고한 발견은 NASA가 신중하게 기획하고 조율한 빌 클린턴(Bill Clinton) 대통령의 특별 언급을 받아도 될 만큼 중요한 것이었다. NASA의 기자회견이 시작하기 직전 백악관 남쪽 잔디밭에서 클린턴은 전세계를 향해 이렇게 말했다.

우리가 어떻게 이런 발견을 하게 됐는지 숙고하는 일은 충분히 그럴 만한 가치가 있습니다. 적어도 40억 년 전 이 암석 조각은 화성이 생성됐을 때부터 표면의 일부였습니다. 수십억 년이 지난 뒤 표면에서 떨어져 나와 1,600만 년 동안 우주를 여행하다 마침내 이곳 지구에 도착했습니다. 이 암석 조각은 1만 3,000년 전 유성우와 함께 도착합니다. 그리고 1984년 해마다 열리는 남극에서 유성을 찾는 미국 정부의 프로젝트에 참여한 어느 미국인 과학자가 발견해 연구하게 됩니다.

어울리게도 그 암석은 그 해에 최초로 수집된 것이었고, ALH 84001이라는 이름이 붙습니다. 오늘 수십억 년의 시간과 수백만 킬로미터의 거리를 가로지른 ALH 84001은 우리에게 말합니다. 생명의 가능성에 대해 말합니다. 이 같은 발견이 확인된다면 이 발견은 과학이 지금까지 밝혀낸 우리 우

주에 대한 통찰 가운데 가장 놀라운 것이 분명합니다. 이 발견의 영향은 상
상할 수 있을 만큼 원대하고 장엄할 것입니다. [9]

그런데 클린턴 대통령의 언급에는 몇 가지 실수가 있었다. 남극에서 미
국의 과학자가 찾고 있던 것은 유성이 아니라 운석이었다. 그리고 ALH
84001은 1984년 최초로 수집품 목록에 올라간 것이지 처음으로 수집된
운석은 아니었다. 하지만 그는 경외감과 감동과 발견의 중요성을 국민에
게 더 이상 잘할 수 없을 만큼 잘 전달했다.

맥케이의 발견은 NASA의 우주생물학 연구소를 낳았고, 이 연구소는
맥케이의 기자회견 이후 수십 년 동안 성장했다. 지구에서 극한의 조건
에서 살아가는 생명체, 현재 극한성 생물(extremophile)이라 부르는 생명
체를 탐색하는 아이디어를 제공했고, 적극적인 대중이 생명이 무엇인지
에 관한 논쟁에 참여하게 만들었다. 또한 이 발견은 NASA에 대한 대중
과 국회의 지지를 얻음으로써 NASA에 힘을 실어줬고 이는 수십 년 동안
이어졌다.

결과적으로 NASA는 화성에 탐사 '로버(rover)'를 보냈다. 20년이 넘는
기간 동안 탐사선에 실어서 거의 2년마다 한 번씩 보냈다. 이들 탐사선에
실려 화성에 간 로버로는 이미 임무를 마친 소저너(Sojourner, 1997)와 스
피릿(Spirit 2004~2011), 현재 활동 중인 오퍼튜니티(Opportunity 2004~)
와 큐리오시티(Curiosity, 2012~), 2020년 활동을 시작할 마스 2020(Mars
2020)이 있다.

NASA는 또한 화성에 착륙선 두 대를 보냈다. 극지 착륙선 마스 폴
라 랜더(Mars Polar Lander, 1999)는 실패했지만, 마스 피닉스 랜더(Mars

Phoenix Lander, 2007~2008)는 크게 성공했다. 인사이트(InSight, Interior Exploration using Seismic Investigations, Geodesy and Heat Transport) 착륙선은 2018년 5월에 발사돼 11월 착륙할 예정이다.

1990년부터 NASA는 다섯 대의 탐사선을 화성 궤도에 올려놓고 여섯 번째로 기후 궤도선 마스 크라이미트 오비터(Mars Climate Orbiter, 1998~1999)를 발사했지만 화성에 도착하자 폭발했다. 마스 옵저버(Mars Observer, 1992~1993)와 마스 글로벌 서베이어(1996~2006)는 임무를 완수했다. 마스 오디세이(2001~), 화성 정찰위성(2005~), 메이븐(2013~)* 임무는 여전히 수행중이다. 게다가 과학자와 엔지니어 팀은 샘플 귀환(sample-return) 임무를 계획하고 있어, 인간이 붉은 행성을 탐험할 날이 그리 멀지 않았다.

칭찬할 만한 것은 맥케이, 깁슨, 토머스-케플타, 제어, 그리고 그들의 동료이자 공저자인 호야톨라 발리(Hojatolla Vali), 크리스토퍼 로마네크(Christopher Romanek), 사이먼 클레메트(Simon Clemett), 자비에르 칠리어(Xavier Chillier), 클로드 매츨링(Claude Maechling) 등이 연구 결과를 발표할 때 기존 규약을 준수했다는 사실이다. 그들은 결과를 언론에 발표

---

* 다른 세 탐사선은 화성 궤도에서 활동 중이다. 마스 익스프레스(2003~)은 ESA가 단독으로 발사하고 관리했다. 아울러 ESA와 러시아연방우주청 로스코스모스(ROSCOSMOS)의 연합 프로젝트 엑소마스 가스 추적 궤도선(ExoMars Trace Gas Orbiter, TGO)이 2016년 화성 궤도에 안착했다. 또한 화성 궤도선 계획(Mars Orbiter Mission, MOM)이 인도 우주연구기구(Indian Space Research Organisation)에 의해 발사돼 2014년 화성 궤도에 도착했다. ESA는 또한 영국이 제작한 비글 2(Beagle 2) 착륙선을 마스 익스프레스 계획의 일환으로 화성에 보냈다. 하지만 표면에 닿기도 전에 폭발했다. TGO의 착륙선인 스키아파렐리(Schiaparelli)도 2016년 안전하게 착륙하는 데 실패했다.

하기 전에 연구 논문을 〈사이언스〉에 제출했다. 〈사이언스〉의 편집인들은 제출된 모든 원고를 다른 전문가가 참여하는 심사 과정에 맡긴다. 이를 동료 평가(peer review)라고 한다. 〈사이언스〉에 논문을 싣기 위해서는 어느 저널보다도 높은 장벽을 뛰어넘어야 한다. 제출된 원고의 10퍼센트만이 이 과정에서 살아남아 발표된다. 맥케이 등이 쓴 논문은 그 장벽을 뛰어넘었다. 〈사이언스〉에 논문을 발표하는 것이 결과가 옳다는 것을 보장하지는 않지만, 소수의 공평한 전문가가 과학적인 주장을 엄격하게 조사해 발표된 결과에 큰 신뢰도를 준다.

실제로 과학은 논문 발표를 좋아한다. 연구 프로젝트와 관련된 틈새 분야 과학 전문가들의 폭 좁은 사회를 벗어나 세간의 관심을 불러일으키기 때문이다. 관심도가 높다는 것은 첨단 과학 분야에 있음을 의미한다. 그리고 첨단 과학 분야에서 나온 연구는 틀린 것으로 드러나는 경우가 많다. 〈사이언스〉에 발표된 논문은 자연스럽게 보도자료, 신문 헤드라인, TV 보도 등 여러 가지 형태로 홍보된다. 물론 고대 화성에 생명체가 있었을 가능성을 보여주는 화석은 상상을 초월하는 대형 뉴스이므로, 기자회견이 열리면 금세 세계적 명성 또는 세계적 오명을 얻게 된다.

맥케이 팀의 기자회견 이후 10년 동안 ALH 84001을 연구했던 과학자들은 사실상 모두 화성의 고대 생물 활동에 대해 열린 마음으로 연구한 것이었다. 당시 맥케이 팀의 주장은 그 즉시 논쟁의 도마 위에 올랐다. 전선이 형성됐고 과학자들은 편을 갈랐다.

운석 관련 학술 공동체는 오르게일(Orgueil) 운석이 떨어진 19세기 초부터 시작된다. 1864년 5월 14일 프랑스 오르게일에 유성우가 나타났을 때였다. 17일 뒤에 운석을 수거해 분석한 결과 유기물이 부식될 때 나타나는 부식산을 닮은 화학 잔여물이 있다는 주장이 제기됐다. 오르게일 운석에 부식산이 존재한다는 것은 이 운석의 모체 내부나 표면에 생명체가 있었음을 의미한다는 것이었다.

당시 시카고대학교 엔리코페르미연구소(Enrico Fermi Institute)에 재직 중이던 에드워드 앤더스(Edward Anders)는 이 이야기를 다르게 설명했다. 오르게일의 운석은 1864년 4월 7일 "자연발생에 관하여"라는 제목이 붙은 그 유명한 루이 파스퇴르(Louis Pasteur)의 강의 바로 한 달 뒤에 떨어졌다는 것이었다. 강의에서 파스퇴르는 자연발생론의 정체를 폭로했다.

"그렇지 않습니다!"

파스퇴르는 큰 소리로 외쳤다.

"미생물이 세균 없이, 그것들을 닮은 부모 없이 존재하는 환경은 어디에도 없습니다. 그렇게 생각하지 않는 사람들은 오류투성이의 엉터리 실험에 기만당한 것입니다." [10]

앤더스는 파스퇴르의 보고서가 "추측컨대 과학자들에게 장난을 치게 할 수도 있었을 것"이라고 말했다. 아마도 그 장난을 찰스 다윈이 《종의 기원(Origin of Species)》을 출간하기 몇 해 전에 제기한 진화론에 했다면 더 재미있었을 것이다. 다윈에 반대하는 의견들을 들끓게 했을 것이다. 앤더스는 이렇게 마무리했다.

"어쨌든 계획은 실패했고, 오염된 돌은 미지의 상태로 95년을 기다렸다."

오르게일 운석에 유기물질이 있다는 소식은 널리 알려져 스웨덴의 극작가 아우구스트 스트린드베리(August Strindberg)에게 영감을 주었고, 그의 1887년작 《아버지(The Father)》에 반영됐다. 작품에서 아버지는 은

퇴한 선장이자 활동적인 과학자로서 스펙트럼 분석을 하기 위해 운석을 제출했는데 탄소가 있다는 결과가 나왔고, 이는 명백히 유기물질이 있었다는 증거라고 주장한다. 그의 아내에게는 남편이 하는 말이 헛소리 같았고, 아내는 이를 이용해 의사에게 선장이 미쳤다는 진단을 받아낼 계획을 세운다. 의사가 선장을 정신병원에 보내려고 구속복을 입힐 준비를 마치자 선장은 뇌졸중을 일으켜 죽고 만다.[11]

거의 한 세기가 지난 뒤 1962년 미국 포드햄대학교의 화학자 바트 나기(Bart Nagy)와 공동 연구자들이 오르게일 운석을 연구하기 시작하면서 장난이 다시 발동됐다. 그들은 오르게일 운석 조각에서 외계 생명체의 단서를 발견했다. 아니 발견했다고 생각했다.

"화석화된 유기물이 다른 광물이나 인공 유기물, 지구의 미생물 등으로 오염된 것 같지는 않았다."

그들은 여기에서 한 걸음 더 들어가 〈네이처〉에 발표한 논문에서 이렇게 서술했다.

"현재 우리의 의견은 이 운석이 떨어져 나온 모체에만 있던 성분으로 구성돼 있다는 것이다."[12]

2년 동안 치열하게 지속된 과학 전쟁은 앤더스와 그의 동료들이 〈사이언스〉에 제목만 보면 무슨 뜻인지 알 수 있는 걸작 "오염된 운석"을 발표하면서 끝이 났다.[13] 앤더스는 이렇게 썼다.

"의문의 여지없이 9419 암석이 오염된 것이었다. 아마 1864년 박물관에 운석을 보관하기 직전이나 직후에 오염이 발생했을 가능성이 가장 높다."

누군가 석탄 조각과 지역 식물의 일부, 수분 등을 더해놨고 오염 물질을 시료에 풀로 붙여놓았다. 석탄은 1860년대 프랑스에서는 가정 난방용으로 사용되지 않았고, 아마도 대장간에서 구한 것처럼 보였기 때문에 고의적으로 오염시켰을 가능성이 높아 보였다. 앤더스는 1864년에 프랑스 과학계에 운석을 고의적으로 오염시킨 것 같다는 의견을 강하게 제기했다.

오르게일 장난은 의도했던 19세기 중반의 프랑스 지식인들의 관심을 끌지도 못하고 한 세기 동안 알려지지도 않았다는 점에서 참담한 실패로 끝났다. 하지만 이 장난은 과학적 절차가 견고하게 구축돼 있다는 사실을 증명하는 데에는 큰 성공을 거뒀다. 과학적 결과는 반드시 과학계의 공평한 구성원에 의해 재현될 수 있어야 한다. 특히 중요하고 주목할 만한 발견은 원래의 발견이 잘못됐다는 것을 증명하는 것이 과학에 대한 의무라고 생각하는 사람들에 의해 검증될 것이다. 실제보다 대단하게 보이는 개념에 이의를 제기해 다른 사람이 틀렸음을 증명한다면 자신만의 국제적인 명성을 확립할 수 있다.

ALH 84001에 화성의 고대 생물 활동에 대한 단서가 있다면, 그런 특별한 주장을 펼치기 위해서 그 단서는 특별한 정밀조사에서 살아남아야 한다. 1996년 ALH 84001에 관한 첫 기자회견부터 맥케이와 그의 동료들이 〈사이언스〉에 발표한 논문에 제시된 단서에 대한 이의가 제기됐다. 그런 이의는 정중하게 논문이나 학회 토론을 통한 과학적 절차를 통해 제기되기도 하지만, 공개적인 인신공격이나 비방으로 나타나기도 했다. 커다란 이해관계가 얽혀 있었다.

다른 행성에 사는 외계 생명체의 화석을 발견한 최초의 인간이 될 기회는 한 번뿐인 것이다. 그렇다면 운석 자체가 화성에서 온 것이라는 사실

외에 화성의 고대 생명체에 관한 무슨 단서가 있었을까? 맥케이와 그의 동료들은 4가지 별개의 독립적인 단서가 ALH 84001의 분석 내용에 영향을 준다는 사실을 알아냈다.

첫째, 그들이 본 것은 매우 작고(너비 20~40나노미터*) 막대기 형태의 박테리아를 닮은 탄소 함유 분자로 이뤄진 형태였다. 의심의 여지없이 ALH 84001은 관 형태의 밧줄 같은 구조로 지구의 박테리아와 비슷했다. 그렇다면 그것들은 화석 박테리아였을까? 그것들은 1996년 당시 지구에 존재한다고 알려진 어떤 박테리아보다 작았다. 형태만으로 그것들을 화석 박테리아라고 단언할 수는 없었지만, 작은 크기가 박테리아가 될 수 없다는 것을 의미하지는 않았다.

둘째, 주황색의 팬케이크 모양의 탄산염 구상체였다. 구상체는 탄산염 이온을 함유하는 광물에 풍부하다. 그들은 이들 구상체를 주시하면서, 박테리아였던 것으로 보이는 미세한 광물 알갱이를 찾아냈다. 지구에서 이 광물 알갱이는 생명 활동의 부산물로 매우 흔하게 만들어진다. 지구의 탄산염에 의해 오염되는 것을 문제 삼는 사람은 없었다. 주된 이유는 이 운석의 질량 중 1퍼센트를 차지하는 탄산염 구상체가 물리적으로 화석 박테리아일지도 모르는 관 모양 구조와 관련이 있기 때문이었다. 탄산염 덩어리의 또 다른 특징은 액체 상태의 물에서 형성되는 것이 틀림없기 때문에, 오늘날 화성의 어느 표면보다 따뜻하고 습기가 많은 지역에서 형성됐다는 것이었다.

---

* 1나노미터는 10억 분의 1미터(또는 4억 분의 1인치)이다. DNA 분자의 너비는 2~12나노미터다. 인간의 머리카락은 지름이 약 5만~10만 나노미터다.

셋째, 유기물질이 침전물로 바뀌는 과정인 미생물 퇴적물이 암석화되는 속성 작용(diagenesis)에서 형성된다고 주장하는 '다환 방향족 탄화수소(Polycyclic Aromatic Hydrocarbons, 이하 PAH)'로 알려진 유기(탄소를 함유한) 화합물이다. PAH는 수소와 탄소 원자를 모두 가지고 있는 반지 모양의 분자다. 100여 가지 이상의 서로 다른 PAH가 지구상에서 확인됐고, 그것들은 각각 생물학적 또는 비생물학적 기원을 갖고 있다. 일부는 만들어지고 일부는 유기물질의 불완전 연소(예컨대 고기를 굽거나 담배, 석탄, 기름 등을 태울 때)나 유기체의 사체가 느리지만 자연적으로 분해되면서 생성된다. 주목할 점은 PAH가 살아있는 유기체에서는 생성되지 않으며 생명 과정에서 특별한 역할을 하지 않는다는 사실이다.[14] 그런데 8월 7일 기자회견에서 PAH를 발견하고 연구한 실험 팀을 이끌었던 리처드 제어는 이렇게 말했다.

"이런 PAH는 유기물질의 부패에서 떠올리는 것과 유사합니다."[15]

넷째, 황화철 알갱이와 탄산염 구상체에서 공존하는 자철광 결정이 있다. 맥케이 팀에 따르면 이 자철광 입자는 화학적·구조적·형태적으로 지구의 자철광 입자와 비슷하다. ALH 84001 탄산염의 일부 자철광 결정은 혐기성 박테리아종 GS-15에 의해 생성되는 세포 외부에 침전된 초상자성(超常磁性, superparamagnetic) 입자와 닮았다.[16] 즉, 지구의 박테리아종이 만드는 결정과 비슷하게 보인다. 자철광 입자의 생물학적 기원에서 매우 중요한 부분은 자철광 결정과 황화철이 자연적으로 함께 나타나서는 안 된다는 맥케이 팀의 주장이다. 하지만 그것들은 생물학적 과정에 의해 어쩔 수 없이 생성과 보존이 일어나는 지구의 일부 생물에서 함께 발견된다.

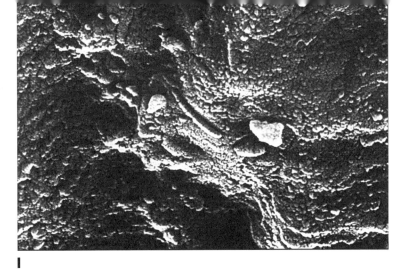

주사형 전자 현미경을 이용해 얻어낸 ALH 84001 운석 내부의 고해상도 사진. 이 영상의 중앙부에 보이는 관 형태의 구조는 직경이 인간 머리카락의 100분의 1보다 작으며 운석 내부에 있는 탄산염 구상체에 위치해 있다. 1차 조사를 수행했던 연구 팀은 관 형태의 구조가 박테리아와 비슷한 생명 형태의 화석이라고 주장했다. _ NASA, Johnson Space Center/Stanford University.

　화성의 운석 안에 있는 이들 4가지 단서는 오래 시간 동안 회의론자들의 주눅 들게 하는 정밀 조사를 견뎌냈을까? 잘 견뎌내지 못했다. 박테리아처럼 보이는 관 모양의 구조는 실제로는 무엇이었을까? 전문가들의 대체적인 의견에 따르면 그것들은 작아도 너무 작았다. 1998년 현대 과학에 가장 적합한 미생물의 최소 크기를 결정하기 위해 미국 과학아카데미 회의가 소집됐다.[17] 그리고 이렇게 결론 났다.

　"자유롭게 생활하는 생물은 최소 250에서 450의 단백질과 이 단백질을 합성하기 위한 유전자와 리보솜(ribosome)이 필요하다. 이런 최소한의 분자가 모두 있으려면 이를 감싸는 막을 포함해 직경이 250에서 300나노미터인 구(球, sphere)가 필요하다."

　지금까지 관찰한 가장 작은 박테리아에 관해서는 "직경 300에서 350나노미터인 박테리아가 보통이고 더 작은 것은 보기 어렵다"고 설명됐다. 하지만 미국 과학아카데미는 원시 미생물이 한때 더 작았을 가능성(직경

50나노미터 정도로)을 완전히 배제하지는 않았다. 그러나 그렇다고 해도 ALH 84001의 벌레 모양의 구조의 직경보다 크다.

이에 미국 과학아카데미 전문가들의 의견보다 더 좋은 해답이 있다고 생각한 소수의 과학자들이 이의를 제기했다. 그들은 1989년 이탈리아 비테르보(Viterbo)의 온천에서 텍사스대학교의 지질학자 로버트 포크(Robert Folk)의 발견을 바탕으로 이의를 제기했다. 포크가 발견한 것은 나노박테리아였다. 비테르보 온천 박테리아는 크기가 10에서 200나노미터 정도로 매우 작았다. 맥케이가 화성 운석에서 발견한 화석의 크기가 20에서 40나노미터였기 때문에, 포크의 나노박테리아는 지구상에 그처럼 작은 생물이 존재할 수 있다는 실재적인 증거가 됐다. 2010년까지 나타났던 엄청나게 많은 단서가 의미하는 것은 포크가 밝혀낸 물질이 "결정적으로 주위 환경에서 볼 수 있는 흔한 광물이나 기타 물질이 결정화된 무생물 나노입자"라는 것이었다.[18]

단순히 형태 때문에 어떤 구조를 생물학적으로 간주하는 겉보기에만 그럴 듯한 연구에 대해 비판이 더해졌다. 많은 연구는 "형태론만으로는 제대로 생명체적인 특성을 밝힐 수 없다"는 사실을 보여줬다.[19] 흔히 볼 수 있는 많은 광물이 ALH 84001에서 볼 수 있는 것 같은 생물학적인 구조와 비슷해 보일 수 있다. 이들 중 일부는 현미경으로 조사하기 위한 물질을 준비하는 과정에서 인공적으로 만들어지기도 한다. 연구용으로 준비하는 물질은 특수한 코팅을 해야만 조사 기법에 적절히 대응할 수 있기 때문이다.

PAH는 어떨까? PAH가 특별하거나 독특한 것은 아니다. PAH는 우주 여기저기에 존재한다. 천문학자들은 PAH를 적색거성의 대기와 죽어가는 항성의 확장하는 외피에 있는 항성 간 구름이라 알고 있었다(행성상 성운). 운석학자와 천문학자는 소행성 표면에 있는 탄소질 콘드라이트라는 운석과 토성의 가장 큰 위성인 타이탄의 대기에서 그들을 발견했다. 사실 PAH를 발견하지 못하는 것이 발견하는 것보다 어려울지도 모른다.

ALH 84001 내부의 PAH는 집중적으로 연구돼왔고, 그런 연구는 다양한 해석을 제공했을 뿐 아니라 많은 이의 제기를 받았다. 기본적으로 이의가 제기되는 부분은 PAH가 화성에서 온 것인지, 아니면 지구나 지구 밖에서 온 오염물인지에 관한 것이다. 맥케이 팀에 따르면 ALH 84001에 들어 있는 PAH는 낮은 온도의 유체가 암석의 틈으로 들어오면서 쌓이게 됐다.

하지만 모든 사람들이 동의하지는 않았다. 타이완 창궁대학교 나노물질 실험실의 얀 마텔(Jan Martel)은 2012년 〈지구와 행성과학 연간 리뷰〉에 발표한 요약 논문에서 "일부 다른 운석들이 ALH 84001과 비슷하게 PAH가 살 수 있게 해준다는 사실을 알고 있으며", 일부 연구에서는 "이 운석에서 발견된 대부분의 유기물 분자가 사실 지구의 오염물질을 나타낸다고 결론 내렸다"고 설명했다. 그리고 ALH 84001의 유기물질이 화성에서 생성된 것인지 여부는 "여전히 논쟁 중이다"라고 쓰고 있다.[20]

PAH와 관련이 있는 탄산염 구상체 역시 문제가 있다. 탄산염이 화성에서 온 것이라면 맥케이와 그의 동료들이 제안한 것처럼 유체가 유기물질을 암석 속으로 씻어냈을 것이다. 그후 그곳에서 구상체는 ALH 84001 틈으로 침전했다. 이 경우 암석으로 침전하는 유체의 온도와 이런 일이 발생하는 환경 모두 중요하다. 초창기에 제기되는 이의에는 탄산염이 이산화탄소가 풍부한 유체 환경에서 온도가 매우 높을 때(섭씨 650도 이상)

형성된다는 주장도 있었다. 소행성이 화성 표면에 충돌한 결과였다. [21]

1998년 한 연구에서 UC LA의 로리 레신(Laurie Leshin)은 2가지 고온(물의 끓는점보다 높은 온도) 형성안, 즉 물이 풍부한 환경의 섭씨 125도 아니면 이산화탄소가 풍부한 환경의 섭씨 500도 이상에서 형성하는 방법을 제안했다. 그러나 "두 방법 모두 생물학적 활동과 일치하지 않았다"고 결론 내렸다. [22]

2005년 하와이 지구물리학 연구소의 에드워드 스콧(Edward Scott) 팀은 이렇게 주장했다.

"ALH 84001에 있던 탄산염은 낮은 온도에서는 형성될 수 없었지만, 대신 충격으로 용해된 물질에서는 결정화됐다. 이 결론은 이들 탄산염이 생명 활동의 화석화된 흔적을 남길 수 있게 해준다는 주장을 상당히 약화시킨다." [23]

최근 캘리포니아 공과대학의 이타이 할레비(Itay Halevy)는 탄산염 광물이 "섭씨 약 18도에서 침전했으며, 이는 표면 아래의 물이 점점 증발하면서 쌓이고 있다는 사실"을 가리키고 있다고 판단했다. 하지만 그도 "온화한 온도를 보고 살아갈 만하다고 여길지 모르지만, 물의 존재하는 시간역시 그리 길지 않아 생명체가 처음부터(무생물부터) 진화하기에는 시간이 너무 짧다"고 결론 내렸다.

결국 탄산염 구상체가 될 유기 물질이 쌓이는 환경의 온도에 관한 논쟁은 계속해서 엎치락뒤치락하고 있지만, 어떤 모델도 생명과 관련된 가능성을 지지하지 않으며, 모든 모델이 과포화된 수용액에서 나오는 광물의 비생물학적 침전과 관련된 생성에 대한 설명과 일치한다. [24]

마침내 우리에게 화성의 생명체 가설을 지지할 단서로 남은 것은 자철광 결정밖에 없다. 아마도 이들 결정이 화성의 생명체에 대한 설득력 있는 단서를 제공할 것이다. 지구에는 일부 박테리아가 자신의 내부에 자기적 결정체를 만들어 지구의 자기장에 대해 스스로 방향을 잡는 데 이용한다.

맥케이 연구 팀은 다수의 연구를 통해 ALH 84001에 있는 자기적 결정체가 지구에 서식하는, 자기를 감지하는 주자성(走磁性, magnetotactic) 박테리아에서 발견되는 것과 비슷하다는 보고서를 제공했다. 이들 자기적 결정체(크기와 모양 그리고 결정학적인 측면에서 지구의 주자성 박테리아에 있는 자기적 결정체에서 발견되는 것들과 매우 비슷하다)의 생물학적 기원을 주장하려고 이용해온 많은 논쟁은 동일한 결정체를 조사하는 여러 연구 팀의 테스트를 견뎌내지 못했다. 2012년 여름 연구에서 얀 마텔은 이렇게 지적했다.

"다른 연구들은 주자성 박테리아의 다양한 종에서 발견되는 자철광 결정에 구조적·형태적·결정학적 차이가 존재한다는 것을 보여줬다. 이는 자철광 입자의 생물학적 기원을 단지 지구의 박테리아에서 관찰되는 자철광 결정을 비교하는 것만으로는 확인하기가 어렵다는 사실을 뜻한다."[25]

다른 연구에서는 ALH 84001에 있는 자기적 결정이 사슬을 형성하는지 여부에 대해 질문을 했다. 마텔은 다음과 같이 결론 내렸다.

"모두 고려한다면 이들 결과가 ALH 84001에서 발견된 자철광 결정이 생명의 기원이라는 가설에 의문을 제기하고 있다. 안전하게 말하면 화성의 우주생물학적인 생명체가 존재한다는 것에 대한 판결은 이처럼 가느다란 단서의 끈에만 의지해서는 내려질 수 없다."[26]

2003년 텍사스 휴스턴에 위치한 달과 행성 연구소의 앨런 트레이먼(Allan Treiman)은 NASA 보고서에서 다음과 같이 조심스럽게 썼다.

"맥케이 등이 세운 가설은 입증된 적이 없다. ALH 84001과 1996년부터 개발된 어스라이프(Earthlife)에 관한 거의 모든 데이터가 맥케이 등의 주장, 논증, 가설과 일치하지 않는다."[27]

10년 뒤 마텔도 비슷하게 썼다.

"ALH 84001 운석에 과거의 생명체가 있었다는 사실을 지지하는 데 사용된 주요 주장은 비생물 화학 과정을 통해서 가장 잘 설명할 수 있다."[28]

전체 과학계가 ALH 84001에서 발견된 단서를 어떻게 해결할지에 대해 공감대를 이룬 것은 아니지만 균형 상태에는 이르렀다. ALH 84001에 있는 광물학적인 단서가 화성에 생명체가 존재한 적이 있다는 사실을 보여준다고 믿는 극소수의 과학자는 계속해서 그들이 옳다고 믿으며, 그들의 입장을 대변하는 추가적인 지지를 만들어낼 것이라고 믿는 연구를 계속했다. 결국 그들은 화성에서 온 운석에서 과거 생명 활동이 있었다는 단서에 대한 이론의 여지가 없는 증명을 제공하지 못하면서 반대편에 선 과학자들도 그들이 틀렸다는 절대적인 증거를 제공하지 않았다고 주장한다.

한편 자철광 결정이 생명의 기원이 될 수 있음을 암시하는 새로운 측정치가 나올 때마다 다른 과학자들은 더 깊게 연구할, 방정식 모형이 틀리지 않았음을 확신할(또는 올바르게 수정할), 지구화학적 반응 단계가 어떻게 진행하는지 더 잘 이해할(또는 이런 과정에 대한 우리의 이해를 수정할) 전자 현미경을 이용해 더 좋은 측정치를 얻을 힘을 얻는다. 자철광 알갱이가 생명체의 기원을 나타낸다는 사실상 모든 보고에도 반대자들은 광물이 생명체의 단서라는 결론에 한결같이 반대의 입장을 고수할 수 있는 그들만의 과학 정보를 생산한다. 이처럼 건강한 과학 논쟁이 계속되면서 과학은 발전하고, 화성과 화성의 지질학적 성질과 고생물에 관한 우리의 지식을 늘려간다.

ALH 84001 관련 연구는 고도로 숙련된 과학자의 사례 연구일 뿐 실력이 부족한 과학자가 따라 해서는 안 될 본보기를 선례로 남기는 연구가 아니다. 맥케이 팀이 얻어낸 데이터에 관한 그들의 해석은 곧바로 논란을 불러일으켰지만, 맥케이 팀이 얻어낸 데이터나 놀랄 만한 양질의 데이터는 의심을 받은 적이 없었다. 맥케이 팀을 비롯해서 다른 과학자들이 계속해서 만들어내는 데이터 역시 의심을 받은 적이 없다.

이 경우는 정치, 언론, 자금, 명예 등 얼마나 많은 힘(과학자들은 이런 것이 과학자를 이끌어주는 진리의 추구와는 무관하다고 생각하겠지만)이 과학을 알리는 방법이나 심지어 연구하는 방법에도 영향을 미치는지 보여주는 하나의 사례다. 과학자들은 대개 연구비를 따라갈 수밖에 없다. 그런데 한편으로 NASA는 대중과 의회가 지지하는 연구 활동에 자금을 대준다. 결과적으로 비과학적인 이유로 특정 분야에 자금이 지원된다. 위 사례에서는 남극에서 발견된 하나의 운석에서 이뤄진 발견이 언론에 대서특필되면서 과학 연구에 어마어마한 영향을 미쳤다. NASA의 대규모 자금이 운석학자, 극한 환경에서 서식하는 식물 탐사, 화성 탐사 경쟁에 돌아갔다. 이 모든 것이 하나의 운석에서 나온 생명체를 발견할지도 모른다는 어마어마한 잠재적인 영향력 때문이었다.

특히 이 경우는 10년이 넘는 기간 동안 과학적인 방법(테스트, 재테스트, 그리고 다시 테스트)이 합의를 이끌었다. 이 운석의 내부에서 발견된 것처럼 화성의 고대 생명체에 관한 대부분의 단서는 엄밀한 과학적 이의 제기를 견뎌내지 못했다. 이제 논쟁의 모든 무게가 자철광 알갱이가 비유기적 방법에 의해서 생성될 수 있는지, 아니면 생물학적 과정에 의해서만 생성되는 것인지에 달려 있는 것처럼 보인다.

우리는 아직 ALH 84001이 화성에서 고대의 생명 활동에 대한 단서를 제공한다고 합의할 수 있는 특별한 단서가 없다. 그렇지만 탐색은 계속된다.

12

메탄 발견

화성의 대기에서 생물학적으로 생성된 메탄에 대한 가설은 화성의 나노
박테리아가 자철광 알갱이를 생성해 화성의 암석에 쌓아놨다가 나중에
화성에서 온 운석이 됐다는 가설만큼이나 논란의 여지가 크지만, 화성의
메탄 논쟁은 무척 끈질기게 계속되고 있다.

천문학자들은 반세기 동안 화성 대기에서 메탄에 대한 단서를 찾아왔
다. 이유는 무엇일까? 메탄은 단순한 분자이지만 우주생물학적으로 강
력한 한 방이 숨어 있다. 산소가 풍부하고 수소가 희박한 화성의 환경에
서 생물이 능동적으로 만들어내지 않으면 메탄은 거의 존재하지 못한다.
따라서 지구의 대기처럼 화성의 대기에서 생명체 없이도 더 많은 메탄이
존재할 수 있다는 사실은 화성에 생명체가 존재하거나 존재했다는 증거
가 될 수 있다.

메탄은 무색무취의 기체로 수소와 탄소 원자만으로 구성된 가장 단순
한 분자다. 메탄에서 냄새가 나지 않기 때문에 에너지 회사에서는 썩은

계란 비슷한 냄새의 '메르캅탄(mercaptan)'을 요리와 난방을 위한 가정용 메탄에 첨가한다. 메르캅탄의 냄새가 가스 누출을 탐지하는 데 도움이 되기 때문이다. 메탄은 화학 용어로 '탄화수소(hydrocarbon)'다. 하나의 메탄 분자에는 탄소 원자 1개에 수소 원자 4개가 결합한다(CH_4). 수소는 우주에서 가장 풍부한 원자이고 탄소는 헬륨 다음으로 우주에서 세 번째로 풍부한 원자여서, 메탄 또한 견딜 수 있는 곳이라면 어느 곳에서나 존재한다. 하지만 어디에서나 견딜 수 있는 것은 아니다.

메탄은 지구에서 흔하고 익숙한 기체다. 유정(油井, oil well), 셰일(shale) 퇴적층, 탄층(炭層, coal seam)에서 추출하는 천연가스에서 흔히 발견되는 유형의 분자다. 메탄은 대부분 지난 5억 년간 지구의 침전물에 쌓여 있던 해양 미생물에서 나온 유기물질이 분해되면서 나오는 산물로, 수백 년 동안 지구의 지각 아래에서 엄청난 열과 압력을 받았다. 가정의 난방과 요리에 이용되는 천연가스는 거의 순수한 메탄이다. 요리 연료에 가장 많이 사용되는 기체는 프로판(propane, C_3H_8)이며 이 또한 동일한 원천에서 추출된다. 지구에서 거의 모든 메탄은 지하에 묻혀 있거나 대기에 자유로운 상태로 존재하거나 영구동토층에 갇혀 있으며, 근본적으로 생물학적이다. 지구에서 메탄은 지구에 생명체가 존재한다는 명백한 화학적 특징이다.

메탄은 약한 분자다. 온도가 너무 높으면(절대온도 1,500K 이상) 견딜 수 없기 때문에, 수많은 갈색왜성(갈색왜성은 행성보다는 무겁지만 항성보다는 가볍다)의 대기에는 존재하지만 항성(별)의 대기에는 존재하지 않는다. 메탄이 견디기 위해서는 수소가 풍부한 환경이 필요하며, 활성산소 원자가 존재하거나 산소(O_2)나 이산화탄소(CO_2) 같은 산소 원자를 함유하는 분자가 많은 환경에서는 견디지 못한다. 이 같은(산화하는) 환경에서는 메탄 분자의 탄소−수소 결합이 산소의 화학적으로 공격적인 성향을 거부할 만큼 강하지 않다. 결과적으로 산소 원자는 탄소−수소 결합을 깨뜨리고 각각 탄소와 수소 원자 양쪽에 모두 달라붙는다. 이런 화학 반응은 메탄을 희생해 이산화탄소(CO_2)와 물(H_2O) 분자를 형성해낸다. 화성의 대기는 96퍼센트가 이산화탄소이기 때문에 매우 강하게 산화하는 환경이다. 화성 대기에서 메탄은 오랫동안 살아남지 못한다. 화성 대기에 있던 고대의 메탄은 오래 전부터 이산화탄소와 물로 바뀌어왔기 때문에, 현재 화성의 대기에 함유된 메탄은 비교적 최근에 지표 아래에서 생산됐거나 배출된 것이 틀림없다.

화성의 대기는 또 다른 이유로 메탄에 위험하다. 메탄 분자는 자외선에 노출되면 평정심을 잃어버린다. 메탄 분자 안에서 원자를 서로 떨어지지 않게 해주던 결합은 자외선 에너지를 흡수해 결과적으로 파괴된다. 예를 들어 고온의 항성에서 나오는 자외선 광자가 쏟아지는 항성 간 공간에는 거대한 분자운의 외부 층이 작은 핵에 들어 있는 메탄을 끔찍한 자외선으로부터 보호해주는 것을 제외하면 메탄이 존재하지 않는다. 외부 태양계의 일부 행성과 그 위성의 대기 또한 저장된 메탄을 보호할 수 있어 메탄이 풍부한 환경을 유지할 수 있다. 천왕성(메탄 2.3퍼센트)과 해왕성(메탄 1.5퍼센트)의 대기에 메탄이 상당히 많으며, 토성의 위성 타이탄에도 메탄 호수, 메탄 빙산, 메탄이 풍부한 진흙, 메탄이 풍부한 대기가 존재한다. 해왕성의 위성 트리톤의 표면은 메탄의 얼음으로 덮여 있고, 명왕성에는 고도가 높은 곳에 메탄 서리와 눈이 있다고 추정된다.

지구 대기에는 아주 작은 양의 메탄(1,800피피비, 지구 대기의 0.00018퍼센트)만 존재하고, 오존층은 얼마 되지 않는 메탄의 일부만 보호한다. 지구의 오존층을 관통하는 적은 양의 태양 자외선은 지구의 대기에서 메탄 원자를 서서히 파괴해 일반적인 메탄 원자는 겨우 12년밖에 살아남지 못한다. 햇빛이 일단 탄소 원자와 수소 원자를 분리하면, 산소가 풍부한 지구의 대기에서는 자유로운 탄소 원자 하나가 산소 분자와 결합해 이산화탄소를 형성하고, 2개의 수소 분자($2H_2$)는 하나의 산소 분자와 반응해 2개의 물 분자를 형성한다.

우리가 살고 있는 지구의 대기에 존재하는 메탄의 경우 자연적인 지질학 과정을 통해 적은 양이 생성된다. 화산에서 뿜어져 나오거나 사문석화(蛇紋石化, serpentinization) 과정에서 마그마에 의해 가열된 해수가 철이 풍부하고 마그네슘이 풍부한 암석과 반응해 사문석을 형성하는데, 이때 물 분자에서 풀려난 수소 원자들이 바닷물에 용해된 이산화탄소와 반응해 메탄을 형성한다. 지구의 대기에 있는 메탄은 대부분 다음과 같은 생물학적 기원을 갖고 있다.

· 흰개미의 소화 과정에서 유출(대기 중에 존재하는 메탄의 15퍼센트 정도를 차지한다).[2]

· 소, 들소, 양, 염소, 낙타 등 반추동물의 트림과 방귀(20퍼센트에 달한다).

· 쓰레기 매립지, 습지대, 폐수처리장, 천연비료 관리 시스템 등에서 일어나는 분해 작용(30퍼센트 이상).

· 논에 서식하는 유기물질을 먹어치우는 미생물(6~12퍼센트).

· 석탄 등의 화석 연료 생산, 연소, 유통 과정에서 발생(15~30퍼센트).[3]

과거와 현재의 생물학적 활동의 결과로 지구 대기에 존재하는 메탄의 양이 상대적으로 적긴 하지만, 화산 등의 지질학적 원인에 의해서만 생성되던 때와 비교하면 약 100만 배 이상이다. 만약 지구에 생명체가 존재하지 않았거나 존재한 적이 없었다면 지구의 대기에 있는 메탄의 수준은 1피피비보다 훨씬 낮았을 것이다.

　천왕성, 해왕성, 타이탄과는 달리 화성은 태양계에서 메탄이 풍부한 곳은 아니다. 화성 표면에 떨어지는 적은 양의 운석 먼지를 제외하면, 화성에는 메탄이 풍부하게 발생할 만한 요인이 없다. 생명체가 없다면 말이다. 화성의 화산 활동도 사라진 것으로 보인다. 지구와 달리 화성에는 판

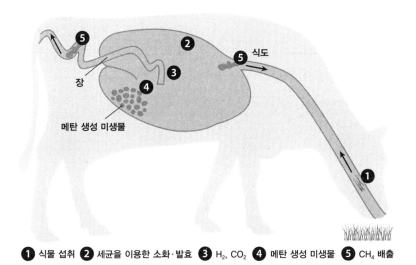

❶ 식물 섭취 ❷ 세균을 이용한 소화·발효 ❸ H_2, CO_2 ❹ 메탄 생성 미생물 ❺ CH_4 배출

가축, 특히 소, 양, 염소, 낙타 등은 소화기 내에 있는 박테리아가 음식을 소화하도록 도와줄 때 메탄가스를 생성한다.

구조 시스템이 없다. 또한 지구와 다르게 화성에는 표면을 돌아다니는 대규모 가축 떼도 없다.

화성에 활동 중인 메탄 저장소가 있을지 모르나 그 메탄이 어디에서 나오는지 알려져 있지 않다. 만약 화성에서 메탄이 생성되고 있다면 그것이 대기로 올라갈 때 어떻게 될지 쉽게 상상할 수 있다. 지구의 대기보다는 훨씬 얇지만 화성 대기는 어떻게든 대기 안으로 들어온 메탄을 불과 몇 주 안에 널리 펼쳐놓을 수 있을 만큼 두껍고 움직임이 자유롭다. 화성 대기에는 태양의 자외선 광자로부터 메탄 분자 파괴를 막아줄 오존층이 없다.

그래도 화성 대기 낮은 곳에 존재하는 풍부한 이산화탄소가 파괴적인 광자를 막아주는 약한 방패 역할을 해준다. 일단 메탄 분자가 대기 낮은 곳에서 대규모로 모여 있는 이산화탄소 위에 모이게 되면(메탄의 무게는 이산화탄소 분자보다 가볍다) 햇빛은 메탄을 파괴할 것이다.

메탄의 파괴 여부는 또한 산소를 함유하고 반응을 일으킬 수 있는 OH '기(基, radical)'*가 존재하는지 여부에도 달려 있다. 화성 대기에는 OH가 너무 적어서 메탄은 지구 대기에서보다 훨씬 오랫동안 살아남을 수 있다. 화성 대기 모형을 이용해 계산했을 때 화성 대기에서 메탄은 300~600년 동안 존재할 수 있는 것으로 추정된다.[4]

따라서 화성에 지속적으로 메탄을 공급해줄 수 있는 원천이 없다면 화성에는 메탄이 사라질 것이다. 화성에 메탄이 나오는 원천이 한 곳 이상

---

* 기(基)는 화학 반응이 일어날 때 분해되지 않고 본래의 형태 그대로 다른 분자로 이동하는 원자 집단을 말한다. 짝이 없는 전자를 갖고 있으며 결과적으로 반응을 잘 일으킨다.

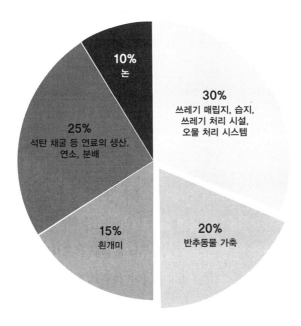

지구에서 메탄의 원천을 나타낸 도표. 결국 모든 것이 과거나 현재 생활에 기인한다.

있다고 하더라도 화성 대기에 있는 기체들이 빠르게 화성 전역을 순환하기 때문에 아주 최근(지난 몇 주 내)에 메탄을 대기에 주입한 적이 없다면 화성 전체에서 메탄의 양이 똑같은지 봐야 한다.

화성에는 사화산이긴 하지만 거대한 화산들이 있다. 전체 태양계 행성에서 가장 큰 화산들이다. 이들 화산이 분출한다면 화성 대기에는 상당한 양의 메탄이 주입될 것이다. 그러나 화산이 분출한다고 해서 메탄이 분출되는 것은 아니다. 화산은 다른 가스도 뿜어낸다. 여기에는 메탄보다 100~1,000배 많은 이산화황(SO_2)도 포함돼 있다.

화성의 화산이 현재에도 활동 중이라면 화성 대기에는 메탄은 물론 쉽

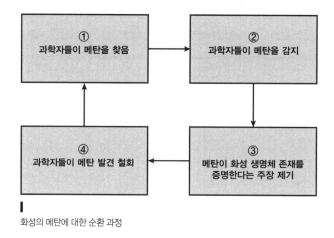

화성의 메탄에 대한 순환 과정

게 감지할 만한 수준의 이산화황도 함유하고 있을 것이다.[5] 화성에 이산화황이 없다는 사실은 화성의 화산계가 현재 활동을 하지 않으며, 메탄이 (존재한다면) 화산 분출을 통해 대기에 들어오지 않았다는 강력한 실마리를 제공한다. 화성의 메탄에 관한 일련의 이야기는 다음과 같은 구성을 띠고 있다.

① 과학자들이 메탄을 찾는다.

② 과학자들이 메탄을 감지한다.

③ 화성에는 비생물학적 메탄의 원천이 없기 때문에, 과학자들이 발견한 메탄은 화성에 메탄을 생성하는 생명체 존재의 단서라는 주장들이 급속히 제기된다.

④ 몇 개월 뒤 과학자들이 메탄을 발견했다는 입장을 철회한다. 다시 화성에는 메탄도 없고 생명체에 대한 단서도 없어진다.

그리고 몇 년 뒤 화성의 메탄 이야기는 다시 시작된다. 또 다른 과학자들이 메탄을 발견하고 메탄이 화성 생명체 존재의 증거라는 주장이 다시 제기된다. 얼마 뒤 과학자들의 메탄 발견이 철회되고 메탄이 화성 생명체의 존재 증거라는 주장도 사라진다.

시간이 더 흐르면 화성 메탄 발견 이야기는 다시금 헤드라인을 장식한다. 화성에 생명체가 있을지도 모른다는 주장은 언제나 주목을 받는다. 새로운 세대의 과학자와 탐험가들이 화성 생명체를 발견하기 위한 여정을 계속한다. 화성은 그런 행성이다. 과거는 상관없다. 차세대 특종을 보도하길 간절하게 바라는 신세대 기자들은 기꺼이 미끼를 문다. 지금까지 이런 과정을 통해 화성 관측과 탐사는 발전해왔다.

1966년 10월 14일 NASA JPL의 루이스 캐플란(Lewis Kaplan)은 샌프란시스코 잭 타르(Jack Tar) 호텔 현관으로 들어가 깜짝 놀랄 만한 과학적 발견을 발표했다. 그 자리에서 그는 미국화학회에 참석한 회원들 앞에서 자신과 함께 연구하는 프랑스인 천문학자 부부 피에르 콘(Pierre Connes)과 자닌 콘(Janine Connes)이 화성의 대기에서 메탄가스를 발견했다고 말했다.

캐플란과 콘의 합동 연구 팀은 피에르 콘이 설계한 '마이켈슨 간섭계(Michelson interferometer)'라는, 화성에서 오는 빛을 10배 선명하게 볼 수 있는 기기를 사용했다. 그들에게는 사실 더 좋은 광학 기기가 있었지만 한 세기 전 화성의 물을 찾던 허긴스가 사용하던 기법과 동일한 기법을 채택했다. 1964년 9월에서 1965년 6월까지 그들은 프랑스의 오트-프로방스(Haute-Provence) 천문대에서 새로운 기기를 사용해 화성 대기의 성분을 측정했다. 그러고 나서 그들은 기기의 우수한 성능 덕분에 과거에는 발견하지 못했던 스펙트럼 특성을 관측해 이 같은 발견을 할 수 있었다고 주장했다.

그들이 발견한 것은 명백히 화성의 근자외선 스펙트럼에 있는 흡수선이었다. 캐플란과 콘 연구 팀은 이 흡수선의 특징에 관한 가장 바람직한 설명은 "화성 대기에 수소를 함유한 기체 화합물이 존재한다는 것"이라면서 그런 화합물은 "메탄 유도체이거나 메탄 자체"라고 강조했다.[6] 다음 날 〈LA타임스〉는 이들의 발견을 이렇게 요약했다.

"과거에는 보고되지 않은 메탄 및 메탄 유사 물질이 화성 대기에 존재한다는 것을 의미한다."[7]

기사를 쓴 과학 전문 기자 어빙 벵겔스도프(Irving Bengelsdorf)는 다음과 같은 의견을 추가했다.

"이런 관측이 올바른 것이라면 화성에 메탄을 생성하는 생물학적 활동이 있을 수도 있다."

비록 캐플란과 콘 연구 팀에게 자신들의 주장을 입증할 증거가 없긴 했지만, 1966년 천문학자들 사이에서는 "화성에 메탄이 존재하려면 생물학적 요인에 의해서만 가능하다"는 의견이 지배적이었다. 캐플란이 벵겔스도프 기자에게 메탄의 존재에서 생명체의 발견을 도출하지 말라고 설득하지는 않았을 것이다. 따라서 캐플란과 콘 연구 팀이 발견했다고 주장하는 메탄은 화성에서 메탄을 찾으려는 과학자들에게 단지 생명체가 존재할 가능성만을 의미하는 것은 아니었다. 메탄의 발견은 발견한 사람의 관점에서는 화성에서 생명체를 발견하는 일과 같은 것이었다. 캐플란의 이 발표에 따른 결과 중 하나는 언론이 이야기를 장악했다는 것이다. 그들이 말하는 스토리텔링은 단순했다. 화성에 메탄이 있다는 것은 화성에 생명체가 있다는 것이다.

캐플란과 콘 연구 팀은 화성에서 생명체를 발견하는 이가 과학사에 중요한 인물로 기록될 것이며 그 주인공은 자신들이 되리라고 확신했다. 스키아파렐리는 운하를 발견(아니었지만)해서 유명해졌지만 생명체를 발견한 것은 아니었다. 로웰은 몇 개의 운하를 더 발견(아니었지만)하며 화성의 생명체 존재 실마리를 찾았다고 주장해 오명을 얻었지만, 그 또한 생명체를 발견한 것은 아니었다. 카이퍼의 이끼는 그저 먼지였다. 신턴의 조류는 지구의 중수와 바람에 날린 모래였음이 드러났다. 그러나 이번에 나온 메탄이라는 결과는 마이켈슨 간섭계를 사용해 얻어낸 것이었다. 캐플란과 콘 부부의 발견은 현대적이었고 분명히 테스트 기간을 견뎌낼 것이었다. 그들은 곧바로 1965년 관측에서 사용한 기기보다 100배나 민감한 기기를 이용해 다시 관측하겠다고 발표했다.

4개월이 지난 1967년 2월 뉴욕에서 열린 NASA 우주학회에서 캐플란은 재차 "화성의 공기는 메탄 또는 메탄에 기반을 둔 가스를 함유하고 있으며, 이런 기체의 존재는 살아있는 생물에서 생성되지 않는다면 설명하기 어렵다"고 발표했다. 이 회의에서 그는 "화성이 훨씬 가까이에 왔을 때 수행한 새로운 관측은 앞서 발견한 결과의 신뢰도를 강화했다"고 역설했다.[8] 그는 화성의 공기가 화학적으로 "메탄이나 메탄 유사 물질이 오랫동안 존재하지 못하도록 하는 듯 보인다"고 설명했다.

"무언가가 지속적으로 새로운 메탄을 공급하고 있음이 틀림없습니다. 늪에서 물질이 부패할 때처럼 지구에서는 산소가 없어도 살아가는 박테리아가 이런 일을 하지요."

1966년 8월 캐플란과 콘 연구 팀의 발견 내용은 '발표(announcement)'

라는 명목으로 심사 없이 〈사이언스〉에 실렸다. 그러나 그들의 열정은 이해하지만, 그래서 안타깝지만, 화성에서 메탄을 발견했다는 주장은 틀렸다. 1966년 10월 미국 화학회와 1967년 2월 NASA 우주회의에서 발표한 뒤 문서를 통해 자신들의 주장을 공식적으로 철회하지는 않았지만, 다시는 메탄 발견 주장을 입에 담지 않았다. 자신들의 경솔하고 부정확한 '발표'가 잊히길 바라는 듯 계속해서 몇 년 동안 함께 연구하면서 화성 대기에 있는 이산화탄소에 관한 일련의 연구 결과를 공개하기도 했지만, 메탄과 관련한 초기 연구를 언급하거나 인용하는 것은 매우 신중했다.[10] 이렇게 말없이, 은밀하게, 무색무취한 메탄 자체의 특성처럼, 그들의 발견은 바람과 함께 사라졌다. 그렇지만 화성의 메탄에 관한 관심은 다른 곳에서 계속됐다.

1969년 3월 27일 플로리다 케이프커내버럴에서 매리너 7호가 발사됐다. 목적지는 화성이었다. 1969년 NASA는 아직 탐사선을 화성 궤도에 올려놓을 역량이 없었다. 대신 매리너 7호는 쌍둥이 탐사선 매리너 6호를 근접 통과한 지 정확히 5일이 지난 8월 5일 화성을 지나쳐 날아갔다. 화성 대기의 메탄이나 다른 요소들을 감지하기 위해 화성 대기 바로 위에서 탐사하는 탐사선은 화성을 지나치든 궤도에 안착하든 간에 지구로 돌아올 필요는 없었다. 데이터만 전송해오면 그만이었다. 그래서 지구의 망원경을 이용한 관측에서처럼 지구 대기의 메탄을 고려(제거)하지 않아도 됐다. 매리너 6호와 7호를 비롯해 화성을 탐사할 예정인 탐사선들은 지상에 설치한 망원경을 통하는 것보다 화성의 대기를 구성하는 요소를 훨씬 정확하게 측정할 수 있다.

매리너 6호는 화성 사진 75장을 보내왔고 대기의 98퍼센트가 이산화

1969년 3월 7일 케네디우주센터에서 아틀라스 센타우르(Atlas-Centaur) 로켓에 탑재된 매리너 7호가 발사되고 있다. _NASA.

탄소로 구성돼 있다고 보고했다. 매리너 7호는 화려하지만 입자는 거친 126장의 화성 사진과 흥미를 자아내는 자외선 스펙트럼 데이터를 확보했다.

닐 암스트롱(Neil Armstrong)과 마이클 콜린스(Michael Collins)가 인간의 발자국을 달 표면에 최초로 남긴 지 2주 만에 게임은 절정에 이르렀다. 달에 도착한 인류는 이제 화성의 근접 촬영 사진과 대기 측정치를 얻을 수 있었다. 사람들은 NASA와 매리너 7호 화성 과학 팀의 최신 소식을 애타게 기다렸고, NASA는 매리너 호에서 보내주는 과학 정보를 바로바로 제공했다. 미국 국민들은 세금으로 이 같은 탐사 계획과 NASA에 자금을 제공했고, NASA는 당연히 매리너 7호의 발견에 관한 최신 정보를 최대한 빠르게 제공하고자 노력했다. 매리너 7호에 관한 뉴스는 항상 헤드라인을 장식했고 NASA의 계획과 행성과학의 미래에 도움이 됐다.

지구와 화성 사이 수천만 킬로미터를 가로질러 전송되는 데이터를 다운로드하고 분석하는 장치를 제작하고 관리하는 연구 팀 역시 과학적 발견 이후에 뒤따르는 정당한 대가와 언론의 주목을 받고 싶었다. 이에 부합한 언론은 문 앞에 펜과 TV 카메라를 준비해놓고 괴짜 엔지니어와 내성적인 과학자를 국제적 인물, 가능하다면 상까지 받는 영웅으로 뒤바꿀 각오가 돼 있었다.

8월 5일 수집된 데이터는 금세(하지만 불충분하게) 분석됐다. 8월 7일 개최된 기자회견을 위해 기자들이 한꺼번에 JPL로 몰려왔다. 매리너 7호 연구 팀은 그들을 실망시키지 않았다. 〈뉴욕타임스〉의 월터 설리번(Walter Sullivan)은 매리너 7호의 발견에 관한 기사를 8월 8일자 헤드라인에 "화성 생명체 관련 가스, 극관 부근에서 발견"이라는 제호로 올리기 위해 데스크를 설득했다. 그야말로 특종이었다. 그러나 실수의 여파는 훨씬 컸다.

UC 버클리의 화학자 조지 피멘텔(George Pimentel)은 자신의 팀이 매리너 7호의 적외선 분광기(Infrared Spectrometer)를 사용해 남극 윗부분에 국한된 화성 대기에서 메탄과 암모니아를 발견했다고 발표했다. 적외선 분광기는 3.3미크론에 가까운 근적외선 파장에서 강력한 흡수선이 있는 메탄의 스펙트럼 특성을 발견했다. 강력한 흡수선은 2가지를 확실히 설명한다. 우선 기체는 특정한 파장에 있는 흡수선에서 매우 효율적이다. 두 번째는 많은 양의 기체가 존재하며, 많은 양의 빛을 흡수하고 있다는 사실이다. 이와 비교해 적외선 분광기로 화성 방향 3.0미크론에서 관측한 암모니아 선도 존재하지만 메탄의 흡수선보다는 약하다. 화성에서의 위치에 관해서 피멘텔은 이렇게 언급했다.

"화성의 남위 61도와 76도 사이에서 기체 메탄과 기체 암모니아를 발견했다고 확신한다."[11]

측정을 마친 뒤 피멘텔과 그 역시 UC 버클리의 화학자인 동료 케네스 헤어(Kenneth Herr)는 발견이 그 기원과는 직접적인 관련이 전혀 없다고 말했다. 하지만 그렇다고 해서 추론을 멈출 수는 없었다.

"이 가스의 기원에 대한 단서는 없지만 이 관측치가 맞다면, 나는 맞다고 생각하는데, 우리는 생물학적인 기원일 가능성에 대비해야 한다."[12]

인상적인 것은 그들은 전혀 알지 못하는 기원에 관해 추론할 수 있었을 뿐 아니라 지역적 특성에 따른 화성의 생명 형태를 추론할 수 있었다는 점이다.

"흡수선의 지질학적 지역성은 그 기원이 이곳처럼 적절한 지역이라는 것을 의미한다."

남위 61도와 76도 사이 극관의 경계 부분은 그들이 물이 저장돼 있다고 주장했던 곳이었다. 행복은 한 달 가까이 지속됐다. 9월 11일 피멘텔은 이전에 메탄과 암모니아에 의해 나타났다고 생각했던 스펙트럼 특성이 사실은 얼어붙은 이산화탄소(드라이아이스)에 의한 것이었다고 기자회견 자리에서 고백했다. 향상된 적외선 분광기의 분석 기술은 "행성의 생명체를 찾으려는 과학자의 마지막 희망을 제거"했다. 그의 표현에 따르면 "이산화탄소가 메탄과 암모니아와 유사하게 나타난 것은 잔인한 일치였을 뿐"이었다.[13]

성급한 결론에서 교훈을 이끌어내는 것은 너무 쉽다. 첫째, 과학을 기자회견으로 해서는 안 된다. 둘째, 이와 같은 유형의 과학은 옳은 길로 가기가 매우 어렵고 극도의 보살핌과 참을성, 헌신, 끈기 등이 수반된다. 피멘텔과 그의 팀은 이와 같은 성품을 모두 갖추고 있음을 보여줬다.[*]

그들은 과학을 제대로 이해하고 있었다. 1972년 몇 년간의 노력 끝에 화성 대기에서 메탄의 상한치 농도가 3.7피피엠(ppm, 1피피엠은 100만 분의 1)이라는 사실을 알게 됐다(이후 측정한 3,700피피비와 비교하기 쉽다).[14]

과학 및 통계학 용어에서 상한치는 발견이 아니다. 그보다는 실험에서 이뤄진 측정의 정확도를 보고하는 방법의 하나다. 과학자는 실험을 할 때 때때로 상한치가 잡음 수준(noise level)의 2배 정도일 뿐인데도 상한치

---

[*] 현재 캘리포니아대학교 버클리 캠퍼스에는 피멘텔을 기리기 위해 그의 이름을 딴 피멘텔 홀이 있다. 게다가 2017년 5월에는 미국화학회가 이 건물을 역사적인 화학의 기념비석인 상소로 정했다. 이곳에서 적외선 분광기가 개발됐기 때문이다.

가 잡음 수준의 3배(3시그마 상한치)라고 보고할 것이다.

잠시 화성 이야기는 접어 두고 상한치와 잡음 수준에 대해 알아보자. 덩치가 큰 개 파이도(Fido)와 함께 버스를 타고 테네시 내슈빌(Nashville)에서 콜로라도 덴버(Denver)까지 여행을 하고 있다고 상상해보자. 버스에 있는 동안 구식 욕실 저울을 이용해 파이도의 몸무게를 측정한다. 68킬로그램이 나온다. 그런데 파이도의 무게가 67이나 69킬로그램이 아니라 68킬로그램이라는 것을 얼마나 확신할 수 있을까?

더욱 분명히 하기 위해 측정을 반복하니 매번 다른 값이 나온다. 그 값의 범위는 무작위인 것처럼 보이는데 66킬로그램에서 70킬로그램 사이다. 저울을 못 믿겠다. 파이도의 정확한 몸무게를 알 수 있다는 확신이 흔들린다. 당연한 말이지만 고속도로를 달리는 버스 안에서 구식 저울로 측정한 대형견의 무게는 정확도가 떨어질 수밖에 없다. 저울이 제대로 보정돼 있는지, 매번 똑같은 방식으로 작동하는지와 같은 장비 문제가 있을 수 있고, 버스의 진동이라든가 파이도의 몸부림과 먹이 섭취 등의 변수가 작용할 수도 있다. 이런 요인들이 모두 데이터의 잡음에 영향을 미친다. 그래서 정확한 값을 얻지는 못하지만 측정치를 이용해 파이도 몸무게의 평균값과 그 측정치에 대한 잡음을 계산할 수 있다.

파이도에게 이 같은 실험을 100번 실시한 다음 계산한다면 아마도 파이도의 몸무게는 68±1(68 플러스마이너스 1이라고 읽는다)킬로그램일 것이다. 이것이 의미하는 바는 파이도를 저울에 올려놓고 101번째 몸무게를 측정하면 체중이 67킬로그램보다 크고 69킬로그램보다 작을 확률(평균의 1시그마 이내)이 68퍼센트라는 것이다. 또한 파이도의 체중을 101번째 측정할 때 95퍼센트의 확률로 체중이 66킬로그램과 70킬로그램 사이(2

시그마 이내)에 있다고 자신 있게 말할 수 있다. 101번째 측정에서 99.7퍼센트는 65킬로그램과 71킬로그램 사이(3시그마 이내)의 체중을 측정하게 될 것이다. 여전히 파이도의 몸무게를 정확히는 모르지만, 놀랄 만큼 높은 정도의 확실성으로 파이도의 체중이 6킬로그램 사이를 오간다는 사실을 알 수 있다. 현실 세계에서 가장 가능성이 높은 값을 아는 것 그리고 알려진 정확도로 정량적인 측정을 할 수 있는 것이 우리가 할 수 있는 최선이다.

다음번 버스 여행에서는 여동생의 포동포동한 기니피그 사사프라스(Sassafras)를 데리고 체중을 100회 측정한다. 잡음 수준은 이번에도 믿음직하게 ±1(잡음은 사사프라스의 몸무게와는 전혀 관계가 없고 전적으로 측정 장비와 환경에 달려 있다)킬로그램이며, 사사프라스의 체중은 1.3킬로그램(측정치 평균)이다. 기니피그는 보통 사사프라스처럼 몸무게가 많이 나가지 않는다. 사사프라스의 체중이 1.3킬로그램이라고 얼마나 확신할 수 있을까? 통계적으로 사사프라스의 체중이 0.4에서 2킬로그램 사이에 있을 가능성은 65퍼센트의 확률로 확신할 수 있고, 0에서 3킬로그램 사이일 가능성(체중이 0이하가 아닐 가능성은 100퍼센트 확신할 수 있다)은 95퍼센트로 확신할 수 있으며, 4킬로그램 이하일 가능성은 99.7퍼센트 확신할 수 있다. 이 데이터의 의미를 이해하는 사람이라면 사사프라스의 몸무게가 1.3킬로그램인지 알 수 없다고 인정할 것이다. 1.3킬로그램은 잡음보다 약간 크기 때문이다. 확실하게 안다고 할 수 있는 것은 사사프라스의 체중이 4킬로그램 이하이며, 3킬로그램보다 작을 것이라는 사실뿐이다.

같은 실험을 애완용 쥐인 오리온(Orion)에게 하면 어떻게 될까? 일반적인 애완용 쥐의 몸무게는 0.5킬로그램보다 훨씬 가벼워서 파이도나 사사프라스의 체중을 측정할 때와 같은 저울, 같은 버스, 같은 고속도로라면 오리온의 몸무게를 측정하기 어렵다는 사실만 깨닫게 될 것이다. 흔들리는 버스에서 잡음 수준은 이전과 같은±1킬로그램이 될 것이다. 그럴 경우 99.7퍼센트의 신뢰도로 오리온의 체중이 3킬로그램 이하라고 보고할 수 있다. 이 경우 3킬로그램은 잡음 수준 1킬로그램의 3배 값인 3시그마 상한치다. 확실하게 알 수 있는 것은 이것뿐이다. 오리온의 체중이 6, 113, 198, 340, 820그램이라면 이 저울을 이용해 오리온의 체중을 측정할 때 동일한 값(3킬로그램 이하)을 얻게 된다.

피멘텔과 매리너 7호 팀은 결국 화성 대기에는 95퍼센트의 신뢰도(상한치인 3.7피피엠은 잡음 수준의 2배였다)로 메탄의 양이 매우 적다는 사실 말고는 알 수 있는 것이 없다는 결론을 내렸다. 95퍼센트의 신뢰도에서 화성 대기 내에 있는 분자 100만 개 가운데 4개 이하만 메탄일 가능성이 있었고, 99.7퍼센트의 신뢰도에서는 6개 이하만 메탄일 가능성이 있었다 (6개 이하는 5, 2, 1 심지어 0이 될 수도 있다는 사실을 잊지 말자). 화성에는 매우 적은 양의 메탄이 존재하거나 아니면 전혀 없을 수도 있었다. 언론의 야단법석에도 불구하고 강력한 최종 분석 결과 매리너 7호의 실험에서는 메탄을 감지하지 못했다.

1969년 8월 첫 번째 매리너 7호 기자회견에서 피멘텔은 더 신중하게 행동했어야 했다. 무엇보다도 그는 1965년 신턴 영역이 화성의 조류 때문이 아니라 지구의 대기에 있는 중수 때문이라는 것을 보여준 바 있던 UC 버클리 화학자의 한 사람이었다. 하지만 화성을 연구하는 사람에게 지워진 가혹한 역사적 부담은 연구자의 마음을 흔들어 경솔한 행동을 하게 하는 경우가 많았다.

매리너 7호의 메탄 문제는 성급한 기자회견이 연구에 나쁜 영향을 미친 사례로서 NASA, 제트추진연구소, UC 버클리, 관련 과학자, 언론 등이 모두 이에 대한 책임을 공유해야 한다. 철회에 관한 소식은 〈LA타임스〉 3면, 〈월스트리트저널〉 8면에 실렸고,[15] 〈월스트리트저널〉 기사 후반부에서는 "지난 달 메탄과 암모니아의 확인 오류는 성급한 결론이 얼마나 위험한지 보여주는 완벽한 사례"라고 지적했다. 〈뉴욕타임스〉는 피멘텔의 철회를 보도하지 않았다. '발행하기에 적합한 뉴스'라는 취지에 맞지 않아서였을 것이다.

매리너 9호는 NASA의 매리너 계획의 일환으로 발사된 화성 탐사 마지막 한 쌍의 탐사선 중 두 번째였다. 매리너 9호의 영상 처리 결과는 혁명적이었다. 매리너 8호는 발사 단계에서 실패했지만 매리너 9호는 1971년 5월 30일 발사에 성공했고, 1971년 11월 13일 화성 궤도에 진입해 다른 행성의 궤도를 공전하는 최초의 우주선이 됐다. 단지 그 목표를 완수했다는 것만으로도 엄청나게 큰 성과였다.

매리너 9호가 화성에 도착했을 때 행성 표면 전체가 사라지지 않는 먼지 폭풍에 싸여 시야가 불투명했다. 그런데 한 달쯤 지나자 궤도를 비행하는 이 우주선에서 바라본 화성 표면이 선명하게 바뀌었다. 매리너 9호의 주요 임무는 전체 행성 표면을 사진으로 담는 것이었다. 이 사진이 지구로 전송되자 화성은 달처럼 생긴 크레이터가 있는 머나먼 미지의 행성에서, 거대한 화산과 그랜드 캐니언(Grand Canyon)보다 웅장한 협곡, 고대의 강바닥, 크레이터가 산재해 있는 방대한 지역 등이 가득한 세상으로 탈바꿈했다. 화성은 달의 대형 버전이라기보다는 태양계에서 가장 큰 화산과 가장 길고 깊은 협곡, 가장 넓고 가장 많은 양의 물이 깎아놓은 계곡과 운하가 있는 곳이었다.

매리너 9호가 정찰한 화성 표면의 초기 데이터는 사람들에게 큰 놀라움을 선사해 연구 팀원들은 화성의 생명체에 대해 열정적으로 추론하기 시작했다. 미국 지질조사국의 해럴드 매저스키(Harold Masursky)와 텔레비전 조사 팀장은 탐사선의 카메라에서 촬영한 고대 골짜기의 기원에 대해 치열하게 추론했다. 화성 표면에는 분명히 많은 양의 물이 흐른 적 있었다. 그런 결론에서 화성의 역사에 대한 그의 추측은 합리적이었다. 그는 이어서 이런 발견들이 "행성에 착륙하는 미래의 임무에서는 생명에 대한 징조나 적어도 과거에 살았던 생명체의 화석이라도 찾아낼 가능성을 높인다"고 말했다. 그 점에서 화성에 대한 역사적인 부담과 아마도 언론에 대한 관심이 매저스키를 끝이 아니라면 가장자리로 이끌었다. 프로젝트 팀원인 고더드 우주 항공센터의 루돌프 하넬(Rudolph Hanel)은 이렇게 보고했다.

"우리는 화성에서 생명에 대한 어떠한 흔적도 발견하지 못했습니다. 기대할 수가 없습니다. 하지만 생명이 없다고 할 만한 것도 보지 못했습니다."

화성에서 생명체를 찾으려는 희망의 추는 다시 "찾을 수 있다"는 쪽으로 돌아오고 있었다.[16]

매리너 9호의 적외선 간섭계(IRIS)는 1971년 말부터 사용되기 시작해 1972년의 많은 시간 동안 화성 대기의 스펙트럼에 대한 광대한 라이브러리를 수집했다. IRIS 연구 팀의 가장 중요한 목표는 대기의 온도 분포, 즉 표면에서 대기의 상층부까지 온도가 어떻게 변화하는지와 화성의 표면에서의 온도와 압력을 측정하는 것이었다. IRIS의 설계는 또한 매리너 9

호 팀이 메탄처럼 생물학적 의미가 있을 수 있는 일부 분자 등 대기에서 낮은 비율을 차지하는 구성 요소의 양까지 측정할 수 있게 했다.

매리너 9호의 메탄 측정에 대해 알기 위해서는 1977년까지 기다려야 했다. 그 해에 고더드 우주항공센터 내 행성대기연구소(Laboratory for Planetary Atmospheres)의 윌리엄 매과이어(William Maguire)는 기자회견 없이 심사를 거쳐 학술지에 논문을 발표했다. 그 논문에서 그는 매리너 9호의 IRIS 스펙트럼에서 신중하게 선정한 스펙트럼 분석을 제시했다. 매과이어는 전체 데이터에서 매리너 9호가 100번째 공전을 한 이후의 스펙트럼만 포함하기 위해 선정된 1,747가지의 스펙트럼을 분석하고 평균을 구했다. 이런 매우 합리적인 데이터 선정은 매리너 9호가 화성에 도착했을 때 존재했던 화성 전반의 먼지 폭풍이 100번째 공전 이후에 사라져 대기 중에 섞여 있던 먼지가 대부분 표면으로 되돌아갔기 때문에 이뤄진 것이었다. 대기 중의 먼지로 인해 약한 가스의 스펙트럼이 작게 보였기 때문에 처음 100회의 공전 이전에 구한 스펙트럼은 과학적으로 가치가 없었다.

매과이어는 자신의 연구에서 메탄을 전혀 발견할 수 없었다고 보고했다. 그의 최종 결과는 20피피비의 상한(매과이어가 잡음 수준의 두 배로 정한)으로, 1972년 매리너 7호의 데이터에서 나온 최종치로 보고된 3,700피피비의 2시그마 상한치보다 거의 200배는 작은 결과였다.[17] 이는 간단히 말해서 매리너 9호의 IRIS 측정치에 근거하면 95퍼센트의 신뢰도로 화성의 대기에 있는 메탄의 양은 10억 개의 분자마다 20개 이하의 메탄 분자가 있으며, 99.7퍼센트의 신뢰도로 10억 개의 분자 당 30개 이하의 메탄 분자가 존재한다는 뜻이다. 화성 대기에 약간의 메탄이 존재할지는

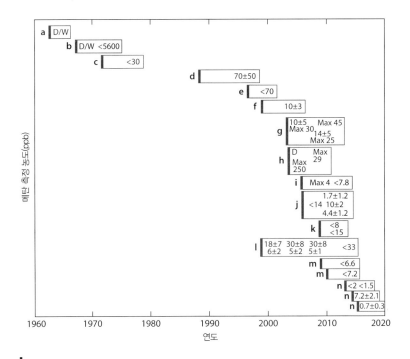

a D/W
b D/W <5600
c <30
d 70±50
e <70
f 10±3
g 10±5 Max 45
Max 30 14±5
Max 25
h D Max
Max 29
250
i Max 4 <7.8
j 1.7±1.2
<14 10±2
4.4±1.2
k <8
<15
l 18±7 30±8 30±8 <33
6±2 5±2 5±1
m <6.6
m <7.2
n <2 <1.5
n 7.2±2.1
n 0.7±0.3

메탄 측정 농도(ppb)

1960　1970　1980　1990　2000　2010　2020
연도

I

화성의 메탄 측정에 관한 50년간의 연대기. 한 가지 예외(i)를 제외하면, 각 상자는 하나의 실험 측정을 나타낸다. 상자의 왼쪽 선은 측정이 이뤄졌던 날짜를 대략적으로 표시한다. 상자 안에 있는 숫자는 메탄의 양을 가리키는데, 공개적으로 보고된 대략적인 날짜(들)에 위치하고 있다. 숫자가 하나 이상 보인다면(i를 제외하고), 측정치를 다시 계산해 값이 바뀐 것이다. 예를 들어 'h'의 경우 초기 보고에서는 메탄을 발견했음을 언급했고, 다음 보고에서는 정량적인 값의 범위가 최대 250피피비까지 커질 수 있으며, 그 다음 보고서에서는 상한치가 29피피비로 감소했다는 사실을 기록했다. 수치 없이 보고된 발견은 'D'라고 적혀 있다. 그런 발견이 이후에 취소 또는 철회되거나 발표되지 않으면, 최종 결론은 'W'라는 표시로 기록된다. 'i'의 첫 번째 숫자의 집합은 1998~2000년의 화성의 여름(높은 값)과 겨울(낮은 값)에 측정한 값이고, 두 번째 숫자의 집합은 2000~2002년, 세 번째는 2002~2004년에 측정한 것이다. 마지막 상한치는 3가지 집합에 모두 적용되는 수정치다. 동일한 측정값(m과 n)에 대한 다수의 상자는 같은 관측 팀이 서로 다른 날짜(이 그래프에서는 각자 따로 보고한)에 측정한 것을 가리킨다.

a: 캐플란, 콘 부부(데이터 1964~1965, 보고 1965~1966), b: 매리너 7호(데이터 1969, 공개 1972), c: 매리너 9호(데이터 1972, 공개 1977), d: 크라스노폴스키, 키트 피크 천문대(데이터 1988, 공개 1997), e: 적외선 우주 천문대(데이터 1997, 공개 2000), f: 크라스노폴스키, 캐나다-프랑스-하와이 망원경(데이터 1999, 공개 2004), g: 마스 익스프레스(데이터 2004, 공개 2004, 2008, 2011), h: 머마, 2003(데이터 2003, 보고 2004, 2006, 공개 2009), i: 머마, 적외선 망원경 시설(데이터 2006, 공개 2009, 2013), j: 크라스노폴스키, 적외선 망원경 시설(데이터 2006, 공개 2009, 2012), k: 크라스노폴스키, 적외선 망원경 시설(데이터 2009, 공개 2011), l: 마스 글로벌 서베이어(데이터 1998~2000, 2000~2002, 2002~2004, 공개 2010, 2015), m: 빌라누에바, 다중 망원경(데이터 2009, 2010, 공개 2013), n: 큐리오시티(데이터 2013, 2014년 초, 2014년 중반, 공개 2013, 2015)

모르겠지만, 그렇게 많지는 않다.

메탄은 단지 대기를 구성하는 여러 요소 중 매과이어가 상한치를 구한 하나의 요소일 뿐이며, 그는 메탄의 측정에 대해 설명하지 않았다. 화성 대기에 메탄이 존재하는지 또는 존재하지 않는지는 더 이상 천문학자들에게 흥미가 없어졌다.

13

잡음 감지

1988년 블라디미르 크라스노폴스키(Vladimir Krasnopolsky)와 마이크 머마를 비롯한 고더드 우주항공센터 천체물리학연구실의 고든 뵤레이커(Gordon Bjoraker), 도널드 제닝스(Donald Jennings) 등이 애리조나 키트 피크(Kitt Peak) 국립 천문대의 4미터짜리 망원경을 이용해 화성의 대기 연구를 수행하면서, 10년 만에 화성의 메탄 이야기가 다시 시작됐다.[1] 크라스노폴스키와 머마는 그 후에도 30년 동안 열심히 화성의 메탄을 찾을 것이었지만, 이 연구는 이 분야의 경쟁자가 아닌 동료로서 일하는 처음이자 마지막 기회였다.

지구 지표면의 산에 설치된 망원경을 이용해 측정하는 것은 어려운 일이었고, 화성 궤도에 진입한 탐사선에서만큼 정확하지도 않았다. 하지만 1972년에 매리너 9호의 임무가 끝났기 때문에 마스 글로벌 서베이어가 안전하게 화성 궤도에 안착할 25년 뒤 1997년 9월까지는 화성 궤도상에서 관측할 방법은 없었다. 크라스노폴스키 팀이 이 데이터를 얻은 것은

1988년이지만 거의 10여 년 동안 연구 결과를 발표하지 않다가 마침내 1997년 〈지구물리학연구저널〉에 그들의 논문이 실렸다.

화성 대기에 존재하는 메탄의 양에 관해 이들이 얻어낸 답은 장난감 상자에서 인형이 튀어나오는 것처럼 쉽게 구할 수 있는 것은 아니었다. 가장 중요한 문제는 지구 대기에 있는 메탄가스가 화성의 메탄과 거의 같은 파장에서 빛을 흡수하기 때문에, 지구에서 망원경으로 관측하면 지구의 메탄 때문에 화성의 메탄의 특성이 드러나지 않을 수 있다는 것이었다. 따라서 크라스노폴스키, 뵈레이커, 머마, 제닝스 등은 먼저 지구의 대기를 통해 그들에게 보이는 메탄가스의 양이 얼마나 되는지 측정해야 했다. 그들이 산출한 수치는 상당히 많은 2,000±100피피비였다. 그런 다음 지구의 이 많은 메탄이 화성의 스펙트럼 관측에 미치는 영향을 제거하는 컴퓨터 프로그램을 구축해야 했다.

그들이 스펙트럼에서 지구 메탄의 특성을 정확하게 제거했다고 가정한다면, 화성의 스펙트럼에 남아 있는 메탄의 흔적은 아마 화성 대기에 존재하는 메탄 때문일 것이다. 결국 3.7미크론에서 가장 강한 CH_4(메탄 분자) 흡수선을 12회 측정해 화성 대기에 있는 메탄의 양이 70±50피피비라고 결론 내렸다.

여기서 이 값(70피피비)은 지구 대기에 있는 메탄을 예측할 때의 잡음 수준(100피피비)보다 상당히 적다는 사실을 주목해야 한다. 70피피비는 또한 그들이 화성 대기에 있는 메탄의 양을 알아내기 위해 관찰하고 측정하고 제거해야 했던 실제 지구 메탄의 양보다 30배 적다. 그들은 건초더미에서 건초처럼 보이게 위장한 바늘을 찾고 있었다.

70±50피피비가 의미하는 것은 화성에서 70피피비의 메탄을 찾아냈

다는 뜻일까? 아니었다. 기니피그 사사프라스의 무게(1.3±1킬로그램)를 측정할 때와 마찬가지로 크라스노폴스키 팀의 측정에서 불확실성의 수준(50피피비)이 평균값 70피피비의 70퍼센트 이상이다. 그들이 보고한 불확실성이 '± 50'이라는 것은 99.7퍼센트의 신뢰도로 화성 대기에 있는 메탄의 양이 '70±150피피비 이하'라는 의미다. 즉, 메탄의 양이 220 피피비 이하일 것이 거의 확실하다는 뜻이다. 또한 95퍼센트의 신뢰도로 메탄의 양이 170피피비 이하라고 단언할 수 있다. 이미 매리너 9호의 IRIS 데이터를 이용해 매과이어가 화성 대기에 있는 메탄의 양은 30피피비 이하(신뢰도 99.7퍼센트)라는 결과를 알고 있었기 때문에, 이 새로운 결과가 화성의 대기에 메탄이 존재하는지 존재하지 않는지에 대한 지식에 의미 있는 기여를 했다고는 할 수 없었다.

크라스노폴스키, 뷰레이커, 머마, 제닝스 등은 조심스럽게 화성에서 확실하게 메탄을 찾은 것은 아니라고 주장했다. 그들은 자신들의 연구가 "매리너 9호의 상한치를 확인한 것도 반박한 것도 아니었다"고 썼다. 분명히 맞는 말이었다. 하지만 그들은 이어서 좀 더 긍정적으로 덧붙였다.

"새로운 결과는 화성에 메탄이 존재한다는 것만큼 흥미롭게 이해돼야 한다."

이번에도 역시 화성 연구의 역사적인 부담 때문에 그들은 연구 결과를 과장했을지도 몰랐다. 현실적으로 어떤 실험에서 신호의 값이 70이라는 값이 나왔을 때, 70이 데이터의 잡음보다 겨우 40퍼센트 큰 것이라면 그 신호를 의미 있게 구별할 수 있다고 주장하지는 못한다(그들의 결과는 1.4 시그마라고 할 수 있으며, 이것을 발견이라고 규정할 과학자는 없다).

크라스노폴스키 팀의 결과가 화성에 메탄이 존재함을 나타내는 결과

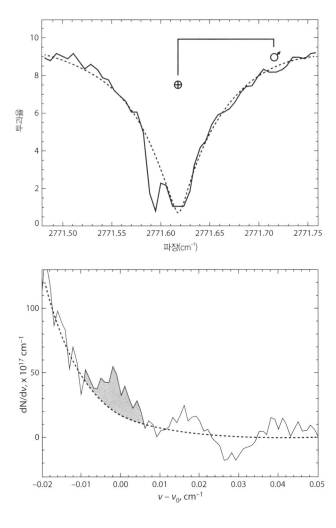

위: 화성에서 반사된 적외선(투과율)과 빛의 파장(파수) 사이의 관계를 나타낸 도표. 메탄은 지구의 대기에서 2771.62파수(3.60670미크론, '지구' 모양의 부호로 표시돼 있다)를 중심으로 급감하는 모양을 보여주고 있다. 관측 당시 지구의 속도가 화성에 점점 가깝게 다가가고 있었기 때문에 같은 메탄 띠가 2771.72파수(3.60657미 크론, '화성' 모양의 부호로 표시돼 있다) '청색편이'한다.

아래: 위 도표에서 2771.72 영역을 중심으로 상세히 표현한 것으로, 데이터가 효과적인 역수로 나타난다. 점선은 화성의 대기에 메탄이 없다면, 그리고 데이터에 잡음이 없다면 측정돼야 할 빛의 양을 나타낸다. 어둡 게 표시된 영역은 화성의 대기에 있는 메탄가스의 양을 측정한 값이다. 이 스펙트럼이 특징은 잡음으로 파악 된 일탈을 의미 있는 일탈로 구별해내기가 불가능하지는 않더라도 매우 어렵다. 크라스폴스키 등은 "화성에 메탄이 존재한다는 표시로 약간의 관심을 받았다"고 주장했다.

로 이해되는 것은 희망사항일 뿐이었다. 사실은 그렇지 않았다. 상한치는 발견도 아니고 관측자가 찾으려고 하는 것이 존재한다는 표지판도 아니었다. 상한치는 그냥 상한치일 뿐이다. 그게 끝이다. 결론은 1988년 애리조나에서 망원경을 이용해 화성 대기에 있는 메탄의 양을 측정하려는 시도에서 잡음만 나왔다는 것이다. 150피피비의 상한치(99.7퍼센트의 신뢰도 수준) 이외에 어떤 것이 있는 것처럼 보고돼서는 안 되는 것이었다. 향후 측정에서 더 신중한 해석을 확인할 것이다.

그럼에도 불구하고 "화성에 메탄이 존재할 가능성을 나타낸다"는 단언이 크라스노폴스키와 머마 두 사람 모두로 하여금 그들의 초기 데이터를 확인해 화성의 메탄 이야기에 또 하나의 정보를 추가하고자 자신들의 소중한 시간과 장비를 사용하며 각자 따로 연구하고 다시 살펴보게 하는 명분이 됐다.

그러나 크라스노폴스키나 머마가 화성에서 메탄을 찾을 또 한 번의 기회가 생기기도 전에 화성에 메탄이 존재할 가능성이 있다는 그들의 주장은 타격을 입었다. 적외선 우주 천문대(Infrared Space Observatory, 이하 ISO)는 유럽우주국 ESA가 1995년 11월 발사한 지구를 공전하는 중간 크기(구경 60센티미터)의 우주망원경이다. ISO의 성공은 주로 액체 헬륨을 이용해 절대온도 0도보다 겨우 몇 도 높은 온도(섭씨 영하 236도)까지 냉각되는 거울 덕분이었다. 1997년 7월과 8월에 ISO는 단파장 분광기라는 장비를 이용한 화성 연구를 수행했다. 그 결과는 2000년 파리 천문대의 에마뉘엘 를르슈(Emmanuel Lellouch) 팀이 발표했다.[2] 연구원들은 화성의 대기에서 이산화탄소(CO_2), 물(H_2O), 일산화탄소(CO) 등 다수의 분자를 찾아내는 데 성공했으며 아주 상세한 부분까지 연구했다.

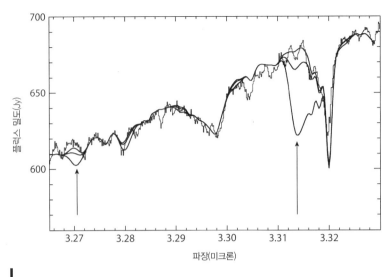

적외선 우주 천문대에서 얻어낸 화성에서 반사된 적외선(막대그래프)과 3.3미크론에서 메탄의 흡수선 영역의 빛의 파장 사이의 관계를 나타낸 도표. 데이터를 통해 그려진 세 가지의 완만한 곡선은 화성의 대기에 관한 모델이다. 이 모델은 메탄이 존재하지 않거나(가장 위에 있는 선), 50피피비만큼 존재하거나(중간에 있는 선), 500피피비 존재한다(가장 아래에 있는 선)고 가정한다. 3.29와 3.31미크론 사이에서는 세 가지 선을 구별할 수 없는 반면, 3.270과 3.314미크론에서는 세 선이 서로, 데이터와 뚜렷하게 다르게 나타난다. 세 모델 중 500 피피비는 데이터와 부합하지 않고, 0피피비는 일치하며, 50피피비는 가까스로 데이터와 일치하는 것 같다. 흡수선의 특성(이처럼 왼쪽에서 오른쪽으로 꾸준히 상승하는 모습에서 갑자기 떨어지는)은 모두 화성이 아니라 태양에서 비롯된 것이다. _Lellouch et al., Planetary and Space Science, 2000.

　　화성의 대기에서 메탄을 찾을 때 ISO 팀은 지구의 표면에서 망원경을 이용해 관측하는 사람들보다 유리했다. ISO는 지구의 대기 위에 있기 때문에 화성에서 오는 빛이 지구를 공전하는 ISO 망원경에 도달하기 위해 지구 대기를 통과할 필요가 없었다. 따라서 ISO 팀은 크라스노폴스키 팀과는 달리 지구 메탄 2,000피피비의 영향을 데이터에서 수정하기 위해 까다로운 계산을 하지 않았다. 그들은 3.3미크론과 7.66미크론의 두 파장에서 메탄을 찾았지만, 결과적으로는 메탄을 찾아내지 못했고 상한치 50피피비만을 구할 수 있었다.

이는 매리너 9호에서 나온 매과이어(1977년)의 데이터 20피피비와 비슷했지만, 키트 피크 천문대 크라스노폴스키 팀의 결과보다는 약간 좋았다. 또한 ISO 팀은 지구 대기의 영향을 수정할 필요가 없었고, 3.3미크론과 7.66미크론 2가지 파장에서 측정했기 때문에 결과를 더 믿을 수 있었다. ISO의 보고서를 작성한 사람은 매우 친절하고 올바르게 지적했다.

"그들의 결과가 의미하는 것은 카라스노폴스키 등(1997년)의 고해상도 망원경을 이용한 메탄(CH_4)의 잠정적인 발견, 지상에 기반을 둔 관측은 기껏해야 제한적일 수밖에 없다는 사실이다."

1999년 크라스노폴스키는 파리 천문학연구소의 장 피에르 마야르(Jean Pierre Maillard)와 하와이대학교 천문학연구소의 토비아스 오언(Tobias Owen)과 함께 화성의 메탄을 찾기로 했다. 이 팀과 함께 크라스노폴스키는 하와이에 설치된 직경 3.6미터의 캐나다−프랑스−하와이 망원경에 탑재된 푸리에 변환 분광기(Fourier Transform Spectrometer, FTS)라는 강력한 적외선 탐지 시스템을 사용할 수 있었다. 마우나케아 산의 고도 4,260미터 지점에서 키트 피크(고도 2,130미터)보다 더 민감한 적외선 관측을 할 수 있던 덕분에 크라스노폴스키는 10년 전보다 훨씬 좋은 위치에서 비슷한 크기의 망원경을 사용해 초창기 연구를 성공적으로 보완할 수 있었다.

크라스노폴스키는 1999년 1월 말 새롭게 화성을 관측했지만 2004년까지 연구 결과를 보고하지 않았다. 그의 팀은 일부 초기 결과와 그들이 화성의 대기에서 메탄을 발견한 것에 대한 우선권을 주장하는 내용을 2004년 1월 초에 개요 형태로 공개했다. 개요에는 자세한 설명 없이 앞으로 있을 과학 관련 회의에서 과학적인 결과를 아주 상세히 보고할 예정이라는 공지사항이 포함돼 있었다. 회의 개요는 실제 회의가 열리기 몇 주에서 몇 달 전에 공지되며, 전문 지면에 발표되는 학술 논문과는 달리 일반적으로 동료 심사를 받지 않는다.

이 개요는 돌아오는 4월 프랑스 니스에서 열릴 예정인 유럽 지질학회에서 발표하기로 한 크라스노폴스키 팀의 연구 결과를 아주 간단하게 홍보했다. 대담의 제목은 단호하고 명쾌했다.

"화성 대기에서 메탄 검출: 생명체의 단서인가?"[3]

그들은 화성에서 메탄을 검출했다고 분명하게 주장하고 있었고, 또한 대기의 메탄과 화성의 생명체 사이의 연관성을 암시하려는 것이었다. 완전한 결과는 몇 달 뒤 같은 제목의 논문으로 2004년 3월 29일 〈이카루스(Icarus)〉에 제출됐고, 2004년 7월 1일 출간됐다.[4] 최초로 화성에서 메탄을 발견한 것에 대한 우선권을 놓고 몇 군데 연구 팀들이 오랫동안 분쟁 중이었기 때문에 이런 날짜는 중요했다.

크라스노폴스키의 관측 프로토콜은 까다로웠지만 잘 설계돼 있었다. 지상이기는 하나 마우나케아 산 정상에서의 관측이었음에도 불구하고 두터운 지구 대기를 통할 수밖에 없었다. 조사 중인 스펙트럼 영역에서 최소 2만 4,000개 서로 다른 지구 메탄의 흡수선이 화성에서 오는 빛의 스펙트럼을 오염시키고 있었다. 지구 대기에 있는 이 같은 흡수선들은 대체로 매우 약하지만, 문제는 지구와 화성 대기 양쪽에서 모두 똑같이 존재한다는 것이다.

관측한 메탄의 흡수선이 화성의 메탄에 의한 것인지 증명하기 위해 크라스노폴스키는 화성 메탄 흡수선과 지구 메탄 흡수선을 분리해야 했다. 이런 기법의 핵심은 윌리엄 윌리스 캠벨이 한 세기 전 화성 대기에서 물을 찾을 때 활용했던 '도플러 이동'을 이용하는 것이었다.

크라스노폴스키는 캠벨과 마찬가지로 지구와 화성이 태양을 공전하는 속도가 다르다는 사실을 이용했다. 속도 차이가 크다면 화성의 메탄 흡수선은 지구의 메탄 흡수선에서 멀어지는 방향으로 관측자가 둘 사이를 구별할 수 있을 만큼 도플러 이동할 것이다. 적어도 개념은 그랬다.

태양에 가까운 행성일수록 태양이 끌어당기는 중력의 영향을 강하게 받는다. 그래서 작은 궤도를 따라 우주를 이동하는 행성이 궤도가 큰 행성보다 속도가 빠르다. 지구 궤도는 화성 궤도의 3분의 2로서 화성의 평균 궤도 속도인 초속 24.1킬로미터보다 빠른 초속 29.8킬로미터로 태양을 공전한다.

지구와 화성이 타원형 트랙에서 달리기 경주를 한다고 생각해보자. 지구는 3레인에 있고 화성은 지구보다 약간 바깥쪽인 4레인에 있어서 트랙 길이가 다소 길다. 지구가 화성보다 짧은 레인에서 화성보다 빠르게 달리기 때문에, 때때로 화성 뒤에 처져 있던 지구가 화성을 따라잡기도 하고, 화성과 나란히 달리던 지구가 화성을 지나치기도 한다. 그리고 앞서고 있던 지구가 화성에서 더 멀어지기도 한다. 크라스노폴스키가 관측했던 1999년 1월 화성에 대한 지구의 상대 속도는 초속 17.79킬로미터였고, 지구가 화성을 따라 잡고 있었기 때문에 지구와 화성의 거리는 점점 줄어들고 있었다. 결과적으로 화성 메탄의 흡수선은 지구 메탄의 흡수선에 상대적으로 초속 17.79킬로미터로 청색편이된다. 이 같은 도플러 이동은 크라스노폴스키가 지구 메탄에 의한 스펙트럼선과 화성의 메탄에 의한 스펙트럼선을 구별할 수 있을 만큼 충분히 클 수도 있다.

크라스노폴스키, 마야르, 오언 등은 지구의 대기에서 먼저 메탄 스펙트

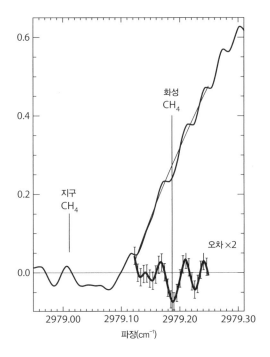

화성에서 반사된 적외선의 양(0.0 근처 왼쪽에서 시작되는 구불구불한 실선과 상단의 오른쪽 구석을 향해가는 곡선들과 빛의 파장(파수) 사이의 관계를 나타낸 도표. 화성의 메탄을 나타낸 선은 화성을 향하는 지구의 상대속도 때문에 지구 메탄 선의 중심 위치에서 약간 청색편이(더 높은 파수 방향으로)돼 있다. 우측 하단에 있는 오차 막대와 관련된 굵은 선은 동일한 파수에서 반사된 빛을 나타내는 도표를 상세하게 나타낸 것이다. 데이터는 분명하게 2979.10과 2979.25파수 사이의 잡음일 뿐이라는 것을 보여준다. 하지만 크라스노폴스키에 따르면 2979.19파수(3.35662미크론)를 중심으로 한 신호에서 명백하게 급감하는 모습이 나타난 것은 실제이며 화성의 메탄에 의한 것이다. _Krasnopolsky et al., Icarus, 2004.

럼선을 찾아냈고, 이를 이용해 화성 스펙트럼에서 메탄의 흡수선이라 추정되는 것을 발견했다고 주장했다. 그런 다음 그들은 스펙트럼에서 화성 메탄의 특성을 찾았다. 이는 지구 메탄의 흡수선 중심부에서 초속 17.79 킬로미터로 이동하는 것과 같다. 이런 위치들은 분광 전문가들이 지구 메탄 흡수선의 '푸른 날개(blue wings)'라고 부르는 곳에 나타날 것이다. 그곳에서 그들은 20개의 아주 작고 볼록 튀어나온 부분을 발견했다. 모두 도플러 이동된 화성의 메탄 흡수선이 있어야 할 자리와 관련된 것들이었다. 이 볼록 튀어나온 부분들은 데이터에서 잡음 수준으로 모두 아주 작았다. 그 위치가 화성의 메탄의 신호가 오길 기대하는 곳에 가까웠으므로 그들은 잡음이 아니라 신호라고 주장했다. 화성 대기에 있는 다양한 양의 메탄에 대한 메탄 방출선을 이 볼록 튀어나온 부분에 '맞추기' 위해 주의 깊게 컴퓨터 시뮬레이션을 진행한 뒤 그들은 메탄을 발견했다고 겨우 말할 정도의 신호지만 잡음보다는 컸다고 주장했다. 크라스노폴스키는 새로운 답을 찾았다. 화성 대기에는 10±3피피비의 메탄이 있다.

이 측정이 올바른 결과라서 논문 제목과 내용이 "화성에서 메탄 발견"이었다면 것이었다면 극적이고 중요하며 위대한 발견이다. 그런데 이런 신호와 잡음의 수치가 무엇을 의미하는지 잊지 말아야 한다. 크라스노폴스키가 실험을 계속했다면 메탄의 양이 7보다는 크고 13피피비보다는 작을 확률이 68퍼센트이고, 1에서 19피피비일 확률은 99.7퍼센트라는 사실을 알았을 터였다.

새로운 측정치 10±3피피비는 마지막 매리너 7호의 측정치(99.7퍼센트의 신뢰도로 5,600피피비 이하)와 매리너 9호의 측정치(99.7퍼센트의 신뢰도로 30피피비 이하), 그리고 ISO 측정치(99.7퍼센트의 신뢰도로 75피피비 이하)와 일치한다. 새로운 측정치는 또한 크라스노폴스키와 그의 동료들이 키트 피크 국립 천문대에서 얻었던 1988년 측정치(1997년에 보고된)와도 일치한다. 그 결과가 화성에 메탄이 존재한다는 것을 가리킨다기보다는 상한치(99.7퍼센트의 신뢰도 수준으로)가 220이나 150피피비까지도 될 수 있다는 것을 이해해야겠지만.

1988년 측정이 사실 상한치가 아니라 (메탄의) 발견이었다고 가정한다면, 1988년과 1999년의 측정 둘 다 옳을 수 있을까? 화성 대기에 있는 메탄의 양이 10년 만에 70피피비에서 10(또는 1까지도)피피비로 떨어질 수 있을까? 상상 속에서 그렇다고 하고 설명할 수는 있지만 현실 속에서는 결코 그렇게 하지 못한다. 크라스노폴스키는 2004년 논문에서 자신의 1988년 측정을 "메탄일 가능성이 있는 약한 신호"라고 말했지만, 그렇지 않았다면 1988년 측정과 1999년 발견 사이의 차이를 설명하려는 시도도 하지 않았을 것이다. 그는 분명히 초기 결과와 거리를 둬서 그 결과를 지나치게 열성적으로 해석하지 않으려고 애썼다.

옳다고 널리 인정받은 어느 연구 결과를 보면 크라스노폴스키, 마야르, 오언 등이 계산했듯 햇빛이 화성 대기에 있는 메탄을 파괴함으로써 수명이 250년에서 430년 사이로 줄어든다. 줄어든 메탄의 수명과 양이 10피피비라는 1999년 실험 결과가 강하게 암시하는 바는 얼마 지나지 않은 지난 세기 동안 화성 대기에 메탄을 더해주는 원천이 있다는 것이었다. 그게 아니라면 대기에 존재하는 메탄의 양은 감지할 수 있는 한계 이하여야 한다. 크라스노폴스키, 마리야, 오언 등은 화산에서 메탄이 나온다는 주장과 운석 먼지와 혜성에서 나온 메탄이 화성 대기로 들어온다는 주장을 살폈다. 그들이 내린 결론은 비생물학적인 원천에서 그들이 측정했던 10피피비의 메탄은 생성될 수 없다는 것이었다.

"따라서 우리는 메탄에 대한 어떠한 의미 있는 비생물학적 원천도 찾아내지 못했으며, 알려지지 않은 생물에 의해 메탄이 생성된다는 설명은 타당하다."

알려지지 않은 생물에 의해 메탄이 생성된다는 설명이 옳다면, 견줄 만한 상대가 없는 과학적 발견이 되는 것이다.

마스 익스프레스 계획은 ESA가 시도했던 최초의 성공적인 행성 간 탐사 프로젝트였다. 2003년 6월에 발사된 마스 익스프레스는 그 해 12월 화성 주위를 공전하는 궤도에 조심스럽게 진입하기 시작했다. 궤도선에서 6일 먼저 떨어져 나온 착륙선 비글 2호는 화성 표면에 안전하게 착륙하는 데 실패했지만, 궤도선은 무사히 화성 궤도에 안착했다. 궤도선에 실린 장비 중 이탈리아 로마 행성물리연구소(Istituto di Fisica dello Spazio Interplanetario)의 비토리오 포르미사노(Vittorio Formisano)가 만든 행성 푸리에 분광기(Planetary Fourier Spectrometer, 이하 PFS)는 메탄을 찾아내는 기능을 내장하고 있었다.

팀장 포르미사노를 비롯해 수실 아트레야(Sushil Atreya), 테레스 앙크레나즈(Therese Encrenaz), 니콜라이 이그나티에프(Nikolai Ignatiev), 마르코 지우라나(Marco Giuranna) 등이 소속된 PFS 팀은 2004년 1월부터 2월까지 화성의 16가지 궤도에서 얻어낸 서로 다른 2,931개의 관측치를 이용해 화성 대기에서 메탄을 발견했다고 발표했다. 그들은 그 해 말까지 학술지에 결과를 발표하지 않았지만, ESA는 크라스노폴스키 팀이 1999년 하와이에서 화성을 관측한 결과를 〈이카루스〉에 제출하자 2004년 3월 30일 보도자료를 배포했다. 바야흐로 화성에서 메탄을 최초로 발견한 권리를 주장하는 경쟁이 시작된 것이었다.

ESA의 보도자료 제목은 매우 직접적이었다.

"마스 익스프레스, 화성 대기에서 메탄의 존재를 확인."

보도자료는 측정값들이 "지금까지 메탄의 양이 매우 적다(약 10피피비)는 것을 확인해주므로 메탄의 생산도 아마 적을 것"이라고 지적했다.[5] '확인'이라는 단어의 선택과 반복된 사용이 흥미로웠다. 정확히 과거의 어떤 측정을 확인했다는 것이었을까?

포르미사노 팀은 2004년 12월에 〈사이언스〉에 발표된 논문에서 2004년 1~5월의 관측에 대한 마스 익스프레스 최종 결과를 보고했다. 그들의 데이터는 화성 대기에 전체적으로 평균 10±5피피비의 메탄이 존재한다는 사실(실험이 반복된다면 5~15의 값이 나올 확률이 68퍼센트이며, 0~20의 값을 얻을 확률은 95퍼센트가 된다는 뜻)을 밝혀냈으며, 이는 몇 달 전 크라스노폴스키가 보고한 값(10±3피피비)과 거의 동일한 결과다.[6]

그들은 또한 이전에는 발견하지 못했던 화성의 메탄과 관련된 현상을 보고했다. 마스 익스프레스가 측정한 바에 따르면 화성 대기에 있는 메탄의 양은 행성의 시간 및 위치에 따라 바뀐다. 그들이 측정한 메탄은 30피피비까지 올라갔고 0피피비까지 내려갔다. 0에서 30까지 변화하는 것은 아마도 위치와 시간에 따라 메탄의 양이 달라지기 때문일 것이라는 의견이 제시됐다. 공간적·시간적 영향을 감안하더라도 이와 같은 관측을 하는 데 사용된 총 시간은 5개월에 불과했고, 이는 화성의 1년(687일)에 비교하면 짧은 기간이었다. 화성의 계절이 바뀌는 기간에 비하면 더 짧았다.

그들이 메탄을 발견하는 것은 화성의 적외선 스펙트럼(파장 3.3미크론에서)에 단일하게 깊게 파인 부분이 있는지에 근거했다. 이 작은 파인 부분이 메탄에 의한 것인지 판단하려면 관측된 스펙트럼을 일련의 컴퓨터에서 생성된 스펙트럼과 비교해야 한다. 컴퓨터 스펙트럼은 같은 스펙트럼 영역에서 다수의 다른 깊게 파인 부분이 보이는데, 대부분 수증기에 의한 것이다. 이 깊이 파인 부분이 실제 메탄에 의한 것인지 파악하는 방법의 신뢰도는 컴퓨터 프로그램의 정확도에 달려 있다. 컴퓨터 모델은 화

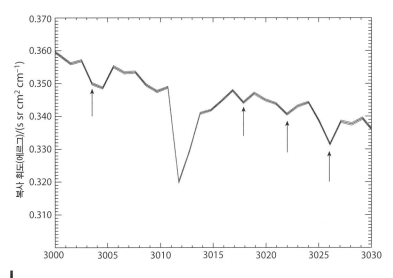

2004년 1~2월 마스 익스프레스 탐사선에 탑재된 행성 푸리에 분광기가 얻어낸 적외선 스펙트럼. 화성 대기에 있는 메탄은 3018파수(3.313미크론의 파장)에서 급격히 감소한 것을 볼 수 있다. 수증기의 흡수선으로 알려진 3개의 강력한 흡수선이 3003.5, 3022, 3026파수에 보인다. 3012파수에서 보이는 깊게 파인 부분은 태양에 의한 것이다. 중간선은 데이터다. 위쪽의 선과 아래쪽의 선은 데이터의 잡음 수준을 가리킨다. _Formisano et al., Science, 2004.

성 대기에 일정 수준의 수증기와 먼지가 있다고 가정하기 때문이다. 분자와 원자는 단일한 흡수선이 아니라 다수의 흡수선을 만들어내므로 한 가지 이상의 파장에서 메탄을 찾는 것이 결과에 높은 신뢰감을 줄 수 있지만, PFS 장비는 추가적인 정보를 제공할 수 없었다. 결과를 믿거나 믿지 않거나 간에 둘 중 하나였다.

마스 익스프레스의 결과(10±5피피비)는 크라스노폴스키의 1999년 데이터에서 나온 결과(10±3피피비)와 일치하는 것처럼 보이지만, 1988년 측정치(70±50피피비)와는 일치하지 않는다. 화성 대기에 있는 메탄의 양이 극적으로 변화했거나(마스 익스프레스 팀은 그렇다고 주장했다), 1988년 측정이 잡음이 아니라면 말이다. 발견된 메탄의 원천이 어느 혜성이라는 마스 익스프레스 팀의 추정(예를 들어 혜성이 화성과 충돌하거나 화성이 혜성에서 쏟아진 엄청난 양의 물질에 뒤덮이거나)은 신빙성이 떨어지지만 완전히 말이 안 되지도 않는다.

이와 유사하게 그들이 주장하는 메탄의 비생물학적인 미지의 원천(예컨대 영구동토층 아래에 있는 대수층에서 CO_2가 CH_4으로 변환된다)은 가능하긴 하지만 있을 것 같지는 않다. 그들은 조심스럽게 자신의 주장을 펼쳤다.

"우리는 메탄을 찾아내는 것이 화성에 생명체가 현재 존재하거나 과거에 존재했다는 것을 의미하지는 않는다는 사실을 강조하고 싶습니다. 가능성은 있지만 최소한 타당성이 있는 다른 요인도 있으니까요."

그러나 마스 익스프레스의 데이터와 관련된 이야기는 2004년으로 끝나지 않았다. 포르미사노 등이 2008년에 발표한 마스 익스프레스 탐사 2화성년 동안의 추가적 분석에서 메탄의 양이 계절에 따라 바뀐다는 사실이 공개됐다. 그들이 보고한 값은 북부의 봄~여름에서 최고 21피피비까지 올라갔고, 남부의 늦여름에는 5피피비까지 내려갔으며, 연평균으로는 14±5피피비였다. 또한 화성 경도에 따라 6.5에서 24.5피피비까지 변화했고, 메탄가스의 양과 수증기의 양 사이에 연관이 있으며, 이는 동일한 원천에서 나온 두 기체가 고체에서 증기로 변화한다는 것을 의미했다. 그들은 이렇게 썼다.

"메탄 혼합률, 즉 대기에서 메탄과 물 분자의 비율은 하루 주기로 수증기를 따라가는 것 같다. 하지만 그보다 중요한 것은 메탄 혼합률이 매우 높은 궤도가 있다는 점이다."

마스 익스프레스 데이터에서 발견된 대기 중 메탄의 양이 계절에 따라 변화하는 것은 중요한 문제를 제기한다.

"메탄은 파괴되는 것일까, 아니면 화성의 1년 중 일부 기간 동안 어딘가에 숨어서 순환하는 것일까?"

그들은 이렇게 마무리했다.

"파괴되는 것이라면 자외선 광분해로 인해 계산된 수명인 300~600년을 넘지 못한다."

14

내일은 없다

또 한 팀, 이번에는 마이크 머마가 이끄는 팀이 2004년 메탄 찾기 대회에 참가했다. 머마 팀은 실제로 2004년 중반 크라스노폴스키, 마야르, 오언 등이 발표하고 2004년 말에 마스 익스프레스 팀이 발표한 뒤인 2009년 에만 자신들의 연구 결과를 발표했을 뿐 그 내용을 학술지에 게재하지는 않은 팀이었지만, 최초로 화성 대기에서 메탄을 발견한 것에 대한 권리 를 이미 2003년에 공개적으로 주장했다(머마의 2003년 발표가 크라스노폴스 키를 자극해 그가 1999년의 관측 프로젝트 결과를 먼저 발표하기 위해 논문을 완성 했을 수도 있다).

2003년 5월 그들이 작성한 보고서는 그 해 9월 캘리포니아 몬터레이 (Monterey)에서 개최되는 미국 천문학회 행성과학지부회에서 머마가 발 표할 내용의 틀을 마련해줬다.[1] 머마를 비롯해 공저자인 이오나대학교의 로버트 노박(Robert Novak), NASA 고더드 우주항공센터의 마이클 디산 티(Michael DiSanti), 톨레도대학교의 본초 보네브(Boncho Bonev) 등이 보고서 첫 문장에서 한 가지 사실을 분명히 했다. 크라스노폴스키, 뮤레이커, 머마, 제닝스 등이 1997년 발표한 '가능성 있는 발견' 따위는 없다는 것이었다.

"화성에서 메탄과 메탄 산화물은 모두 관측과 이론에서 관심을 받았지만 확실하게 발견된 적은 없다."

분명한 것은 2003년 여름 화성에 메탄이 존재할 가능성을 가리키는 70 ± 50피피비이라는 결론을 도출했던 논문의 공저자 머마가 그 결론을 사실상 철회하고 그 결과에 대한 ISO 팀의 평가에 동의했다는 사실이다. 최초의 중요한 발견을 한 사람에게 수여되는 영광의 왕관이 여전히 주인을 찾지 못했다고 사실상 머마는 말하고 있었다. 머마의 보고서 나머지 부분은 새 연구 결과에 대해 아무것도 말하지 않았다. 다만 "화성의 메탄을 샅샅이 찾아봤고 자세한 내용은 9월 회의에서 발표할 것"이라는 언급만 있었다. 그러나 이 발표를 통해 머마가 화성의 메탄을 찾고자 기회를 노리고 있다는 것이 분명해졌다.

머마 팀은 2004년 11월에 켄터키 루이빌(Louisville)에서 열리는 차기 행성과학지부회에서 머마가 발표하기로 한 연구 결과를 홍보하는 두 번째 공지를 했다.[2] 이번에도 노박, 디산티, 보네브 등이 미국 가톨릭대학교의 닐 델로 루소(Neil Dello Russo)와 함께 발표하는 보고서에서 그들이 하고 있는 연구에 관해 일부 실제적인 세부 사항을 제시했다. 또한 무제한적인 권리 주장에 관한 내용이 포함돼 있었다.

보고서를 시작하는 첫 문장은 "우리가 메탄을 발견했다"였다. 보고서에서는 이 같은 관측이 "2003년 1월에 이미 수행된 것"이라고 특별히 언급돼 있었다. 관측이 이뤄진 날짜에 근거해 과거 크라스노폴스키와 함께 수행한 연구에서 메탄의 발견 가능성을 철회했던 머마는 이제 자신과 자신의 새로운 동료들이 최초의 발견자라고 주장하고 있었다. 물론 그 해 초 크라스노폴스키는 1999년 데이터에 근거해 최초의 발견을 주장하려 했고, 마스 익스프레스 팀 또한 2004년 초 데이터를 이용해 역사에 대한 권리의 일부를 차지하려고 했다.

머마는 자신의 팀이 2003년 초부터 서로 다른 세 대의 망원경을 이용해 화성의 메탄을 찾고 있다고 보고했다. 2003년 1월과 3월 그리고 2004년 1월에는 마우나케아 산에 있는 NASA의 직경 3미터 적외선 망원경 시설 (Infrared Telescope Facility, 이하 IRTF)을, 2003년 5월과 12월에는 칠레에 있는 8미터 제미니 사우스(Gemini South) 망원경을, 2003년 어느 달에는 역시 마우나케아 산에 있는 10미터 켁-2(Keck-2) 망원경을 이용했다. 2004년 회의에서 그는 화성에서 메탄을 발견했다고 발표했다. 몇 년 뒤 측정치에 대한 세부사항을 공개하면서 자신들이 발견한 화성 대기 중 메탄의 양은 전체 화성의 대기 평균 약 10피피비였다고 말했다.

2004년 초에 있었던 화성의 메탄에 관한 발표는 모두 언론의 즉각적인 주목을 끌었다. 2004년 3월 30일 〈CNN.com〉은 "독자적으로 화성 대기에서 메탄을 조사하던 3개 연구 팀이 기체의 존재를 확인했다"고 보도했다.[3] 3개 연구 팀은 크라스노폴스키의 팀, 포르미사노의 마스 익스프레스 팀, 머마가 이끄는 팀을 가리켰다. 〈CNN.com〉은 크라스노폴스키의 말을 인용했다.

"마스 익스프레스 팀이 우리 결과를 확인해줬다고 말하고 싶습니다."

크라스노폴스키는 마스 익스프레스 팀의 결과가 자신들이 측정한 메탄의 농도와 거의 같다는 사실에 기뻐했다. 마스 익스프레스 팀의 대변인은 메탄의 원천에 대해 언급하면서 "첫 번째 가능성으로는 화산 활동이 가장 확률이 높다"는 의견을 제시했고, 크라스노폴스키는 미생물에서 메탄이 발생한다는 의견에 찬성하는 입장이라고 말했다. 머마의 팀은 2003년 9월에 보고서 형식으로 예비 결과를 보고한 덕분에 3개 연구 팀에 포함됐지만, 만약 그게 아니었다면 언급되지 않았을 것이었다.

놀랍게도 세 팀 모두 화성의 대기에 있는 메탄의 수준을 비슷하게 보고했다. 각기 다른 방법론과 망원경을 사용했지만 과학적 분석을 적절히 실행한 것처럼 보였다. 또한 세 팀이 독자적으로 수집했던 데이터는 다른 두 팀의 결과를 확인하고 입증할 수 있는 것처럼 보였다. 공평한 관찰자, 일테면 유력 언론의 기자라면 천문학계가 하나의 합리적이고 올바른 답으로 수렴하고 있다는 사실에 '근거 있는 확신'을 느꼈을 것이었다. 화성에는 메탄이 존재한다. 그리고 화성에는 생물학적 활동 없이 생성될 수 있는 양보다 더 많은 메탄이 있을지도 모른다.

과학적 방법론이 일관성을 추구하기는 하지만, 일관적이라고 해서 늘 올바른 것은 아니다. 예를 들어, 17세기에 물리학자 아이작 뉴턴(Isaac Newton)과 천문학자 요하네스 케플러(Johannes Kepler), 크리스티안 롱고몬타누스(Christian Longomontanus), 목사 존 라이트풋(John Lightfoot), 대주교 제임스 우셔(James Ussher) 등은 모두 서로 다른 방법론을 사용해 지구의 나이가 약 6,000년이라고 추론했다.[4] 이들의 답은 서로의 답과 그 시대가 기대하는 값 양쪽 모두와 일치했지만, 그들의 답은 모두 틀렸다. 그것도 40억 년 이상 차이가 났다.

크라스노폴스키의 연구 결과가 2004년 8월 20일 〈이카루스〉에 발표된 논문을 통해 공개됐다. 그의 논문에 대해 9월 21일 〈네이처〉는 "화성의 메탄은 생명의 오아시스를 의미한다"라는 제목의 해설 기사를 실었다.[5] 기사의 편집자는 화성에서 메탄의 존재를 발견한 것은 중요한 과학적 업적이며 답을 찾았다고 생각했던 것 같다. 해설을 쓴 과학기자 마크 페플로(Mark Peplow)는 잘못된 내용으로 그의 글을 시작했다.

"연구원들은 생명체가 메탄가스의 유일한 원천이라고 결론 내렸다. 상상 속의 화성인이 몇몇 고립된 지점에 숨어 있으며 그 밖의 지역은 불모지다."

사실 클라스노폴스키가 과거에 그 결론을 도출했었지만 다른 학자들은 메탄을 생성할 가능성이 있는 생명체 존재 여부에 관해서는 공개적인 상황에서 더욱 신중하게 행동했다. 크라스노폴스키가 현재 화성에 사는 메탄 생성 박테리아의 부피를 계산했더니 20톤이 나왔다. 그는 단언했다.

"이런 박테리아는 소수의 오아시스에만 집중돼 있을 것이다. 그래야 1975년과 1976년에 NASA의 바이킹 착륙선이 그 어떤 유기화학적 신호도 검출하지 못한 이유가 무엇인지 설명할 수 있다."

이 분석이 틀렸을지도 모르지만 크라스노폴스키는 최근의 메탄 측정을 계속해서 활성화할 수 있도록 그 누구도 반증하기 어려운 가상의 가정을 하나 만들었다. "화성의 박테리아는 몇몇 고립된 곳에서만 산다"는 것이었다.

2004년 마이크 머마는 화성의 생명체가 메탄이 존재하는 요인이라는 크라스노폴스키의 단언에 대해 부정적으로 말했다.

"천문학계 사람들이 그다지 놀랄 것 같지는 않습니다."

머마가 보기에는 화산 활동이나 행성 내부 깊은 곳의 암석에서 빠져 나온 기체가 더 가능성이 높았다. 그럼에도 〈네이처〉의 해설은 머마가 화성의 생명체 문제를 완전히 해결하는 것을 목표로 2010년까지 발사할 수 있는 우주 기반의 적외선 망원경에 대한 제안서를 최근 NASA에 제출했다고 전했다. 화성에 관한 질문의 답을 찾기 위해 대형 망원경을 사용할 시간을 얻어내든, 비싼 우주망원경을 만들 자금을 얻어내든 간에, 메탄이 화성에 생명체를 찾아낼 수 있는 결정적 단서가 될 수 있다는 아이디어는 머마에게 로봇을 이용한 화성 탐사 계획을 주도할 기회를 의미했다. 비록 크라스노폴스키가 거의 똑같은 아이디어를 냈을 때 비웃긴 했지만 말이다(하지만 머마가 제안한 망원경 프로젝트는 시작한 적도 없었다).

〈우주생물학〉에 게재된 2006년 12월 레슬리 멀린(Leslie Mullen)과의 인터뷰에서 머마는 화성에서 메탄의 양이 상당히 높은 수준까지 올라가는 것을 발견한 적이 있다고 설명했다.

"북반구와 남반구의 위도가 높은 지역에는 메탄이 거의 없었다. 북반구에는 20에서 60피피비였고 남반구는 훨씬 적었다. 하지만 적도는 250피피비 이상이었다."

메탄의 양이 많은 곳은 적도 근방에서 남위 10도에서 북위 10도까지에 국한돼 있었다. 이런 결과는, 만약 받아들여진다면 향후 몇 년간 화성 탐험의 코스를 정의할 수 있었다. 반대로 크라스노폴스키 팀과 마스 익스프레스 팀에서는 모두 메탄이 10피피비 정도로 훨씬 적게 검출됐다. 머마의 결과는 달랐지만 훨씬 흥미롭다고 머마 자신은 주장했다. 그 결과는 또한 마스 익스프레스의 결과와는 반대라는 사실을 입증했다. 적도보다는 북극에서 메탄의 양이 가장 많았다.

의심의 여지없이 이런 주장들은 대담했다. 머마는 이제 화성 대기에서 메탄의 수준이 위도에 따라 20피피비(이미 크라스노폴스키와 마스 익스프레스 팀이 발견했던 수준의 2배)에서 놀랍게도 250피피비까지 변한다는 사실을 발견했다고 주장하고 있었다. 그는 또한 적도 근방에서 매우 많은 양의 메탄이 발견된 것은 물론, 북반구와 남반구의 위도가 높은 지역에서도 상당히 많은 양을 발견했다고 주장했다. 분명히 메탄은 화성의 거의 모든 곳에 있었지만 그 양은 행성 전체에 걸쳐 달랐다.

화성의 메탄에 대한 머마의 결과는 다른 연구 팀이 보고한 결과와 전혀 달랐다. 화성의 메탄 생성이 시간과 위치에 따라 크게 달라지기 때문이었다. 머마의 새 연구 결과가 향후 몇 년간의 화성 탐험을 규정할 수 있는지에 관해서는 관심이 있는 과학자라면 누구나 동의해야 했을 것이다. 이처럼 많은 메탄이 화성의 대기에 존재한다면, 메탄의 존재가 화성의 생명체를 정말 입증한다면, NASA와 ESA는 화성에 살아 숨 쉬며 메탄을 생성하는 미세한 크기의 화성 생명체가 살고 있다는 사실을 고려해 화성 탐사 계획을 완전히 재조정해야 할 것이었다.

2005년 9월 영국 케임브리지에서 열린 행성과학지부회에 제출된 또 하나의 보고서에서 머마와 그의 팀(노박, 디산티, 보네브, 델로 루소 등과 새롭게 합류한 고더드 우주항공센터 소속의 학자들)은 위도에 따라 메탄의 양이 달라진다는 사실을 발견했다고 발표했다. 그들은 이처럼 위도에 따라 메탄의 양이 차이가 나려면 지역에 따라 메탄이 다르게 배출돼야 하며, 최소한 몇 주 이상 메탄이 대기에서 살아남아야 한다고 강조했다.[6] 머마는 이렇게 썼다.

"화성의 이 두 지점에서 데이터가 의미하는 것은 상당한 양의 메탄이 방출된다는 것이고, 이는 측정 오류로 무시할 수준이 아니었다."[7]

2년 뒤 올랜도(Orlando)에서 열린 2007년 행성과학부 회의의 또 다른 보고서에서 머마(이번에는 빌라누에바, 노박, 헤와가마, 보네브, 디산티, 스미스 등과 함께)는 화성의 메탄 배출과 관련해 메탄이 선호하는 특정 계절과 위치가 있으며, 배출되는 패턴은 일시적이라고 발표했다.[8]

마지막으로 2009년 머마는 그의 메탄 연구를 한 학술지 논문을 통해 발표했는데, 이 글이 2월 〈사이언스〉에 빌라누에바, 노박, 헤와가마, 보네브, 디산티, 스미스 등을 비롯한 고더드 우주항공센터의 아비 멘델(Avi Mandell) 등의 공저자와 함께 게재됐다. 논문은 이렇게 시작했다.

"2003년 이전에는 메탄 검색의 결과가 모두 부정적이었다."[9]

그리고 이렇게 이어졌다.

"그후 세 팀이 메탄을 발견했다고 보고했다."

그는 2009년 이전에 이들 세 팀 가운데 한 팀인 자신의 팀이 회의에서 연구에 대해 말했을 뿐, 다른 두 팀처럼 학술지에 제출해 동료 심사를 받은 적이 없다는 사실을 명쾌하게 설명하지 못했다. 그는 또한 과거의 발견에 대한 보고서로 언급된 아홉 편의 출판물 가운데 다섯 편이 자신의 팀에서 나왔다고 자랑했지만, 다섯 편 모두 심사를 받지 않는 학회 보고서 초록이었다. 이 보도는 화성의 메탄 연구 역사를 흥미롭게 해석한다. 대다수의 전문 과학자들은 초록을 출판물로 간주하지 않기 때문이다. 초록은 과학적 절차에서 공지와 진행 보고라는 2가지 목적으로 사용된다. 그러나 출판물은 심사 및 편집 과정을 거쳐 저널에 실린다는 점에서 출판물이 아니다.

머마는 대기에 있는 메탄의 양이 위도와 화성의 계절 변화에 따라 바뀐다는 사실을 발견했다고 보고했다. 보고한 내용의 변화는 모두 2003년에 일어났다. 그가 보고한 평균적인 메탄의 양은 위도 40도에서 북쪽(약

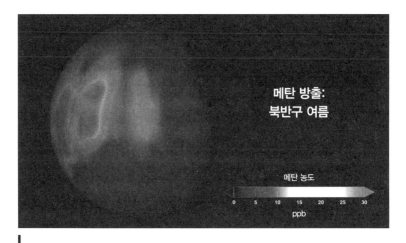

메탄 방출:
북반구 여름

메탄 농도

0   5   10   15   20   25   30
ppb

2009년 머마 등이 〈사이언스〉를 통해 공개한 2003년 북반구의 여름에 보였던 메탄이 여러 곳에서 방출되는 모습. 메탄은 화성 전반에서 존재하는 것으로 보이지만 국부적으로 몰려 있다. _NASA.

14피피비)과 남쪽(약 6피피비 이하)에서 모두 가장 적었고 적도에서 약 24피피비로 가장 많았다. 그래프에 시각적 부호로 표시된 오류 막대에서 스스로 잡음 수준의 세배를 초과한 것은 아주 드문 결과이며, 이는 발견에 대한 개연성을 위해 널리 수용되는 기준점이다. 예를 들어 섭씨 영하 60도(화성의 남극 근처)에서 측정한 메탄의 양이 4±3.5피피비와 8.5±3.5피피비인 것으로 보인다. 이런 첫 번째 측정은 사실상 잡음에 불과하다. 두 번째는 가능성은 있지만 제한적인 발견이다. 그 결과 중 어느 것도 통계적으로 확실한 발견이 아니다. 둘 다 0의 값을 측정한 것과 일치한다. 더 정확하게는 두 경우 모두 상한(99.7퍼센트의 신뢰도로) 10.5피피비를 측정한 것과 같다. 북위 30도에서 두 측정값은 16±5피피비와 27±7피피비이다. 이들 두 결과는 모두 잡음보다 세 배 이상 크기 때문에, 중요할지는 모르지만 신문사의 윤전기를 멈출 만큼 대단한 발견이라고는 할 수 없다. 그럼에도 불구하고 머마가 대단한 것은 제목을 한 줄로 써서 보고하지 않고 두 줄 제목을 사용해 대다수의 다른 학자들이 한 줄 제목을 사용해 결여되게 보였던 결과의 신뢰도를 높였다는 점이다.

2009년까지 적도 부근에서 나타났던 250피피비의 강한 신호에 대한 머마 팀의 2006년 초기 주장인 "측정 오류로 무시할 수 없다"는 결과는 사라져버렸다. 60피피비라고 했던 초기 주장은? 이 또한 사라졌다. 2009년 논문에 보고됐던 가장 강력한 신호는 단일한 선에서 29±9피피비였고, 가장 강력한 평균값(화성의 단일한 지점에서 서로 다른 두 메탄 흡수선의 평균)은 24피피비였다. 머마의 주장은 2004년 크라노폴스키가 했던 주장과 비슷했다. 몇 달 동안 많은 양의 메탄을 배출하고 있는 "두 지역에서 일관적"이었다는 것이다. 배출된 메탄은 대기 중으로 들어가 빠르게 확산되기 때문에 찾아낼 수 없다. 2009년에 NASA 주관으로 머마가 결과를 발표한 기자회견에서 메탄이 화성의 박테리아에서 나온 것일 가능성을 언급한 사람도 있었다. 머마 자신은 그런 주장을 하지 않았다. 하지만 2004년과는 달리 머마는 그런 가능성에 귀를 기울이는 청중을 만류하려 들지 않았다.

머마는 〈뉴욕타임스〉의 한 기자에게 말했다.

"오늘이 화성에서 메탄을 최초로 발견한 날입니다."[10]

머마가 보고하고 있는 것은 2009년 결과이며, 크라스노폴스키와 마스익스프레스 팀 모두 2004년 화성에서 비슷하게 메탄을 발견해 2004년에 결과를 발표했었다는 사실을 잊지 말아야 한다. 세 발견 가운데 어느 것이라도 맞다면 세 발견 모두 맞을 가능성이 높다. 한 가지라도 틀리다면 그들은 모두 틀릴 것이다. 머마의 연구가 과학적으로 올바르거나 잘못됐거나 최초의 발견에 대한 머마의 우선권 주장이 역사적으로 잘못됐다. 기껏해야 최초의 발견이 다른 사람의 차지가 되거나 함께 나누게 되는 것이지만 그와 관련된 이해관계가 매우 복잡했다.

신기하게도 2003년과 2004년 초에 세 관측 팀이 분명히 발견한 메탄이 2006년 1월에 사실상 사라져버렸다. 머마는 2006년 1월 26일 IRTF에서 CSHELL이라는 탐지기를 이용해 화성을 관측했고, 이 결과를 2003년 측정 결과와 함께 2009년 논문에서 발표했다. 머마는 화성의 적도 근처에서 측정한 메탄의 양이 약 4피피비(이 측정의 오류는 2피피비 정도로 보인다)였다고 2006년에 발표했다. 더 북쪽이거나 더 남쪽에서 측정한 2006년 메탄의 양은 약 1~2피피비다.[11] 머마는 이런 측정치를 상한치나 미발견이라고 하는 대신 3피피비의 '낮은 평균값'이라고 불렀다. 2006년의 메탄의 양이 사실상 0이었든 3피피비였든 간에, 과거에 보고했던 2003년 측정치인 20, 250, 14, 24, 29피피비보다는 급격하게 감소했다. 메탄이 대부분 사라졌거나, 완전히 사라졌거나, 처음부터 존재한 적이 없었던 것이다.

2003년과 2004년에는 분명히 탐지할 수 있었던 메탄이 2006년 초에 사라진 것은 화성 대기에서 메탄이 지구 시간으로 3년 이내에 파괴된다는 것을 의미한다. 3년은 화성의 대기에서 메탄의 파괴에 대한 대기 모형이 예측한 350년보다 100배 가량 빠른 것이다. 기이한 화성의 메탄 이야기는 이제 시작이라는 듯이 2006년의 결과로 각본은 완전히 바뀌었다. 화성 표면의 아주 작고 구석진 곳에만 아주 짧은 시간에 상당한 양의 메탄을 배출하는 메탄의 원천에다, 햇빛과 광화학 반응보다 100배 이상 효율적으로 메탄을 대기에서 제거하는 과정까지 필요해졌다.

흥미로운 점은 몇 년 뒤 마스 익스프레스 팀이 화성 대기에 존재하는 메탄의 수명이 매우 짧을 수도 있다는 머마의 아이디어에 도움을 제공한다는 것이다. 하지만 마스 익스프레스 팀의 결론은 남극과 북극에서는 메탄의 양이 많았고, 적도에서의 메탄의 양은 적어서 머마와는 반대의 결과였다. 2011년 제미날레와 포르미사노는 동료인 G. 신도니(G. Sindoni)와 함께 화성 대기에 존재하는 메탄의 수명에 관한 문제를 다시 다뤘다. 메탄이 마스 익스프레스 팀의 데이터에서 발견됐기 때문이었다.[12] 그들이 지적한 것처럼, 300~600년의 수명이면 메탄은 지질학적으로 대기와 혼합되므로 마스 익스프레스 팀은 화성 대기에 존재하는 메탄의 양이 공간적·계절적으로 변화하는 모습을 발견하지 못했을 것이다. 그렇지만 마스 익스프레스 팀은 그런 변화를 발견했다.

매우 흥미로운 점은 북반구 여름의 지리적 지도는 극관이 승화하면서 북극에서 메탄의 양이 최고치(45피피비)가 되는 것을 보여주는데, 이는 북극의 극관이 화성의 메탄을 생성하는 중요한 원천과 관련이 있음을 나타낸다. 아울러 그들은 "하나 이상의 강력한 파괴 메커니즘과 강력한 메탄의 원천 때문에 메탄이 대기에 균일하지 않게 분포하게 된다"라고 결론 내렸다. 그들의 계산에 따르면 북극 지역에서 매년 배출되는 메탄의 양(평균 약 8,700톤)을 감안할 때 대기에서의 메탄의 수명은 약 12년에 불과하다. 그들은 계절에 따른 변화로 대기에 존재하는 메탄의 양이 2~3피피비임을 고려하면 화성 대기에 존재하는 메탄의 수명이 4~6년 정도밖에 안 될지도 모른다고 주장했다. 그들은 또한 지표면 가까이에서는 산소가 풍부한 물질이 메탄과 반응을 일으켜 메탄을 파괴할 수 있다고 지적했다. 나아가 계절에 따른 화성의 먼지 폭풍 기간 동안 생성된 고에너지 전자가 메탄 분자를 파괴하는 데 효율적일 수 있다는 가설을 세웠다.

한편 머마가 크라스노폴스키를 추격하는 동안 크라스노폴스키도 계속해서 머마를 쫓았다. 크라스노폴스키는 2006년 2월 10일 동일한 CSHELL 탐지기와 동일한 망원경 IRTF를 이용해 다음 관측에 들어갔다. 머마가 불과 2주 전인 1월 26일일에 사용했던 망원경이었다. 하지만 크라스노폴스키는 이번에는 메탄을 발견하지 못했다. 머마는 상한치가 14 피피비였다고 보고했었다. 이런 미발견에서 10피피비라는 결과가 나왔던 자신의 팀의 1999년 캐나다-프랑스-하와이 망원경 관측과 2004년 마스 익스프레스 팀의 관측을 배제할 수는 없다고 크라스노폴스키는 지적했다. 그러나 1988년 측정된 값인 70±50피피비의 정확도에 대해서 공정한 심판관이라면 다시 한 번 의심을 하게 될 것이다. 아직도 그 결과를 믿는 사람이 있다면 말이다. 2006년 크라스노폴스키의 미발견 역시 머마가 2009년 낮은 평균값으로 보고한 2006년 1월의 결과와 일치한다. 따라서 관측자들 모두가 한 가지에 대해서는 동의하는 것으로 보였다. 2006년 초 화성의 대기에 있는 메탄은 존재하지 않았거나 너무 적어서 발견할 수 있는 최소한의 기준을 넘지 못했던 것이다. 유일하게 의견이 일치했던 점조차 지속되지 않았다.

2012년 크라스노폴스키는 자신의 2006 CHSELL/IRTF 데이터에 2009년 12월 동일한 탐지기와 망원경을 이용해 추가적으로 관측한 데이터를 더해서 재분석한 결과를 발표했다. 그는 다수의 데이터를 보정했다. 이와 같은 보정 중 하나는 스펙트럼을 오염시킬 수 있는 산란된 빛의 양에 대한 것이었다. 지구에 있는 망원경에서 화성을 관측할 때 달이나 마우나케아 산 기슭에 있는 도시 힐로(Hilo)에서 나오는 빛, 거대한 하와이 섬의 도로를 달리는 자동차 전조등, 망원경이 설치돼 있는 반구형 지붕 내부의 컴퓨터 화면 위 LED는 물론이고, 탐지 시스템 자체의 내부로 산란되는 빛이 데이터를 오염시킬 수 있다. 산란된 빛을 찾아서 데이터에서 최대한 제거해야 한다. 수증기, 오존, 지구의 대기에 존재하는 메탄에 대해서도 보정을 해야 한다. 망원경 위에 있는 공기에 있고 측정 당시 지구 대기 압력과 온도에 매우 민감한 이들 분자는 모두 마우나케아 산 정상에 있는 망원경까지 오기 위해 지구 대기를 통과하며 화성에서 온 빛에서 얻은 스펙트럼의 아주 미세한 부분까지 영향을 미칠 것이다.

2012년 크라스노폴스키는 2006년 관측을 처리하는 데 필요한 자신의 보정 능력이 향상됐다고 주장했다. 결과적으로 그는 데이터에 존재할 것으로 추정했던 잡음을 상당히 낮출 수 있었다. 데이터 모형을 만들고 데이터에서 잡음을 제거하는 역량을 이용해 그는 2006 CHSELL 관측에 대한 분석을 수정했다. 그의 새로운 결론은 크라스노폴스키가 당시 주장했던 완벽한 관측 조건하에서 데이터는 화성의 서로 다른 세 지역에서 발견된 메탄의 값이 놀랄 만큼 낮다는 사실을 보여준다는 것이다.[14] 남반구에서 남위 80도에서 북쪽으로 45도까지, 데이터는 메탄이 평균 1.7±1.2피피비 존재한다는 사실을 보여준다. 다른 사람이 보기에는 그저 잡음이었지만, 크라스노폴스키는 대신 3.6피피비 이하의 값을 측정한 것으로 보고하면서 이 결과가 발견을 나타낸다고 주장했다. 남위 45도에서 북위 7도 사이에서 적도에 가까워지면서 메탄의 양은 평균 10±2피피비였고, 북위 7도에서 북위 55도 사이에서 메탄의 양은 평균 4.4±1.2피피비였다. 만일 크라스노폴스키의 2006년 데이터 분석의 모든 단계가 맞다면, 적어도 화성의 적도 근방에서 나온 10±2피피비의 결과는 화성에 메탄

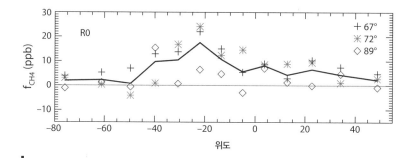

2006년 2월에 측정한 대기에 존재하는 메탄의 양(피피비)을 −80도(남반구)에서 +60도(북반구)까지 화성의 위도에 따라 보여주고 있다. 화성의 서로 다른 경도 세 곳(67W, 72W, 89W)에서 했던 측정은 세 가지 다른 부호로 나타냈고, R0선(3028,752파수에서)으로 알려진 특정한 메탄 흡수선도 측정했다. 데이터는 중남부에서 10∼20피피비 수준에서 감지할 수 있는 메탄의 양을 보여주고 있는 것으로 보이며, 북극이나 남극에 가까운 곳에서는 메탄의 양이 적거나 없는 것으로 보인다. _Krasnopolskyet al., Icarus, 2012.

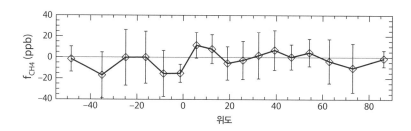

2006년 12월에 측정한 대기에 존재하는 메탄의 양을 화성의 위도에 따라, −60도(남반구)에서 +90도(북반구) 까지 보여주고 있다. 메탄은 보이지 않는다(실선으로 된 수평선은 평균이 0이라는 것을 나타낸다. 실선으로 된 수직선은 측정값에 대한 표준편차를 나타낸다). _Krasnopolskyet al., Icarus, 2012.

이 존재한다는 확실한 발견이 된다.

가장 메탄이 많은 곳은 거대한 화성의 협곡계(canyon system)인 매리너스 협곡의 깊은 협곡과 위치가 겹친다. 크라스노폴스키는 이런 결과가 자신이 보기에는 머마 팀이 2009년에 불과 약 3피피비라고 보고한 2006년 2월 26일 측정값과 일치한다는 사실에서 안도감을 느꼈다. 다른 사람들은 크라스노폴스키의 새로운 결과가 머마의 결과와 반대라고 결론을 내릴지 모른다. 아마도 크라스노폴스키가 자신의 데이터 모형을 지나치게 크게 만들어 사실상 신호가 없는 곳에서 잡음으로부터 신호를 뽑아내려고 했기 때문일 것이다.

2006년 IRTF 관측 후 3년 만인 2009년에 똑같은 IRTF를 사용하고 2006년 2월의 화성 위치보다 좋지 못한 위치에서 얻어낸 데이터에서도 크라스노폴스키는 메탄을 발견하지 못했다. 그의 분석에 근거한 2009년 데이터에서 상한치는 한 선은 15피피비, 다른 선은 8피피비였다.

우리는 크라스노폴스키의 연구에서 어떤 결론을 도출할 수 있을까? 그렇다. 화성에는 메탄이 거의 없거나 전혀 없다는 것이다. 2009년 화성에는 발견할 만큼의 메탄이 없었다. 하지만 2009년에는 데이터에 있는 잡음 때문에 1.7, 4.4 또는 10피피비의 메탄도 발견할 수 없었고, 따라서 2009년의 미발견은 2006년의 그가 주장하는 발견과 일치한다.

크라스노폴스키와 머마는 독자적으로 2006년 1월과 2월에 같은 산에 있는 같은 망원경에 있는 같은 탐지기를 이용해 화성에 있는 메탄의 양을 측정했다. 결과도 처음 보고했던 것과 같았다. 화성에는 감지할 만한 메탄이 없거나 극히 적다. 즉, 그들은 크라스노폴스키가 데이터를 다시 살펴보고 다른 답을 얻을 때까지 같은 답을 갖고 있었다. 수정된 결과에서 매우 낮은 신호의 값을 고려해볼 때 가장 가능성이 높은 답은 2006년 화성에는 감지할 만한 양의 메탄이 없었다는 것이지만, 그럼에도 그 두 해에 메탄의 양은 실제였을 것이다. 하지만 이상할 정도로 적었다.

우리에겐 메탄과 관련한 몇 가지 미스터리가 남아 있다. 세 팀은 왜 2003년과 2004년에 화성에서 아주 적은 양의 메탄을 발견했을까? 어떻게 메탄이 그토록 고갈, 아니 사라질 정도가 됐을까? 단 3년 만에 말이다. 또는 그 모든 것이 잡음이었을까? 아마 메탄은 처음부터 화성에 존재하지 않았을지도 모른다.

화성에 있는 메탄의 스펙트럼을 지상에서 해석하는 것에 대한 논란이 불거지는 동안, 화성의 궤도를 돌고 있는 마스 글로벌 서베이어에 탑재된 열방출 분광기(Thermal Emission Spectrometer, 이하 TES)를 이용해 화성에 있는 메탄의 존재를 확인하는 새롭고 독자적인 방법이 등장한 것으로 보인다고 2010년 S. 폰티(S. Fonti)와 G. A. 마르조(G. A. Marzo)가 보고했다.[15] 여기서 ESA의 마스 익스프레스가 (아마도) 이미 2003년에 화성 궤도에서 메탄을 발견했다는 사실을 잊지 말아야 한다. 마스 글로벌 서베이어는 1996년에 발사돼 1970년대 바이킹 미션 이후 처음으로 화성의 궤도를 공전하는 탐사선이 됐다. 마스 글로벌 서베이어는 궤도에 자리를 잡자마자 화성에 대한 연구를 시작해 지금까지 계속되고 있다.

TES는 화성의 대기 스펙트럼에 존재할 수 있는 메탄의 가는 흡수선을 감지할 만큼 민감하게 설계되지는 않았지만, 폰티와 마르조는 계산 기법과 실험 기법을 결합해서 TES를 이용해 메탄을 찾아낼 수 있다는 사실을 보여줬다. 게다가 TES는 3.3미크론의 파장보다는 7.7미크론의 메탄 흡수선에 민감했다. 이 영역은 3.3미크론 다음으로 강한 영역이지만 지상의 망원경으로는 지구 대기를 통과해 이 파장을 관측할 수 없다. 화성 궤도를 공전하는 탐사선에서만 망원경을 이용해 화성 대기를 조사해 7.7미크론의 메탄 흡수선 신호를 찾을 수 있다. 따라서 TES는 화성의 대기에 메탄이 존재하는지 여부에 관한 우리의 이해를 증진시키는 데 주요하게 기여할 잠재력을 갖고 있었다.

화성의 궤도에 안착한 마스 글로벌 서베이어(컴퓨터 그래픽). _NASA/JPL-Caltech.

　그들이 채택한 방식은 '클러스터 분석(cluster analysis)'이라는 기법으로, 이전에 다른 TES 데이터에 사용된 적이 있었다. 클러스터 분석을 이용하면 결론적으로 메탄에 관한 데이터 중 통계적으로 믿을 수 있는 데이터만 신중하게 선택할 수 있다. 즉, TES에 의해 얻어진 거의 300만 가지의 메

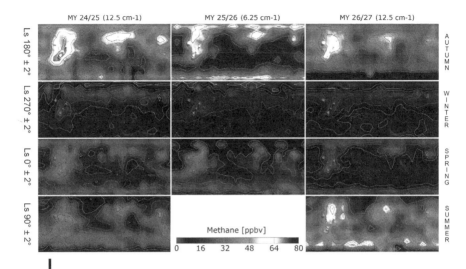

Ls 180° ± 2°

Ls 270° ± 2°

Ls 0° ± 2°

Ls 90° ± 2°

A U T U M N

W I N T E R

S P R I N G

S U M M E R

Methane [ppbv]

0   16   32   48   64   80

마스 글로벌 서베이어 데이터를 이용해 계산한 대로 위도와 계절에 따라 메탄의 양에 차이가 있다는 것을 보여주는 화성에 존재하는 메탄의 양의 공간적인 분포도. 각 도표는 −60도(남반구)에서 +60도(북반구)까지 위도가 확장된다. 화성의 1년마다(세로로 된 줄 MY 24/25, MY 25/26, MY 26/27) 도표는 각 계절에 따라 보인다. 각 계절에 따라 3년 동안의 경도가 제시된다. 화성의 가을 동안 경도 180도 부근의 모습이 보인다. 겨울 동안, 경도 270도를 중심으로 부근의 모습이 보인다. 화성의 봄에는 경도 0도, 화성의 여름에는 경도 90도의 모습이 보인다. 색상은 80피피비 정도로 많을 때(붉은색)부터 0에 가까운 정도의 양(파란색)일 때까지 메탄의 양을 나타낸다. 모든 계절에서 경도 0도와 270도보다 경도 90도와 180도에서 많은 메탄이 보인다. 그리고 3년 동안 내내 겨울과 봄보다 여름과 가을에서 더 많은 메탄이 보인다. _Fonti and Marzo, Astronomy & Astrophysics 2010. © ESO.

탄 스펙트럼 중 59~86퍼센트(관측한 해에 따라 달라진다)가 거부됐다. 어떤 기법이든 데이터를 선택하고 거부하는 기법은 모두 위험을 수반한다. 클러스터 분석을 이용하는 사람은 클러스터 분석이 무작위적인 잡음 때문에 데이터를 거부하지 않으면서, 시스템 오류로 인한 부정적인 데이터를 거부하는 데 아주 신뢰도가 높다고 생각할 것이다. 비판적인 사용자들은 이 기법이 원하는 결과를 생성하기 위해 원하지 않는 데이터만 거부하는 데 유리하다는 의견을 제시할지도 모른다.

폰티와 마르조에 따르면 일단 TES에서 나온 화성의 스펙트럼 데이터를 걸러내면 TES는 불량 데이터가 제거됐다고 추정되는 데이터를 이용해 메탄의 공간적·계절적 변화를 발견할 수 있었다. 우리는 이런 결과에서 두 가지 결론 가운데 한 가지를 도출할 수 있다. 첫째, 어떤 알고리듬을 이용해 원하는 결과가 나올 만한 데이터만 조심스럽게 선택한다면 원하는 결과를 얻어낼 수 있다. 둘째, 신중하고 객관적으로 불량 데이터를 가려낼 방법이 있다면 결과적으로 남아 있는 데이터는 상당히 좋은 데이터일 것이다.

폰티와 마르조가 2010년 발표한 측정값에서, 북반구 전체에 존재하는 메탄의 양은 화성의 추분일 때 많았고(1998~2000년에 33±9피피비, 2000~2002년에 18±7피피비, 2002~2004년에 30±8피피비) 동지일 때 적었다(각각의 세 시기에 6±2, 5±2, 5±1피피비). 그들은 체계적으로 메탄의 양이 많이 측정된 넓은 세 지역인 타르시스(Tharsis), 아라비아 테라(Arabia Terrae), 엘리시움(Elysium)을 찾아냈다.

타르시스와 엘리시움은 화산 지역인 반면 아라비아 테라는 크레이터가 밀집된 고지대다. 대체로 그들의 결과는 일부 다른 집단에서 보고한 결과와 일치하는 것처럼 보였다. 특히 화성 대기에서 메탄의 수명이 크게 줄어드는 현상(그들이 예측하기에 약 0.6년)은 물론 공간에 따라 메탄의 양이 변화하는 현상은 크라스노폴스키 팀, 마스 익스프레스 팀, 머마 팀 등의 측정에서 나타났던 측면을 반복하는 것처럼 보였다.

하지만 공교롭게도 마스 글로벌 서베이어와 TES의 메탄 이야기는 이처럼 처음 분석한 대로 끝나지 않았다. 2015년에 폰티와 6명의 동료로 구성된 팀(마르조는 포함되지 않았다)은 마스 글로벌 서베이어 TES 데이터의 초기 클러스터 분석을 다시 살펴봤다.[16] 폰티와 마르조가 했던 처음 분석

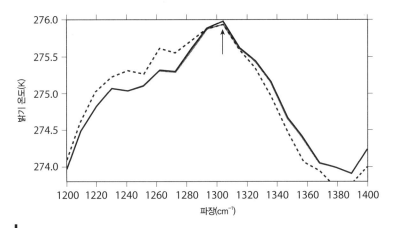

화성에서 반사된 빛의 양(밝기 온도)과 메탄이 스펙트럼(1304 파수)에 타격을 미치는 비좁은 영역에서의 파장(파수) 사이의 관계를 나타낸 도표. 점선은 데이터를 나타낸다. 두 모델의 데이터 적합성이 검은색 선(메탄이 존재하지 않는 화성의 대기)과 회색선(33피피비의 메탄을 함유한 화성의 대기)으로 표시돼 있다. 1304인 지점을 제외하면 모든 점에서 검은색 선과 회색 선은 완벽히 겹친다. 회색 선(메탄이 존재하는)은 1304파수의 데이터에 아주 약간 더 모델에 잘 어울리는 반면, 대부분의 스펙트럼에서 데이터와 두 모델 사이의 격차는 두 모델 사이의 차이보다 훨씬 크다. 이는 화성 대기에서 메탄이 존재하는 것을 확실히 밝히기 위해 필요한 정확도에 도달하기가 현재로서 불가능하진 않지만 아주 어렵다는 것을 의미한다. 따라서 화성 대기에 메탄이 존재한다는 것을 밝힌 앞의 분포도에 나온 것처럼 폰티(2010)가 내린 결론들은 철회된다. 그런 결과들은 확인되거나 반박될 수 없기 때문이다. _Fonti et al., Astronomy & Astrophysics 2015, © ESO.

을 재현하고 개선하는 데 엄청난 노력을 기울인 끝에 폰티 팀은 깊은 깨달음에 이르렀다.

"안타깝지만 이번 시도의 결론은 이 모든 노력에도 불구하고 우리는 메탄을 생성하거나 메탄이 없는 클러스터를 생성할 수 없다는 것이다. 결과적으로 우리는 2010년 메탄의 양을 예측하기 위해 사용했던 방법을 사용할 수 없다."

요컨대 폰티와 마르조의 방법과 거기서 나온 수치들은 본질적으로 또근본적으로 믿을 수 없다는 것이었다. 폰티의 2015년 팀은 그들이 관측한 스펙트럼을 비교하기 위해 합성 스펙트럼을 만들었고, 33피피비의 메탄을 포함한 모델과 메탄이 전혀 포함되지 않은 모델 사이에 차이가 없다는 사실을 발견했다. 이들이 한 연구의 결론은 TES 데이터에서 메탄을 분명하게 찾아낼 수 없다는 사실이었다. 화성에서 메탄을 찾는 능력이 없었던 마스 글로벌 서베이어의 원래 설계가 올바른 것이었다. TES는 21세기의 첫 몇 년 동안 화성 대기에서 적은 양의 메탄을 찾는 것에 관한 크라스노폴스키, 마스 익스프레스, 머마 등의 주장을 지지하거나 반대하지 않았고 그럴 역량도 없었다.

NASA의 고더드 우주항공센터의 제로니모 빌라누에바는 마이크 머마를 비롯한 8명의 천문학자로 구성된 다국적 팀과 함께 지상 기반 망원경 몇 가지를 이용해 화성을 연구하는 다년간의 연구를 수행했다. 빌라누에바는 존경받는 젊은 행성과학자로 2015년 미국천문학회가 수여하는 (그 해의 젊은 행성과학자에게 주는) 유리상(Urey Prize)을 받았다. 그는 또한 2003년 화성의 대기에서 발견한 메탄에 대해 (2009년에) 보고했던 마이크 머마 팀의 구성원이었다. 빌라누에바 팀은 (적어도 부분적으로는) 지역에 따른 배출과 시간에 따라 변화가 심한 현상을 뜻하는 네 팀의 최근 메탄 관측에 영향을 받았다.

"관측의 복잡도로 인해 탐지의 신뢰도에 의문이 나타났다." [17]

이들 네 팀 가운데 하나인 마스 글로벌 서베이어 팀은 훗날 메탄을 발견했다는 주장을 철회했다.

빌라누에바가 팀을 구성한 이유는 화성 대기에서 구성 비율이 낮은 요소를 찾는 데 지구의 망원경이 필요했기 때문이다. 그의 팀은 화성 연구의 다양한 분야에 손을 대고 있었다. 메탄 이외에도 수많은 탄소 함유 기체, 예를 들어 C_2H_2(아세틸렌), C_2H_4(에틸렌), H_2CO(포름알데히드),

CH₃OH(메탄올)와 질소 함유 화합물 N₂O(아산화질소), NH₃(암모니아), HCN(시안화수소), 염소 함유 화학종 HCl(염화수소), CH₃Cl(염화메틸) 등을 찾아내기 위한 시도를 하고 있었다. 그들은 2006년에서 2010년까지 칠레 북부 세로파라날(Cerro Paranal) 산에 있는 직경 8미터짜리 망원경 네 대를 함께 작동하도록 설계한 초거대망원경(Very Large Telescope, 이하 VLT), 하와이 마우나케아 산에 있는 직경 10미터 켁-2 망원경, 마찬가지로 마우나케아 산에 설치된 IRTF 망원경 등 세 대의 강력한 망원경을 이용해 4년 동안 노력을 쏟아 부었다.

마침 빌라누에바가 관측할 때 크라스노폴스키가 그랬던 것처럼 같은 망원경(IRTF)과 같은 탐지기 시스템(CSHELL)을 사용해 같은 계절에 같은 지역을 관측했다. 사실 그들은 한 달 간격을 두고 같은 실험을 했다. 빌라누에바는 2006년 1월 6일 화성을 연구한 반면(머마는 이전에 2009년 논문에서 이와 같은 동일한 관측에 대해 최초로 보고했다) 크라스노폴스키는 4주 후인 2월 2일에 화성을 관측했다. 이처럼 똑같은 관측 프로젝트에서 발견할 수 있는 놀라운 사실은 빌라누에바와 크라스노폴스키가 서로 다른 답을 얻었다는 점이다.

빌라누에바는 그의 팀의 연구 결과를 〈이카루스〉에 발표했다. 이 논문은 2013년의 행성과학 분야의 글 중에서 가장 널리 읽히고 인용됐다.[18] 그는 메탄을 발견하지 못했다. 3시그마(99.7퍼센트의 신뢰도)의 발견 기준은 2006년 1월 6일에는 7.8피피비, 2009년 11월 20일에는 6.6피피비, 2010년 4월 28일에는 7.5피피비였다.

머마 팀(빌라누에바 포함)은 이전에 화성의 위도가 다른 세 지역에서 1에서 6피피비 사이의 관측치가 나왔던 2006년 1월 결과를 보고했다. 같은 데이터를 이용했던 빌라누에바 팀(머마 포함)의 2013년 결과와 머마 팀(빌라누에바 포함)의 2009년 결과는 따라서 일관적이라고 이해할 수 있다. 비록 머마 팀은 존재하는 메탄의 양의 상한치를 측정한 것이 아닌, 분명히 그들이 메탄을 발견했다고 믿긴 했지만 말이다.

크라스노폴스키는 처음으로 2006년 2월 측정값의 상한치를 14피피비 이하라고 보고했지만 나중에 결과를 수정해 화성 내에서의 위치에 따라 1.7에서 10피피비의 사이에서 확실히 발견할 수 있다고 발표했다. 빌라누에바의 2006년 1월 데이터의 재분석이 맞다면, 그리고 크라스노폴스키의 2006년 2월 측정에 대한 재분석이 맞다면, 화성은 엄청난 양의 메탄을 1월의 마지막 3주 동안 배출했을 것이다. 그리하여 화성의 대기에서 메탄의 농도는 1월 초의 감지할 수 없는 수준에서 크라스노폴스키가 망원경 앞에 등장했던 2월 초에는 감지할 수 있는 수준으로 증가했을 것이다. 빌라누에바는 그 3주 동안 화성의 대기로 들어간 메탄의 양이 4,500톤에 달할 것으로 추정했다. 이는 평균적으로 초당 2킬로그램의 속도로 메탄이 지표면 아래에 있는 저장소에서 대기로 27일 동안 배출됐다는 것을 의미했다. 이 속도는 아무리 따져봐도 정말 놀라운 속도다. 크라스노폴스키의 측정이 아직까지 의심받지 않았다면 빌라누에바의 결과는 2012년에 보고된 크라스노폴스키의 수정된 '발견'의 신뢰도에 매우 강력한 의심의 눈길을 보냈을 것이다.

빌라누에바와 머마를 비롯한 그들의 동료들은 또한 2003년 그리고 아마도 2004년에 몇몇 팀이 관측한 것으로 알려진 많은 양의 메탄을 방출했을 거대한 메탄 기둥(plume)에 1만 9,000톤에 달하는 메탄이 있었을 것으로 추정했다. 그들은 계속해서 이 정도 양이면 캘리포니아 산타바버라(Santa Barbara) "코울 오일 포인트(Coal Oil Point)에 있는 거대한 탄화수소 웅덩이에 필적할 것"이라고 말했다. 또한 그들은 이런 화성의 메탄이 "3년간에 걸쳐 사라진 것이 분명하다"고 지적했다.

"2006년 1월까지 전체적인 메탄의 양은 2003년 3월에 배출된 양의 약 50퍼센트에 불과했고 이는 급격한 파괴를 의미하는 것이었다."

2006년 1월 메탄의 양에 대한 빌라누에바의 측정(대기에 있는 메탄의 양은 사실상 0)이 맞다면, 급격하게 메탄이 줄어드는 곳이 존재하지 않는다면, 이 같은 결과는 또한 2003년 다수의 집단이 보고한 '발견'의 정확도에 의문을 제기할 것으로 보인다. 비록 빌라누에바와 머마를 비롯한 2013년 논문의 공저자들은 실제로 의문을 제기하지는 않겠지만 말이다.

메탄의 급격한 파괴는 문제가 될 수 있다. 상당수의 대기과학자들이 그토록 많은 양의 메탄을 파괴하는 메커니즘이 그렇게 빠르게 작용할 수 있는지에 대해 의문을 던진다. 하지만 2011년 마스 익스프레스 팀이 제안한 과정처럼 화성 대기에 있는 메탄의 짧은 수명이 대부분 또는 모든 메탄 관측이 옳은 것이 될 수 있는 유일하게 합리적인 설명이 될 듯하다.

빌라누에바 팀은 이런 모순되는 결과를 어떻게 이해했을까?

"마스 글로벌 서베이어/TES의 특징인 저해상도 스펙트럼에서 메탄을 측정하는 것과 관련된 복잡성을 고려한다면, 그런 측정은 기구의 영향, 예컨대 미세한 진동이나 밝혀지지 않은 태양의 영향을 받을 수도 있다."

다시 말해 이런 궤도 탐사선들의 '발견'은 틀릴 가능성이 높다. 마스 글로벌 서베이어/TES가 보고한 메탄의 발견이 틀렸다고 한 점에서 빌라누에바는 옳았다. PFS(행성 푸리에 분광기) 결과에 대해서도 그럴 수 있다. 빌라누에바 팀은 이렇게 썼다.

"만약 메탄이 대기로 배출된다면 이 과정은 아마 산발적일 것이며 연속적이지는 않을 것이다."

여기서 '만약'은 아주 중요한 '만약'이다.

15

큐리오시티와 화성의 냄새

NASA는 1997년 무인 착륙선 패스파인더(Pathfinder)를 화성에 착륙시키면서 로버(rover) 비즈니스를 시작했다. 착륙 후 패스파인더는 이동식 로버 소저너(Sojourner)를 내보냈다. 소저너는 무게 10.6킬로그램, 길이 61센티미터, 너비 46센티미터, 높이는 30센티미터의 화성 탐사 로버다. 전자레인지 크기의 소저너는 화성 지표면을 분당 46센티미터의 속도(59시간에 1.6킬로미터)로 화성 지표면 여기저기를 돌아다녔다.[1]

미국에 서식하는 상자거북(box turtle)과 비교하면, 상자거북은 가장 빠르게 움직일 때의 속도가 시속 약 400미터다(이 속도를 오래 유지하지는 못하지만). 소저너는 전력이 모두 소진되기 전까지 83일 동안 살아남았다. 그렇지만 활성화된 상태에서 움직인 총거리는 100미터에 불과했다. 그러나 기술 실험으로서 소저너는 대단한 성공이었다. NASA가 화성 지표면에 로버를 작동시킬 수 있는 능력이 있다는 사실이 입증된 것이었다. 비록 소저너가 과학적 임무로 대단한 파급력을 가진 것은 아니었지만,

원래 소저너의 임무는 작동 가능한지 검증하는 것이었다.

소저너의 후임은 스피릿과 오퍼튜니티로, 2003년 6월과 7월에 발사됐다. 스피릿과 오퍼튜니티는 각각 무게 174킬로그램, 길이 160센티미터, 높이 150센티미터 정도로 소저너보다 컸다. 스피릿은 거의 8킬로미터를 탐색한 뒤 2010년 3월 지구에 마지막 신호를 보냈다. 오퍼튜니티는 42킬로미터 이상 화성의 표면을 가로지르며 돌아다녔고 13년이 지난 지금도 여전히 활동하고 있다. 기술적 실험으로서 스피릿과 오퍼튜니티는 엄청난 성공이었다. 더욱이 지질학적 실험으로서도 스피릿과 오퍼튜니티는 과학자들의 목표를 훌쩍 뛰어넘는 업적을 가능케 했다. 스피릿과 오퍼튜니티에는 화성 대기에서 메탄을 감지할 수 있는 장비가 없었지만, 이들 로버의 연구 활동에서 얻어낸 기술적·과학적 지식은 NASA의 다음 로버 임무를 위한 기반을 다지는 데 충분했다. 다음 로버 계획은 화성에서 메탄을 찾는 것으로 잡혀 있다.

NASA는 2011년 11월 화성 탐사에서 그 자체로 과학 실험실이라 할 수 있는 탐사 로버 큐리오시티를 선보였다. 화성 궤도에 도착한 탐사선은 지표면을 향해 낙하산을 떨어뜨렸다. 2012년 8월 5일 탐사선은 게일(Gale) 크레이터 상공을 맴돌면서 밧줄을 이용해 큐리오시티를 크레이터 안 지표면으로 내려 보냈다. 착륙 시스템이 로버를 안전하게 착륙시키자 NASA는 원격 조종으로 밧줄을 분리했다.

6개의 바퀴가 장착된 탐사 로버 큐리오시티는 길이 3미터, 너비 2.7미터, 높이 2.1미터, 무게 899킬로그램이며 최고 속도는 분속 2.3미터다. 화성 지표면을 천천히 어슬렁거리는 큐리오시티는 최첨단 장비를 탑재한 과학 실험 로봇이기도 하다. 파장 가변 레이저 분광기(Tunable Laser

Spectrometer, 이하 TLS)는 큐리오시티에 탑재된 기기로 화성 샘플 분석기(Sample Analysis at Mars, 이하 SAM)의 일부다. NASA는 큐리오시티의 TLS와 SAM을 이용해 메탄을 찾음으로써 50여 년 동안 지루하게 이어진 화성의 메탄에 관한 논쟁을 끝낼 계획이었다.

화성 지표면에 있는 SAM은 지구상의 망원경, 심지어 화성 궤도 탐사선에 장착된 망원경에 비해 어마어마한 이점을 누릴 수 있었다. SAM의 흡입 노즐은 화성 지표면에서 불과 90센티미터 높은 곳에 있어서 채취한 가스는 화성 대기 낮은 부분에 있는 것이었다. 스펙트럼 해상도, 즉 메탄과 같은 개별 기체의 흡수선을 구별할 수 있는 능력 또한 지구상이나 화성 궤도상의 분광기보다도 훨씬 뛰어나므로, 메탄의 근적외선 스펙트럼의 3.3미크론 영역에 있는 3가지 선(하나의 선이 아닌)으로 스펙트럼의 고유한 패턴을 뚜렷하게 알아볼 수 있었다.[2]

SAM은 화성의 공기를 헤리오트 셀(Herriott cell)이라는 21센티미터 길이의 밀폐된 공간에 빨아들인다. 그런 다음 레이저 펄스를 수집한 공기에 골고루 산란시킨다. 레이저는 펄스가 헤리오트 셀 쪽을 향하게 하는 용도로 설계된 거울과 함께 헤리오트 셀에 장착된 포어옵틱스 체임버(foreoptics chamber)에서 나온다. 탐지기는 레이저 광선이 처음이자 마지막으로 포어옵틱스 체임버를 지난 다음 헤리오트 셀 내부 거울을 통해 80회 반사된 그 빛을 측정한다.

이런 소규모 실험이 1시간 동안 2분 간격으로 반복되면 한 세트의 측정이 끝난다. 화성의 공기로 가득한 공간(가득한 셀)을 통과한 레이저 신호 평균값과 비어 있는 공간(빈 셀)을 지나온 레이저 신호 평균값을 비교해 SAM은 빛의 특성을 측정하고 기체를 구성하는 분자를 알아낼 수 있다.

2016년 5월 11일 나우클루프(Naukluft) 평원 마운트 샤프(Mount Sharp) 기슭에서 작업을 진행하고 있는 큐리오시티의 셀프 카메라 사진. 마운트 샤프 윗부분이 지평선에서 튀어나와 보인다. 큐리오시티 로버의 바퀴는 직경 약 50센티미터에 너비 40센티미터다. _NASA/JPL.

기체 분자가 빛의 스펙트럼에 흔적을 남기기 때문이다. 화성 대기에 메탄이 존재한다면 SAM은 오염이 발생하지 않고 장치와 관련된 시스템에 문제가 발생하지 않는다는 가정 아래 수백 피피티(ppt, 1피피티는 1조 분의 1) 정도의 메탄도 감지할 수 있도록 만들어졌다. 따라서 화성 대기에 몇 피피비의 메탄이 있다면 SAM은 완벽하게 찾아낼 수 있다.

2013년에 연속적이지 않은 6일(화성의 하루는 지구보다 약간 긴 24시간 39분 35.244초다) 동안 메탄의 양을 측정하는 SAM의 작업이 실행됐다. 비연속 6일간의 실험은 2012년 10월(화성 도착 79일째)에 시작해 2013년 6월(화성 도착 313일째)까지 234일 동안 이어졌다. 이 기간 중 3일은 남반구 화성의 봄이었고, 나머지 3일은 남반구 화성의 여름이었다.

2013년 10월 NASA 제트추진연구소의 크리스토퍼 웹스터(Christopher Webster)와 SAM의 수석 연구원인 NASA 고더드 우주항공센터의 폴 마하피(Paul Mahaffy)를 비롯한 화성 우주 연구실 과학 팀 일동은 이 6일간의 실험에 대해 〈사이언스〉에 다음과 같이 발표했다.

"지금까지 우리는 메탄을 발견하지 못했다."[3]

분명하고, 확실하게, '아직' 메탄은 없었다.

개별적인 6일 동안의 연구에서 메탄이 발견되지 않았다. 그들은 평균적인 신호가 0.18±0.67피피비로 놀라울 만큼 작았다고 보고했다. 95퍼센트의 신뢰도(오류 수준의 2배)로 메탄의 양은 1.3피피비 이하였고, 97퍼센트의 신뢰도로 메탄의 양은 2피피비 이하였다.

"이는 현재 화성에 메탄을 생성하는 미생물이 활동할 확률을 감소시키고, 최근 태양계 밖과 지질학적인 원인에 의해 발생했을 가능성을 제한한다."

화성 표면에서 실시한 이 실험은 얼마나 많은 메탄이 지구 대기에 있는지에 대한 가정에 기반을 둔 컴퓨터 시뮬레이션을 근간으로 했지만, 지구 대기에 방출과 흡수를 일으키는 원천 때문에 발생하는 잡음 및 간섭의 기타 원인에 관한 다른 가정은 필요치 않았다. 화성의 대기에 있는 메탄의 양이 250, 70, 30 또는 8피피비라도 있었다면, 화성에서 메탄을 찾는 일은 SAM에게 아이들 장난과 같았을 것이다. 그 정도의 메탄이 존재했어도 SAM이 감지해내지 못했을까? 피피티 수준도 감지해내는 SAM이라지 않은가? 더 이상 빠져나갈 수 있는 명분은 없었다. 게임은 끝났다. 화성에는 메탄이 없는 것이다.

그러나 메이저리그의 위대한 전설, 명예의 전당에 빛나는 뉴욕 양키스 (New York Yankees)의 포수 요기 베라(Yogi Berra)가 말했듯이, 끝날 때까지는 끝난 것이 아니었다. 적어도 화성의 메탄에 관한 이 이야기에서 요기 베라의 말은 사실이었다. 그들은 멈추지 않았다.

2015년 12월이 되자 더 많은 데이터를 확보한 웹스터와 마하피 그리고 SAM 연구 팀은 다른 결과를 보고했다. 2013년 11월 29일(화성 도착 466일째)에서 2014년 1월 28일(화성 도착 526일째)까지 2개월 간격으로 실시한 실험에서 "메탄의 양이 증가한 것을 관측했다"고 발표했다. 하지만 그들은 여전히 큐리오시티의 분석 결과에 대한 첫 번째 발표, 즉 2012년과 2013년에 비연속 6일간 감지한, 아니 감지할 수 없는 수준의 메탄의 양을 보고했다. 또한 이후 2014년 3월 17일(화성 도착 573일째)에서 2014년 7월 9일(화성 도착 684일째)까지 역시 감지할 수 없는 수준의 양을 보고했다. 그런 점에서 그들은 분석을 개선하고 수치를 수정하긴 했지만 원래 데이터에 대한 자신들의 해석을 바꾸지는 않았다. 2013년 말과 2014년

초의 측정은 화성 생명체가 잠깐 딸꾹질이라도 해서 극소량의 일부 대기로 배출되는 순간 메탄이 잠시 나타났었다는 영화 같은 이야기를 하는 것처럼 보였다.[4]

SAM의 측정 결과를 이해하고 SAM 팀이 화성에서 메탄을 발견했다는 특이한 주장이 옳은지 여부를 판단하기 위해서는 큐리오시티 발사하기 전에 이미 미리 정해진 88 ± 0.5피피비의 메탄을 함유한 공기를 헤리오트 셀에 주입했다는 사실을 인지해야 한다. 이 기체는 향후 화성에서 있을 TLS 측정을 보정하기 위한 용도로 주입된 것이었다. 물론 헤리오트 셀에 있던 공기는 발사 전 모두 펌프로 빼냈을 것이다. 그런데 안타깝게도 플로리다의 공기는 포어옵틱스 체임버에 스며든 것으로 보인다. 그래서 화성에 착륙해 '가득 찬 셀'과 '빈 셀' 측정을 했을 때 양쪽 모두 놀랍게도 1만 피피비의 플로리타 메탄이 측정됐다.

'미리 정해진 양'에서 나온 메탄의 일부가 헤리오트 셀에 남아 있었거나, 플로리다 공기의 일부가 포어옵틱스 체임버에서 헤리오트 셀로 새어들어갔을 것이다. 또는 둘 다일 수도 있다. 첫 78일 동안의 측정은 지구 공기로 오염됐을 수 있어서 모두 폐기됐다. 진공 펌프를 이용해 포어옵틱스 체임버에서 지구의 공기를 제거하자, 79일째부터 292일째까지 헤리오트 셀이 비었을 때와 헤리오트 셀이 가득 찼을 때 약 90피피비의 메탄이 감지됐다. 화성 표면에 내린 지 거의 1년이 됐지만 포어옵틱스 체임버에 여전히 많은 양의 플로리다 메탄이 있었다는 의미다. 분명한 것은 SAM 팀이 최선의 노력을 다했는데도 불구하고 실험 기기에서 메탄을 모두 제거하지 못했다는 사실이다.

그래도 상황은 좋아졌다. 306일째와 313일째 했던 실험에서 빈 셀과

가득 찬 셀 모두 20피피비 이하로 메탄의 양이 감소한 것으로 나타났다. 정말 인상적인 개선이긴 하지만 포어옵틱스 체임버에 남아 있던 플로리다 메탄의 양이 두 날 모두 화성 공기에 있을 메탄의 예상치보다 여전히 어마어마하게 컸다. 화성에서 SAM을 이용해 메탄의 양을 스펙트럼 측정할 때는 빈 셀이건 가득 찬 셀이건 간에 포어옵틱스 체임버에 있는 상당한 양의 지구 메탄에 영향을 받는다는 것이다. 결국 화성 표면에 감지 시스템을 갖다놨지만 큐리오시티 팀은 지구 대기를 통해 화성을 연구하던 시절 관측자가 봉착했던 문제와 같은 문제에 여전히 시달리고 있었다.

원칙적으로 실험이 완벽하게 작동하려면 화성의 메탄 신호에서 매우 많은 양의 메탄 신호가 '완벽하게' 제거돼야 한다. 하지만 우리는 큐리오시티에서 나오는 화성 메탄의 존재 여부에 대한 모든 주장은 아주 작은 수치를 정확하게 측정하기 위해 아주 큰 수(가득 찬 측정에서 감지한 메탄의 양)에서 다른 아주 큰 수(빈 셀 측정에서 감지한 메탄의 양)를 빼는 과정을 포함해야 한다는 사실을 기억해야 한다. SAM 팀은 이를 피피비의 몇 분의 몇 수준으로 설정해야 했을까?

2015년 1월 발표에서 웹스터 팀은 6일 실험보다 많은 13일 실험에서 데이터를 구했다. 더 많은 데이터를 구한 그들은 전체 데이터를 재분석했다. 13일 중 6일은 메탄이 적은 실험, 4일은 메탄이 많은 실험, 2일은 테스트, 1일은 잡음이 너무 많아서 최종 분석에 포함되지 않았다.

이번에도 그들은 화성 대기에서 메탄의 수준은 아주 낮았다고 보고했다. 평균값은 0.69±0.25피피비였다. 2015년에 보고된 이 평균값은 2013년에 보고된 값보다 약간 높았고(0.69와 0.18), 잡음 수준은 약간 낮았지만(0.25와 0.67), 평균값은 여전히 결과가 없을 때와 일치하거나 놀랄 만큼 적은 수준이었다. 간단히 말해 79일째에서 313일째 그리고 573일째에서 684일째 있었던 실험에서 화성 대기에는 1피피비보다 훨씬 적은 메탄이 존재하는 것으로 나타났다. 이는 TLS가 측정할 수 있을 만큼 0에 가까운 값이다.

그런데 2013년 11월 29일(466일째)에서 2014년 1월 28일(526일째) 사이 60일 동안 미스터리한 일이 일어났다. SAM 측정에 따르면 466일째 되는 날 메탄의 양이 0.69피피비의 10배까지 상승해 466일째(5.48±2.19피피비), 474일째(6.88±2.11피피비), 504일째(6.91±1.84피피비), 526일째(9.34±2.16피피비) 측정 평균 약 7.2±2.1피피비가 됐다. 메탄의 양이 몇 달에 걸쳐 서서히 상승했는지 아니면 몇 주, 며칠, 몇 시간에 걸쳐 급격히 상승했는지 판단할 수 없었다. 그러다가 47일째가 지나기 전(다음 측정일인 573일째까지) 메탄의 양이 뚝 떨어져 1피피비 아래까지 하락했다(0.47±0.11피피비).

메탄이 존재하기만 한다면 그것을 감지해낼 수 있다는 SAM의 능력에 의문을 제기하는 사람은 없다. SAM이 헤리오트 셀에서 메탄을 발견했다면 메탄은 헤리오트 셀 내부에 존재한 것이다. 어쨌든 313일째에서 466일째 사이 153일 동안 SAM 주변의 메탄 수준이 극적으로 증가했다. 그리고 비슷한 기간인 526일째에서 573일째까지 어떤 과정에서 메탄이 사라진 것이다. 여기서 중요한 질문이 제기된다. 도대체 무슨 일이 일어났을까?

SAM이 발견한 메탄이 지구의 공기로 오염됐을까? 큐리오시티 연구 팀이 수행한 분석에서 어떤 다른 문제가 나타났기 때문일까? 연구 팀은 "감지하지 못한 분석상의 문제도 배제할 수는 없다"고 인정하면서도 "지구의 메탄에 오염돼 신호가 높아졌을 가능성은 별로 없다"고 결론 내렸다.

그게 사실이라면 어떻게 메탄이 그처럼 빨리 사라질 수 있었을까? 화성이 많은 메탄을 단 몇 주 만에 생성하고 제거할 수 있는 행성이란 말인가? 그렇다면 화성은 블랙홀이 존재하거나, 진공이거나, 기체가 생성되자마자 파괴하는 힘을 갖고 있음이 틀림없다. 그러려면 3년에서 6년 또는 300년이 아니라, 일 또는 주 단위의 기간에서 작용해야 한다. 상식적으로는 그처럼 빠르게 대기에서 메탄을 제거할 수 없을 것 같지만, 하룻밤 사이에 메탄이 소멸된 것이 아니라면 이와는 다른 설명이 필요했다.

SAM 연구 팀을 대상으로 웹스터가 쓴 글에 따르면 이 같은 결과는 "화성의 알 수 없는 무엇인가에 의해 가끔씩 메탄이 생성된다는 것"을 의미했다. 메탄이 생성되는 곳은 화성 전역에 널리 퍼져 있지 않고 특정 지역에 국한돼 있는데, 운 좋게도 큐리오시티가 메탄이 나오는 곳에 있었던 것이다. 게다가 큐리오시티가 있는 곳 주위에 메탄이 배출된 후 곧바로 바람이 재빨리 이 메탄가스를 널리 퍼뜨려 몇 주 뒤 큐리오시티가 감지할 수 없게 된 것이다. 메탄이 생성되는 곳 자체가 수명이 짧아 원래 있던 메탄가스를 감지할 수 있는 수준으로 보충하지 않았을 수도 있다.

이런 극적인 연구 결과가 NASA의 화성 탐사 계획에 참여한 과학자들로 구성된 국제적인 조직에 의해 〈사이언스〉에 발표됐다. 이들이 연구한 결과는 발표하기 전 다른 과학자들로부터 검증받고 비판적인 학술지 편집자들의 골머리를 썩였다. 그만큼 특이한 연구 결과였고, 특이한 결과는 높은 수준의 증명이 필요했다. 하지만 이처럼 특이한 주장이 옳다고 할 수 있을까?

〈사이언스〉의 편집자들조차 독자에게 비판적인 입장을 전하고 싶은 것처럼 보였다. 편집자들은 큐리오시티 팀이 화성에서 메탄을 발견했다는 웹스터 팀의 주장을 발표한 지면과 같은 호인 2015년 1월 23일자에 논설을 게재했다. 논설을 쓴 케빈 자늘(Kevin Zahnle)은 큐리오시티 SAM 팀이 화성에서 메탄을 발견했는지 여부에 대해 웹스터와 마하피가 지구에서 가져간 메탄가스를 발견한 것 같다는 의견을 제시했다.

NASA 에임스연구센터의 행성과학자이자 미국 지구물리학회 회원인 자늘은 화성에서 메탄을 발견했다는 주장에 그동안 꾸준히 이의를 제기해왔다. 그는 화성의 생명체를 찾는 일에 큰 도움을 줬던 칼 세이건의 말을 인용했다.

"특이한 주장은 특이한 단서가 필요하다."[5]

화성에 메탄이 존재한다는 주장, 특히 화성 대기에 존재하는 메탄의 양이 위치와 시간에 따라 급격히 변한다는 주장은 자늘에 따르면 "특이한 주장으로 간주해야" 한다.[6] 그 점에 대해서는 사실상 모든 행성과학자가 자늘의 의견에 동의할 것이다. 그렇다면 질문은 이렇게 바뀔 수 있다. 큐리오시티 팀은 지금까지 특이한 단서를 내놨을까?

메탄이 시간과 위치의 변수로서 화성의 대기에 나타나려면 몇 가지 요구사항을 만족해야 한다. 첫째, 메탄이 생성되는 곳이 하나 이상 존재해야 한다. 둘째, 메탄이 생성되는 곳은 몇 주일 또는 몇 달 동안 많은 양의 메탄을 대기 중으로 배출할 수 있어야 한다. 셋째, 하나 이상의 메탄 싱크(sink)가 존재해 메탄이 대기에 쌓이지 않도록 비슷한 기간 내에 메탄을 대기에서 제거할 수 있어야 한다. 그렇게 메탄이 생성되는 곳과 제거되는 싱크가 존재할까?

메탄은 전통적 대기광화학 모델이라는 방법을 통해 엄격하게 연구돼왔다. 다시 말해 지구(주로 질소, 산소, 아르곤, 이산화탄소, 물로 구성된)나 화성 대기에 존재하는 다른 기체(주로 이산화탄소, 질소, 아르곤, 산소, 일산화탄소로 구성된)로 둘러싸인 대기에 적당한 압력과 온도 그리고 햇빛에 노출됐을 때 메탄은 어떻게 반응할까? 지구와 화성 양쪽 대기에서 메탄은 파괴될 때까지 아주 느리지만 꾸준하게 반응할 것이다.

약 350년 뒤 화성 대기에 주입된 메탄은 모두 다른 기체와 반응해 다른 분자로 변환됐을 것이다. 수세기보다 훨씬 짧은 기간 동안에 화성의 기후 조건은 한 곳에서 배출된 메탄 기체를 전체 화성으로 퍼뜨릴 것이다. 어떤 특정 시간에 전체 대기는 대략적으로 비슷한 양의 메탄이 존재하게 될 것이다.

메탄이 파괴되는 과정은 즉각적이지는 않다. 연속적으로 일어나지만 일, 주, 월, 년의 시간대에서 발견할 수 있는 변화가 일어나지는 않을 것이다. 그런 변화는 개별적인 사건이 수십 년 동안 누적돼야 발견할 수 있다. 그러나 2014년 초 화성에서 있었던 큐리오시티 실험으로 발견한 변화는 수 주에 걸쳐 일어났다. 수십 년보다 수천 배는 빠른 속도다. 케빈 자늘은 실질적으로 한두 달 정도의 시간대에 일어난 메탄 양의 변화를 전통적 대기광화학으로는 설명할 수 없다고 단언했다. 무엇인가 다른 것이 작용하고 있는 것이다.

화성의 메탄이 전통적으로 이해되고 있는 광화학 과정에 따라 서서히 파괴되는 것이 아니라면, 산소와의 반응에 의해 급격히 파괴되는 것일 수 있다. 화학자들은 산화 반응[*]이 메탄을 빠르게 제거할 수 있다는 데 동

---

[*] 지구에서 산소가 철과 반응하여 산화철(녹)을 형성하는 과정은 산화 반응의 한 예다.

의할 것이다. 물론 그런 반응에는 산소가 생성되는 곳과 산소가 없는 화성의 대기가 필요하다. 식물의 광합성 반응에 의해 지속적으로 산소가 생성되는 지구의 대기와는 달리 화성에는 (우리가 알기로는) 식물이 존재하지 않으며, 화성의 대기에는 활성산소가 거의 없다(0.13퍼센트). 화성에서 유일하게 산소가 대기로 배출될 수 있는 것은 물의 광분해, 즉 H_2O를 햇빛을 이용해 구성 요소인 수소와 산소 원자로 분리하는 것이다. 이 과정에서 산소 원자 외에도 활성수소 원자도 생성될 것이다. 활성수소 원자는 매우 가볍기 때문에, 화성의 대기 높은 곳까지 올라가 우주 공간으로 빠져나갈 것이다. 이 과정이 실질적인 수준에서 지속된다면, 수소 원자가 화성을 벗어나 행성 간 공간으로 들어가는 속도를 통해 이 활동을 추론할 수 있을 것이다.

실제로 행성과학자들이 그렇게 추론했다. 활성수소 원자가 화성의 대기를 벗어나는 속도는 측정된 적이 있어서 이미 알려져 있다.[7] 과학자들이 발견한 화성에서 빠져나가는 수소 원자가 모두 물 분자가 분리되면서 나온 것이라고 가정한다면, 빠져나가는 수소 원자의 수는 또한 메탄 분자를 산화시킬 수 있는 활성산소 원자의 생성 속도를 말해준다. 그렇다면 답은 무엇일까? 메탄이 30피피비에서 0피피비로 4개월마다 규칙적으로 고갈된다고 가정(이는 다수의 관측자들이 관측한 변화와 일치하는 변화량과 시간대라고 할 수 있다)하면 수소 원자가 빠져나가는 속도에 근거한 산소 원자의 알려진 생성률은 메탄이 파괴되는 속도를 설명하기에는 10배나 작다. 전체적인 단서는, 모든 메탄의 발견이 잘못된 것이 아니라면, 활성산소에 의한 메탄 분자의 산화가 대기에서 메탄을 제거하는 요인이 아니라고 말하고 있다.

제미날레, 포르미사노, 신도니 등이 마스 익스프레스 결과를 발표하면서 주장(단서 없이)한 것처럼, 산소가 풍부한 화성 표면의 먼지에서 표면에 가까운 곳에 있는 메탄 분자를 파괴할 수도 있는 활성산소를 제공할지도 모른다. 이들은 또한 화성에 먼지 폭풍이 치는 동안 소용돌이치는 모래바람 내부에서 전기장에 의해 생성된 빠르게 움직이는 전자가 화성의 메탄을 파괴하는 급속 작동 메커니즘을 제공할 수도 있다. 이런 개념은 상상에 근거한 것일 뿐 테스트를 거치지는 않았지만, 적어도 말은 되니 추가적인 조사를 할 만하다.

2015년 제임스 홈스(James Holmes), 스티븐 루이스(Stephen Lewis), 매니시 파텔(Manish Patel) 등은 제올라이트(Zeolite)가 빠르게 메탄을 흡수할 가능성이 있다고 주장했다.[8] 제올라이트는 표면에 구멍이 많이 뚫린 규산알루미늄 광물로, 체와 비슷하게 분자를 크기에 따라 걸러낸다. 산업용 제올라이트는 물을 정수하거나 크기가 다른 분자를 분리하는 데 사용된다. 화성에서 메탄을 모을 수 있는 제올라이트는 대기에도 존재할 수 있고, 화성 표면의 대부분을 차지하는 먼지와 암석 조각으로 이뤄진 성기고 밀도가 낮은 층에도 존재할 수 있다. 화성의 모래바람이나 먼지 폭풍 때문에 제올라이트가 대기 중의 메탄과 접촉이 일어나 대기에서 메탄이 금세 제거될 수 있다.

자늘은 우리가 메탄의 측정값을 믿어야 하는지 질문하고 있다. 그는 메탄을 발견했다는 주장에는 문제가 많다고 지적한다. 예를 들어 큐리오시티 팀의 결과를 예외로 한다면, 메탄을 발견했다는 주장은 모델화된 스펙트럼에 크게 의존하고 있다. 지구에서 관측은 지구 대기가 스펙트럼에 미치는 영향을 제거해야 한다. 하지만 그런 모델은 불완전하다. 화성에서 오는 빛은 지구의 대기를 통과해야 하는데 지구 대기에는 화성 대기보다 수백에서 수천 배나 많은 메탄이 존재한다. 화성의 메탄 흡수선이 이에 대응하는 지구의 메탄 흡수선에서 도플러 이동을 했다고 하더라도 화성의 흡수선(진짜 화성의 흡수선이라면)은 거의 보이지 않으므로, 메탄을 가리키는 스펙트럼 특성이라고 인정해왔던 극소수의 떨림은 여전히 신호가 아니라 무작위적인 잡음일 수 있다. 또 다른 문제는 지구의 대기에서 나타나는 온도에 따라 달라지는 물의 흡수선에 기반을 두고 모델화된 스펙트럼 보정에 있다. 그리고 그런 지구의 수증기선(화성의 메탄 흡수선과 겹친다)은 화성의 것으로 추정되는 신호보다 훨씬 강하다.

반면 큐리오시티가 화성 표면에서 수행한 측정은 모델화로 인해 나타나는 오류에 영향을 받지 않는다. 큐리오시티 팀은 2013년 화성에서 메탄을 발견하지 못했다고 보고했다. 그리고 주위 환경과 거의 무관하게 메탄을 발견하지 못했기 때문에 이전에 있었던 메탄 발견이 모두 의심을 받게 됐다. 그게 아니라면 화성이 이따금씩 메탄을 배출하는데 운이 좋아서 배출하는 곳에서 시간에 맞춰 메탄이 배출될 때 측정했다는 것이다. 이 같은 논리를 따르면 큐리오시티는 2014년 초 정확히 시간에 맞춰 배출하는 장소에 있게 됐고, 비록 많은 양은 아니었지만 짧은 시간 동안 메탄 배출을 측정했던 것이다. 다시 한 번 말하건대, 만약 큐리오시티가 화성에서 메탄을 발견했다면, 큐리오시티의 관측 결과는 화성에 소규모의 메탄 분출이 있었을 가능성을 어느 정도 지지하는 것으로 보였다. 그 '만약'이 아주 큰 의미가 있는 '만약'이긴 하지만 말이다.

"나는 그들이 메탄을 정말 찾았을 거라고 확신합니다."

2015년 마스 큐리오시티 로버 보고서와 관련한 인터뷰에서 자늘이 한 말이다.

"하지만 그 메탄은 로버에서 나온 것이라고 생각합니다."

다시 말해 지구에서 메탄을 가져온 큐리오시티가 화성의 메탄이 아닌 지구에서 온 메탄을 발견했다는 뜻이다. NASA 에임스연구센터 과학자이자 큐리오시티 측정 결과에 대한 2015년 1월 논문의 공저자 중 한 사람인 크리스 맥케이는 자늘의 우려가 정당하다고 동의했다.

"메탄이 탐사선에 있었을 가능성이 완전히 배제될 때까지는 신중해야 할 것입니다." [9]

물론 웹스터와 그의 SAM 팀도 지구에서 화성에 올 때 큐리오시티가 메탄을 가져왔다는 사실은 인정했지만 그 영향을 완전히 제거할 수 있었다고 믿었다. 아울러 대부분의 메탄을 헤리오트 셀에서 펌프로 퍼내는 데 성공했으므로, 지구에서 온 메탄이 메탄의 신호 측정에 미치는 영향은 무시할 만한 수준이라고 주장했다. 게다가 그들은 포어옵틱스 체임버 및 내부 거울의 코팅된 표관과 메탄이 화학 반응을 일으킬 가능성을 고려한 뒤 거부했다. 그들은 철저히 분석하는 내내 그들이 발견한 메탄이 로버 바퀴가 부식되면서 생성되거나 로버가 화성의 암석을 밟고 지나가면서 생성됐을 가능성을 평가하고 이 또한 제외했다. 모든 것을 고려한 끝에 그들이 내린 결론은 다음과 같았다.

"1년에 걸쳐 진행된 측정은 하나 이상의 메커니즘 또는 그 조합에 의해 화성에는 미량의 메탄이 생성되고 있다는 사실을 말해주고 있다. 여기에는 미생물에 의해 메탄이 생성된다는 메탄 생성 메커니즘도 포함된다."

특이한 주장이다. 큐리오시티의 측정 결과에 대해 자늘은 "발견된 메탄의 대다수는 샘플 셀로 가기 위해 대기하는 곳에 있거나 로버 자체에 있는 몇몇 원천(알려진 곳도 있고 알려지지 않은 곳도 있다)에서 나타난다."[10]

자늘은 2015년에 공개된 큐리오시티 로버의 측정 데이터를 분석한 뒤 다음과 같이 평가했다.

처음에는 화성에서 메탄이 보이지 않았다. 로버에 몰래 탄 플로리다의 공기로 가득할 때나 로버를 진공처리한 뒤에도 메탄은 보이지 않았다. 하지만 이후 메탄은 서서히 로버 내부에 쌓여 갔다. 6개의 화성 공기 샘플 중 5개에서 7피피비v(volume)의 메탄이 있는 것으로 나타났다. 다섯 번째 메탄을 관찰한 뒤 SAM/TLS은 고감도 강화 실험을 실시했지만 메탄은 거의 사라진 상태였다. 오컴 사람 윌리엄(William of Ockham)* 이었다면 우리에게 원천(로버)이 가까이 있을 때는 메탄이 갑자기 나타나는 것을 조심하라고 경고했으리라. 로버 내부의 메탄 농도가 대략 화성의 공기보다 1,000배나 높기 때문에 그렇게 많이 가져가지는 않았을 것이다. 그러나 메탄이 거기 없다고 지나치게 확신하는 것도 실수가 될 수 있다.[11]

자늘은 또한 SAM 팀이 화성의 메탄을 쉽게 발견할 수 있게 설계된 두 실험을 수행한 사실(두 실험에서 모두 메탄을 발견하지 못했다)을 지적한다. 이런 강화 실험(573일째와 684일째에 실시)은 헤리오트 셀 내부의 공기를 문질러서 이산화탄소를 빼내는 것이었다. 화성 대기의 96퍼센트가 이산

---

* 중세 말 잉글랜드의 신학자·철학자 오컴의 윌리엄(1280~1349)은 지식의 비평가였다. 그는 다음과 같은 말로 유명하다. "복잡한 설명보다는 간단한 설명이 좋다. 따라서 이론은 절대적으로 필요한 이상으로 복잡해서는 안 된다."

화탄소이기 때문에 사실상 모든 기체를 제거하면 남아 있는 분자를 발견하기가 10~20배는 수월해질 것이다. 573일째와 684일째 모두 메탄의 양은 1피피비 미만이었다. 자늘은 SAM 팀이 그들의 특이한 주장에 도움이 되는 특이한 단서를 제시하지 못했다고 결론 내렸다.

화성에서 발견된 메탄의 양이 맞고 메탄의 기원이 화성 자체라면? 현재 화성에 존재하는 메탄의 양(시간과 공간에 따라 달라진다)이 극도로 적다고 가정한다면, 당연히 다른 질문을 던지는 가정을 따라야 한다.

"생물학적 활동이 메탄이 생성되는 유일한 원천일까?"

그 답은 "아니오"다. 과학자들은 개연성이 있다고 할 만한 몇 가지 다른 메탄 생성 경로를 찾아냈다.

첫째, '사문석화'를 들 수 있다. 지표면 아래에 있는 물이 현무암질 암석, 예컨대 감람석[*]이나 휘석^{**}과 반응하면 현무암은 사문석^{***}이 된다. 이런 사문석화 과정에서 수소 원자들이 화성의 환경에서 탄소(이산화탄소 분자의 형태로 대기에 풍부하게 존재한다)와 결합해 메탄을 생성한다. 행성지질학자들은 화성의 나이가 많지 않다면 이 과정에서 상당히 많은 양의 메

---

* 감람석은 지구에서 가장 흔한 광물 중 하나이며, 화성에도 풍부할 가능성이 높다. 화학식 $(Mg,Fe)_2SiO_4$으로 나타낼 수 있는 감람석은 1개의 실리콘 원자와 4개의 산소 원자, 그리고 가장 흔한 2개의 마그네슘 원자$(Mg_2SiO_4,$ 고토감람석) 또는 Si와 Mg 원자의 혼합물을 포함하고 있다. 감람석은 또한 칼슘$(CaMgSiO_4,$ 몬티셀리석)이나 철$(CaFeSiO_4,$ kirschsteinite)을 함유하기도 한다.

** 휘석은 6개의 산소 원자와 일반적으로 2개의 실리콘 원자를 포함하지만, 알루미늄이 실리콘 원자를 대체할 수 있다. 휘석[화학식으로 $(NaCa)(Mg,Fe,Al)(Al,Si)_2O_6]$은 또한 2개의 다른 원자를 포함한다. 그중 하나는 일반적인 나트륨이나 칼슘이고, 다른 하나는 마그네슘, 철, 알루미늄 중 하나다.

*** 사문석은 마그네슘과 실리콘, 산소, 수소 등을 포함한다. $Mg_3Si_2O_5(OH)_4$.

탄이 화성 대기로 활발하게 주입될 것이 거의 확실하다는 데 의견을 모은다. 온실가스 메탄이 많이 존재한다면 젊은 화성의 기온을 높여 대양의 존재와 화성 전체의 물 순환에 영향을 미칠 것이다. 젊은 화성이 생성하는 메탄의 많은 양이 계속해 영구 동토층에 고립돼 있어 꾸준하게 메탄이 배출될 수도 있다.[12] 사문석화 과정에 의해 매년 배출되는 메탄의 최대량이 메탄 10피피비를 생성하기 위해 필요한 연간 100톤보다 2,000배가 많다는 예측도 있다.[13]

둘째, '수증기의 광분해'다. 텔아비브대학교의 아키바 바르-눈(Akiva Bar-Nun)과 바실리 디미트로프(Vasili Dimitrov)는 일산화탄소가 존재할 때 수증기의 광분해가 일어나면 메탄과 기타 탄화수소가 생성될 수 있다는 사실을 보여줬다.[14] 첫 번째 단계는 물 분자 1개가 자외선 광자 1개를 흡수한 다음 OH기(基, radical)와 수소 원자 1개로 분리될 때 일어난다. OH기는 CO와 반응해 이산화탄소(CO_2) 분자를 형성해 수소 원자 1개를 방출한다. 활성화된 수소 원자의 일부는 다른 CO 분자와 반응해 최종적으로 메탄을 생성한다. 이 과정에 의해 메탄이 생성되는 것에는 이론의 여지가 없다. 이 과정이 실제로 화성에서 일어나는지 여부는 중요하고 의미 있는 질문이다. 바르눈과 디미트로프는 실제 화성의 대기 조건에서 이런 과정이 일어날 수 있고, 일어날 것이며, 화성 대기에서 메탄을 발견했다고 주장하는 사람들이 관측했다고 알려진 양보다 수천 배는 많은 양의 메탄을 생성할 수 있다고 설득력 있게 주장했다.

셋째, '운석'이다. 어떤 운석은 탄소 함유 화합물의 최대 퍼센트에 이르는 탄소를 함유한다. 화성과 목성 사이에 있는 태양계의 일부인 소행성대에서 가장 가까운 화성에는 엄청난 양의 운석 물질이 얇은 화성의 대기

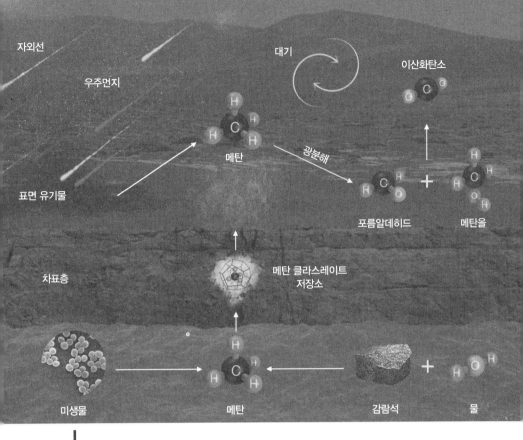

자외선

우주먼지

대기

이산화탄소

표면 유기물

메탄

광분해

포름알데히드

메탄올

차표층

메탄 클라스레이트
저장소

미생물

메탄

감람석

물

화성의 대기에 메탄을 추가하거나 제거할 수 있는 몇 가지 방법을 보여주는 도해. 지표면 아래에 있는 메탄을 생성하는 미생물, 사문석화 과정(물이 감람석과 반응하는), 격자 형태의 메탄 클라스레이트(clathrate)에서 빠져나가는 고대의 메탄 등도 메탄을 생성할 수 있다. 지표면에 비를 내리는 탄소가 풍부한 먼지와 반응하는 자외선도 메탄을 생성한다. 메탄을 파괴할 수도 있는 메커니즘에는 메탄을 이산화탄소로 바꾸는 처리를 위해 산소가 풍부한 분자를 활용하는 지표면 화학반응과 메탄을 파괴하는 빠르게 움직이는 전자를 생성하는 모래바람 등이 있다. _NASA, Goddard Space Flight Center/Brian Monroe.

를 뚫고 쏟아져 내리는데, 이들은 거의 불에 타서 없어지지 않았다. 이런 이유로 화성의 표면이 대부분 운석 파편으로 이뤄진 얇은 먼지 층으로 뒤덮이게 됐을 것이다. 연구원들은 화성 표면에서처럼 태양에서 나오는 자외선에 노출되거나 화성과 비슷하게 만든 빛의 조건에 있을 때, 머치슨 (Murchison)이라는 운석에서 나온 탄소가 풍부한 운석 물질이 매우 효율적으로 메탄을 방출한다는 사실을 발견했다. 머치슨에서 배출되는 메탄의 양은 기온의 증가하면서 늘어났다. 독일 마인츠에 있는 막스플랑크화학연구소(Max Planck Institute for Chemistry) 대기화학 부서의 프랑크 케플러(Frank Keppler)와 그의 동료들은 화성 표면에 그대로 떨어져 자외선에 노출되면서 메탄 생성의 원천이 된 운석 물질의 양이 화성 대기에 있는 10피피비의 메탄과 이루는 균형을 설명하기에 충분하다.[15]

넷째, '메탄 클라스레이트'다. 클라스레이트는 낮은 온도와 높은 압력 모두를 만족하는 조건에서 액체 상태의 물이 응고될 때 형성된다. 클라스레이트가 형성되면 새장처럼 생긴 구멍이 얼음 내부에 형성된다. 이런 새장들은 메탄 같은 기체를 모아 놓을 수 있는 저장소가 된다. 화성의 대기에 메탄이 더 많았다고 가정하면 화성에 메탄이 풍부한 클라스레이트가 화성의 역사 초창기에 형성됐을 것이다. 그런 클라스레이트가 화성의 표면 아래와 극관에 존재했으며, 아주 오래전 화성의 기후 변화에 중요한 역할을 했을 것으로 여겨진다. 따라서 합리적으로 화성 메탄의 원천이 될 수 있는 것은 클라스레이트가 저장돼 있는 표면 아래에서 서서히 탈출하는 메탄 기체다. 현재 화성 대기에서 발견되는 것으로 추정되는 적은 양의 메탄을 고려한다면, 메탄 기체가 스며들어갈 메탄 클라스레이트 침전물에 필요한 공간은 매우 작을 것이다.[16]

화성에는 메탄이 있을까? 그리고 메탄이 화성에 생명체가 있다는 사실을 증명하는 것일까? 결국 현대 화성 대기에 메탄이 존재하는가에 대해 상충되는 단서가 나왔다. 어쨌든 메탄이 존재한다면, 논란의 여지가 있는 단서이긴 하지만, 가끔씩 메탄을 대기로 방출하는 결과인 것으로 보인다. 그런 다음 몇 주에서 몇 달 이내에 메탄은 사라진다.

화성 대기에 있는 정상 상태의 적은 양의 메탄은 다수의 과정을 통해 생성될 수 있지만, 현재나 과거에 화성의 생명체를 필요로 하지는 않는다. 하지만 생명체 역시 이런 수준의 메탄을 생성할 수 있다. 하지만 메탄을 생성하는 원천이 무엇이든 간에 화성의 메탄이 급속도로 사라지는 것은 계속해서 적은 양의 메탄이 존재하는 것보다 훨씬 설명하기가 어렵다. 화성 대기에서 메탄을 급속도로 제거하는 가변적인 메커니즘이 없다면, 화성의 메탄에 관한 주장들은 모두 충분한 도움을 주는 특별한 단서가 없는 것으로 보인다.

큐리오시티도 이제 메탄을 생성할 가능성이 있는 것들을 자세하게 살펴볼 만큼 화성에 오랫동안 있었다. 표면 아래 메탄 생성 미생물이 메탄을 생산한다면, 메탄 생성이 화성의 계절 주기를 따를 가능성이 높다. 그러므로 메탄이 처음으로 남반구의 가을(2013년 12월부터 2014년 1월을 지나)에 급등했었기 때문에 같은 계절의 같은 부분, 즉 남반구 가을 2015년 말부터 2016년 초 사이에 다시 일어날 가능성이 높다. NASA의 2016년 5월 11일 보도자료에 따르면 2013~2014년에 있었던 메탄 급등을 반복하는 임무를 주의 깊게 살펴봤으나 2015년과 2016년에도 여전히 낮은 수준이었다. 크리스토퍼 웹스터는 이렇게 적었다.

"두 번째 해에 실험해본 결과 급등은 계절적인 영향과 무관하다는 것을 바로 알 수 있었다. 가끔씩 우연하게 일어나는 사건으로 다시 볼 수도 있고 보지 못할 수도 있다."[17]

이런 새로운 측정은 2013년과 2014년에 메탄이 갑자기 늘어난 것은 우연한 배출 또는 오염 때문이었다. 이것으로 화성의 생명체와 관련성이 줄긴 하겠지만 그래도 사라지진 않을 것이다.

16

화성인의 것

오늘날 화성에 생명체가 존재할 수 있을까?

화학적 기반의 생명체가 성장하고 뿌리를 내리기 위해서 특정한 조건들은 반드시 충족돼야 하며, 액체 상태의 물과 에너지원이 반드시 존재해야 한다. 화성에는 오래돼 말라붙은 협곡, 삼각지, 호수를 닮은 지형들이 있고 태양은 화성을 밝게 비춘다. 통과.

대기와 토양에서는 생물학적 필수요소인 탄소, 산소, 질소, 수소, 인, 황 등을 공급해야 한다. 화성에는 이런 요소가 모두 풍부하게 공급된다. 좋다.

생명체가 성장하기 위해서는 이런 환경조건들이 오랫동안 유지돼야 한다. 2016년 세인트루이스 워싱턴대학교 지구행성과학과(Earth and Planetary Sciences) 교수 레이 아비슨(Ray Arvidson)이 2016년에 정리한 흥미로운 단서에서 생명체에 도움이 될 만큼 화성의 기온과 습도가 높았던 시기가 여러 차례 있었다는 사실이 드러났다.[1] 탐사 로버 오퍼튜니티가 22킬로미터 너비의 인데버(Endeavor) 크레이터의 자취를 탐험한 결과, 이 크레이터가 형성되면서 널리 오랫동안 사용했던 열수 시스템이 만들어졌다는 사실이 밝혀졌다. 이 열수 시스템은 비교적 살 만한 지하 환경을 조성했다. 적어도 물을 지속적으로 사용할 수는 있었다.

오퍼튜니티는 또한 30~40억 년 된 번스 지층 노출부(Burns Formation Outcrops)를 탐험했는데, 오랜 기간 동안 표면과 표면 아래에 물이 존재했다는 단서가 될 만한 여러 가지 특징(예를 들어 물결무늬 패턴과 퇴적암 등)을 발견했다. 아비슨은 이렇게 설명했다.

"습도가 높은 지표면의 환경은, 만일 지구였다면, 산성 물질과 오랫동안 건조한 환경에 미생물이 적응하기만 한다면 서식이 가능했을 것이다. 지표면 아래의 지하수는 더 온화한 환경이 됐을 것이다. 그리고 만약 지구였다면 분명히 생명체 서식이 가능했을 것이다."

스피릿은 구불구불한 언덕으로 둘러싸인 홈 플레이트(Home Plate)라는, 형성된 지 37억 년도 되지 않은 부식된 화산 지역을 살폈다.

"홈 플레이트 근방처럼 물이 있는 환경이라면 지구에서는 생물체가 서식했을 것이고, 화성에서도 아마 그랬을 것이다."

큐리오시티는 150킬로미터 너비의 게일 크레이터 안에 있는 퇴적물 지역과 중앙에 위치한 마운트 샤프 주변 퇴적층 지역을 탐험했다. 크레이터에 있는 일부 암석은 29억 년밖에 되지 않았다. 큐리오시티가 측정한 결과에서 현재 이암이 사암을 뒤덮고 있는 게일 크레이터에 거대한 호수가 있었다는 사실이 드러났다. 게일 크레이터 지역 퇴적물은 상당한 양의 표면 유출과, 부식, 침전물의 이동으로 한 번에 형성됐다. 큐리오시티의 데이터는 유기 분자가 계속 살아남는 데 도움이 되고, 적어도 지속적으로 물이 존재해야 한다는 측면에서 생명체가 서식할 수 있는 환경이었다는 사실을 말하고 있다. 이런 모든 환경이 적어도 물의 가용성 측면에서 생명체가 살 수 있는 환경이었다는 점을 고려한다면, 화성의 표면 위나 아래 많은 지역에, 적어도 화성이 탄생한 지 처음 15억 년 동안 생명체가 살지는 않았더라도 살 수는 있었을 것이다. 이것도 좋다.

과거나 현재에 화성에 생명체가 존재하거나 했었다는 것에 대한 확실한 단서는 아직까지 발견되지 않았다. 우리는 여전히 화성의 생명체에 대한 그런 단서 또는 화성이 불모의 땅이며 지금까지 늘 그래왔다는 것을 말해주는 증명이나 명쾌하고 강력한 단서를 기다리고 있다. 그러나 화성이 언제나 생명체가 살기 어려운 곳은 아니었다는 사실은 분명하다. 화성에서도 지구와 비슷한 생명체가 번성했을지도 모른다. 탐사 로버들의 발견, ALH 84001에서 볼 수 있었던 고대 또는 현재의 화성 생명체에 대한 (가능성은 있지만 설득력은 없는) 단서, 생물학적 활동 없이 생성될 수 있는 수준보다 많을 수도 있는 (가능성은 있지만 설득력은 없는) 대기 중 메탄의 양을 함께 고려한다면, 화성에 생명체가 존재했거나 아직도 존재할 수도 있다는 가능성을 단정적으로 부정할 수는 없다. 그래서 인류는 여전히 화성의 생명체를 찾고 있다.

한때 화성에 생명체가 있었다는 발상이 터무니없는 것은 아니다. 한때 화성에 생명체가 살 수 있었다면 그 생명체는 변화하는 화성의 기후에 적응해 지금까지 계속해서 살아남을 방법을 찾아낼 수 있었을 것이다. 우리는 매우 합리적으로 화성의 지표면 아래에 미세한 생명체 집단이 살 수도 있었을지 모른다는 발상이 개연성 있다고 결론 내릴 수도 있다. 오늘날 화성에 관한 가장 중요한 질문은 이 2가지다.

"생명체가 살 수 있다고 알려진 지역에 생물학적으로 이용할 수 있는 화합물과 생명을 유지하는 데 필요한 에너지원이 있었을까?"

"현재 화성에 존재하는 생명 형태가 있을까?"

만약 화성에 인류의 이웃이 있다면 그들은 400년 동안 우리를 조롱하며 시험해온 것이다. 망원경의 시대가 오자 일부 천문학자들이 화성인의 존재에 대한 단서를 화성 표면에 뻗어 있는 운하 형태에서 발견했다. 그랬다, 그것은 간접적인 단서였다. 우리는 화성인을 보지 못했지만 적어도 화성 표면에 있는 그 선들이 실제로 운하라고 생각하면서 화성인이 존재한다고 믿는 사람들에게는 놓치기 어렵고 무시하기는 더더욱 어려운 단서였다. 물론 화성 표면에 있는 표시도 조반니 스키아파렐리와 퍼시벌 로웰이 생각했던 것만큼 길거나 직선에 가깝지는 않았고, 화성에는 인공 운하가 단 한 곳도 없었다. 생명체에 대한 단서는 없었다.

20세기에는 화성에 정확히 어떤 생명 형태가 존재할지에 대한 천문학자들의 확신이 바뀌었다. 천문학자들은 화성에는 운하를 건설하는 지적인 엔지니어가 없었다는 것에 대해서는 로웰이 틀렸지만, 화성에 방대한 숲이나 금세 자라는 식물이 많았다는 것에 대해서는 로웰이 옳다는 데 강한 공감대를 형성했다. 그리고 일부 천문학자는 엽록소의 존재를 통해, 화성에서 반사된 빛에서 추정한 엽록소를 통해, 화성에 식물이 존재하는가에 관한 추정적인 단서를 발견했다. 다른 천문학자들이 화성은 한 번도 초록색이었던 적이 없고 화성에서 반사된 빛은 엽록소의 존재에 부합하지 않는다는 사실을 보여주자 다시 실망의 반응이 돌아왔다. 엽록소는 없었다. 생명에 대한 단서는 없었다.

천문학자들은 엽록소에 대한 열기가 식고 나서 몇 년이 지나자 스펙트럼 분광기를 이용해 처음으로 지의류와 조류에 대한 결정적인 단서를 얻었다고 주장했다. 지의류와 조류는 모두 광합성을 하는 식물보다 훨씬 원시적인 생명 형태다. 하지만 분광기를 이용한 단서는 제대로 이해되거나 해석되지 못했다. 지의류도, 조류도, 없었다. 생명체에 대한 단서는 없었다.

요즘 화성의 환경은 생명체가 살기에는 힘겨운 상황이다. 매우 춥고, 표면에 액체 상태의 물이 있다고 하더라도 쉽게 찾을 수 없다. 대기층이 얇아서 고에너지 광자와 입자들을 거의 막아주지 못한다. 만일 한때 번성했던 생명 형태가 살아남았다면, 분명히 강인하고 찾아내기 어려울 것이다. 현대의 화성 생명체는 (있다면) 아주 작을지도 모른다. 또한 화성 대기가 태양의 치명적인 자외선을 막아주지 못하기 때문에, 그들은 살아남는 데 필요한 온기와 물을 지키고 우주에서 오는 위험한 방사선을 피하기 위해 암석 밑이나 지하 깊이 파고 들어가서 몸을 숨기고 있을지도 모른다. 하지만 표면 아래라도 미세한 크기의 화성인은 호흡을 해야 한다. 호흡 활동에서 나오는 화학 폐기물은 토양 속에 점점 쌓여, 느리지만 분명하게, 마침내 대기로 스며들 것이다. 우리는 화성의 대기에서 10억 개의 비생물학적 분자 당 1개의 생물학적 분자 수준에서도 우리가 추적하는 생물학적으로 생성된 분자의 존재를 알아낼 수 있어야 할 것이다. 우리는 화성에 보낸 그리고 착륙선과 로버를 통해 계속해서 화성으로 보낼 최첨단 감지장치를 이용해 1조 분의 몇 입자 정도의 한계치를 가진 감지율로 미세한 크기의 화성 생명체가 유출되는 단서를 찾아낼 수 있을지도 모른다.

천문학자들이 발견했다고 생각했던 대기 중의 메탄 기체는, 이런 유형의 데이터를 세부사항을 이해하는 사람이면 누구에게나, 화성의 생명체가 호흡을 통해 대기의 화학적 구성에 영향을 미친다는 단서를 제공했다. 화성을 향해 가는 로켓과 화성에 있는 착륙선에 장착된 카메라를 이용해 칼 세이건의 가설에 등장하는 육안 확인이 가능한 대형 생물이 화성 표면을 돌아다니는 모습을 본 적은 없지만, 많은 양의 대기 중 메탄의 존재는 미세한 생물학적 활동이 있다는 것을 의미하는 것으로 보인다. 화성 대기에 메탄이 상당히 많고 그 양이 변화한다면 화성인이 발견됐을지도 모른다.

결국 첫 번째와 두 번째 그리고 세 번째 메탄의 '발견'은 모두 틀렸을 가능성이 높다. 이들 가운데 실제로 메탄을 발견한 것은 없다고 할 수 있다. 하지만 잿더미 위에서 부활하는 불사조처럼 화성 대기에서 메탄을 발견했다는 주장은 끊이지 않고 반복됐다. 크라스노폴스키와 그의 동료들은 1988년, 2003년, 2006년에 소량의 메탄을 발견했을까? 머마와 그의 동료들은 2003년, 2006년, 2009년에 메탄을 발견했을까? 마스 익스프레스 팀은 2004년에 메탄을 발견했을까? 아니다.

두 달 정도의 짧은 기간 동안 화성 대기에서 메탄의 양이 약간 증가한 것에 대한 단서로 추정되는 큐리오시티의 최근 측정은 의문의 여지없이 메탄을 발견한 것이라고 할 수 있을까? 그렇다. 그렇다면 지표면 아래에 서식하면서 메탄을 생성하는 박테리아가 이런 메탄의 원천이라는 주장은 반박의 여지가 없는 것일까? 그렇지 않다. 허면 이 단서는 무시해도 될까? 아니다. 큐리오시티가 발견한 것처럼 딸꾹질(그런 딸꾹질이 실제로 존재한다면) 같은 극소량인 0.1~1.0피피비가 화성 대기에 존재하는 정상 상태의 메탄의 양일까? 그럴 수도 있다. 이처럼 대기에 존재하는 메탄의 양은 운석에서 지속적으로 유입되는 유기물과 사문석화를 통한 비유기물적인 메탄의 생산, 화성 대기에 존재하는 메탄의 수세기 동안의 광화학적 수명과 일치하는가? 그렇다. 화성인은 발견되지 않았고, 아마도 그곳에 없을지 모른다. 그럼에도 불구하고 우리는 모른다. 아직 모른다. 그래서 화성에 생명체가 없다고 할 수 없는 것이다.

과거 화성에는 생명체가 있었을 것이다. 일부 과학자들은 화성인 이웃들이 화성 표면에서 발사된 운석의 형태로 우리에게 "우리가 여기에서 살았다"라고 말하는 단서를 보냈다고 확신한다. 태양 주위를 1,700만 년 동안 공전하고 난 뒤 운석이 지구의 남극에 도착했다. 1만 3,000년 뒤에 인간은 운석을 발견해 지구화학연구소로 보냈고, 이미 월석을 연구한 바 있는 연구원들은 운석에서 작은 흔적을 발견할 준비를 갖추고 있었다.

우리의 화성인 이웃들은 단순히 이 화성의 운석에 우리가 그들의 존재를 추론할 수 있는 간접적인 단서를 보낸 것은 아니었다. 그들은 자화상일지 모를 것을 화석의 형태로 우리에게 보내 분명히 자신들의 존재를 확인해줬다. 놀랍게도, 이제 우리는 화성의 고대 생명체에 관한 화석 형태의 단서를 갖게 됐다. 이것들이 실제로 화석이라는 것을 믿기만 한다면 말이다. 계속해서 등장하는 새로운 과학적 단서에만 전적으로 의지해 20년 동안 열정적인 논쟁을 벌인 끝에, 이제는 모든 화석 형태의 단서들에 의문이 제기되고 있다.

거의 모든 과학자들은 막대 모양의 박테리아 화석이 그저 형태가 흥미로울 뿐인 비생물학적인 광물이라고 여긴다. 그렇다면 ALH 84001이라는 운석에서 발견된 모든 단서는 완전히, 논의할 여지도 없이, 잘못된 것일까? 그렇지 않다. 대부분의 이런 주장들은 엄격한 과학적 정밀함에 의해 사그라지긴 했지만, 일부 단서, 특히 자철광 알갱이의 존재가 생명체의 단서가 될 수 있다는 아주 낮은 가능성은 존재한다. ALH 84001에 담긴 단서가 고대 화성의 생명체를 가리킬 가능성은 희박하지만, 가능성이 아예 없는 것은 아니다. 아마도 고대의 화성인이 발견될 수도 있다.

1967년 미국이 채택한 외기권우주조약(Outer Space Treaty)에는 다음과 같은 원칙이 있다.

"달을 비롯한 다른 천체 등의 우주 공간을 탐사하고 이용하는 것은 모든 국가의 이해관계에 따라 실행될 것이며, 국가는 천체가 오염되지 않도록 탐사해야 할 것이다."[2]

오늘날 우리는 인간을 화성으로 보내려는 현재의 계획이 우주조약에 있는 이런 원칙에 부합하는지 확인하기 위해 우리가 화성에 관해 충분히 아는지 질문해야 한다. 화성에서 태어난 생명체가 화성에 존재할 가능성이 있다면 화성의 추가적 오염을 막는 것도 모든 나라의 이해관계에 영향을 미칠 수 있지 않을까? 그 전에 우리는 이 질문에 확실하게 답할 수 있어야 한다.

"화성에 생명체가 있을까? 또는 있었을까?"

오늘도 NASA의 탐사 로버 큐리오시티는 계속해서 화성 대기를 조사하고, 화성에 메탄이 존재하는지 테스트하고, 한때 생명체가 번성했거나 지금도 존재할지 모를 곳을 찾아다니고 있다. 이런 현장을 탐사해 생명체가 있다는 신호를 찾을 수 있도록 새로운 탐사선을 만들거나 설계하고 있다. 망원경들은 계속해서 화성의 궤도를 돌며 더 많은 단서를 찾고 있다. 내일이나 다음 주, 내년 또는 향후 10년 안에 우주에 우리만 있는 게 아닌지, 우리의 이웃 행성 화성에 더 이상의 비밀은 없는지, 마침내 알게 될 것이다.

화성인을 쫓아다니는 것은 위더피플(We-the-People) 활동과 매우 유사하다. 인류는 화성인의 존재를 믿는다. 때로 인류는 화성인이다. 2015년 영화 〈마션〉의 주인공 마크 와트니(Mark Watney)나, 1990년대 킴 스탠리 로빈슨의 《붉은 화성》《녹색 화성》《파란 화성》 3부작에 나오는 '최초의 100인'과 그들의 후손처럼 말이다. 때로는 2000년 영화 〈미션 투 마스(Mission to Mars)〉의 고대 외계 화성인처럼 우리는 화성인의 후손이다. 때로는 2016년 내셔널지오그래픽(National Geographic) 미니 시리즈 〈마스(Mars)〉에 나오는 우주인이 그랬던 것처럼 화성에서 식물을 거의 찾지 못할 수도 있다. 어떨 때는 처음으로 화성을 탐험하면서 외계인 화성인과 위험한 접촉을 하기도 한다. 1976년 그렉 베어(Greg Bear)의 단편 《화성인 리코르소(Martian Ricorso)》처럼 말이다.

위더피플은 과학자들이 화성에서 생명체를 찾길 바라고 기대한다. 우리들 가운데 일부는 우리가 우리의 미래와 운명을 향한 길을 찾고 있다고 생각한다. 현재나 과거에 화성에 생명체가 존재하게 되면 인간이 화성을 개척해 살아남을 가능성이 높아지기 때문이다. 이런 것들은 미래의 화성 연구에 훌륭한 동기부여가 된다. 또한 인류가 화성을 식민지화하려는 집단적인 야망을 스스로 연기하고 과학계가 화성이 언제나 불모의 땅이었는지 확실하게 알아낼 시간을 줄 근거를 제공한다. 더욱이 화성이 생명체가 생기지 않는 곳이라면, 더 이상 화성의 식민지화를 막고 화성을 지구처럼 개발하려는 시도를 막을 이유가 없다. 그러나 화성에 생명체가 존재한다면, 인류와 화성과의 미래 관계는 더욱 복잡해질 것이다.

순수한 의미에서 우리는 이미 화성을 오염시켰다. 1958년 설립된 국제 우주공간위원회(Committee on Space Research of the International Council on Science, 이하 COSPAR)는 화성의 표면에 착륙하는 탐사선은 살균을 해야 한다는 규칙을 제정했다.[3] 바이킹 계획에서 생명체에 대한 뚜렷한 단서가 없고 화성이 생명체가 살기에 부적절한 곳이라는 사실이 드러나자 COSPAR는 화성에 대한 규칙을 바꿨다. 요즘 화성 착륙선들은 높은 수준의 청결을 유지해야 하지만 살균까지는 하지 않아도 된다. 현대의 화성 착륙선들은 '청결한' 공간에서 조립된다. 그리고 역시나 화성 착륙선들은 살균됐을 가능성이 높다. 그렇지만 무균 상태는 아니다.

일부 지구의 박테리아는 이미 탐사선의 노출된 외부 표면에 붙어 탐사선에 탑승했다. 박테리아의 대다수는 화성에 도착하기 전에 태양의 자외선 방사에 의해 죽고 말 것이다. 그런데 일부 박테리아는 수천 년 동안 살수도 있는 우주선 내부에 잠입해 화성에 도착할 것이다. 2007년에 NASA의 크리스 맥케이는 탐사 로버 스피릿과 오퍼튜니티에 '미세한' 지구 생물이 각각 1만 개 개체나 살고 있을 것이라고 추정했다.[4] 맥케이는 지구에서 온 최초의 화성 개척자가 도착한 때는 NASA의 패스파인더가 화성에 착륙했던 1997년 7월 4일이었다는 사실을 지적했다. 그러면서 그는 이렇게 주장했다.

"그것들이 성장해서 널리 퍼질 수는 없다. 왜냐하면 화성에는 액체 상태의 물이 없기 때문에 성장할 수 없고, 확산될 수 없는 이유는 일단 화성의 환경으로 방출되면 자외선에 의해 급속도로 죽임을 당하기 때문이다."

운이 좋다면 맥케이가 옳을 것이다. 맥케이가 틀렸다고 하더라도 여전히 안심하고 사실상 전체 화성 표면이 지구의 생명 형태에게 오염되지 않았다고 가정할 수 있다. 한편 이처럼 사소한 수준의 오염일지라도 우리는 운석을 연구하는 과학자들, 산 정상에서 망원경으로 데이터를 수집하는 천문학자들, 공장에서 새로운 로버와 탐지기를 만들어 로켓에 실어 화성으로 보내는 엔지니어들이 우리가 화성을 (더욱 그리고 돌이킬 수 없을 정도로) 오염시키기 전에 답을 찾도록 해야 한다.

화성이 우리의 운명일 수도 있다. 하지만 아직은 아니다. 우리는 계속해서 화성을 연구하고, 탐사하고, 그래야 하지만, 지금 필요 이상으로 화성을 오염시킬 필요는 없다. 만약 지구가 활발한 생명 활동이 일어나고 있는 태양계의 유일한 행성이 아닐 가능성이 남아 있다면, 지구와는 독립적으로 다른 세상에서 생명이 진화하고 있을 가능성이 남아 있다면, 한때 번성했던 화성의 생명체가 지금은 은신 중인 것이라면, 우리는 너무 늦기 전에 이런 가능성을 확인할 기회를 잘 살려야 한다.

화성인의 뒤를 쫓아 우리가 얻은 것이 이미 많다. 아직 화성인이 존재하는지 모르지만 말이다. 퍼시벌 로웰은 화성의 운하로 추정되던 것에 대한 연구가 동기부여로 작용해 로웰 천문대가 세워졌고, 그곳에서 1930년 클라이드 톰보가 명왕성을 발견했다. 1950년대에 적외선천문학이 급속도로 발전한 이유 중 하나는 개척자 제러드 카이퍼와 빌 신턴이 흥미를 느꼈기 때문이기도 하다. 그들은 화성의 색을 연구하고 제대로 이해하기 위해 적외선천문학을 제안하려고 했다.

ALH 84001에 있는 극단적인 생명 형태의 가능성에 영감을 받은 수십 명의 과학자들은 매우 높은 온도에서 사는 호열성 생물, 소금의 농도가 극도로 높은 곳에서 사는 호염성 생물, 산도가 높은 곳에서 사는 호산성 생물 등 지구의 극한성 생물이라고 알려진 생명체를 현기증 날 정도로 많이 찾아냈다. 화성의 환경에서 생명체가 존재할 수 있는지 알고 싶었던 행성과학자들은 유로파, 엔셀라두스, 타이탄 등이 태양계에서 햇빛과 태양열에 무관하게 생명이 존재할 수도 있는 곳이라는 사실을 알아냈다.

 과학자들이 실험을 설계할 때 언제나 자신들이 찾고자 하는 대상을 발견하는 것은 아니다. 하지만 일단 실험이 시작되면 과학자들은 거의 언제나 알아야 할 만한 가치가 있는 것들을 발견한다. 우리가 화성인의 뒤를 쫓은 것은 호기심을 기반에 둔 과학이 중요한 발견으로 이어진 한 세기 동안 지속된 하나의 사례다.

 "화성에 생명체가 존재하는가?"라는 결정적인 질문에 대해 아직도 결론은 내려지지 않았다. 우리는 우리가 단서를 없애기 전에, 그리고 우리가 화성을 식민지화해 지구처럼 개발하는 것이 우리 인간이 해야 할 일인지 결정하기 전에, 화성에 생명체가 있는지, 있었는지 답할 수 있어야 한다. 원격 조종으로 탐사 로버를 이용해 인류가 수집할 수 있는 단서 가운데 압도적으로 많은 단서가 화성이 불모의 땅이라는 것을 가리킬 때까지. 그러나 압도적으로 많은 단서가 화성이 불모의 땅임을 가리키지 않는다면, 우리는 칼 세이건의 충고를 주의 깊게 새겨야 한다.

 "화성에 생명체가 존재한다면, 화성은 화성인의 것이다. 화성인이 비록 미생물에 불과하더라도."[5]

01_왜 화성인가?

1. A. P. Nutman, V. C. Bennett, C.R.L. Friend, M. J. Van Kranendonk, and A. R. Chivas, 2016, Nature; http://dx.doi.org/10.1038/nature19355

2. NASA press release, 2017, "NASA Affirms Plan for First Mission of SLS, Orion," May 12; https://www.nasa.gov/feature/nasa-affirms-plan-for-first-mission-of-sls-orion

3. Christian Davenport, 2017, "An Exclusive Look at Jeff Bezo's Plan to Set Up Amazon-Like Delivery for 'Future Human Settlement' of the Moon," Washington Post, March 2.

4. https://www.mars-one.com/about-mars-one

5. Adam Taylor, 2017, "The UAE's Ambitious Plan to Build a New City-on Mars," Washington Post, February 16.

6. Ishaan Tharoor, 2014, "U.A.E. Plans Arab World's First Mission to Mars, Washington Post, July 16.

02_마션

1. http://www.sacred-texts.com/ufo/mars/wow.htm

2. Richard M. Ketchum, 1989, The Borrowed Years 1938-1941: America on the Way to War(New York: Random House), pp. 89-90.

3. http://www.history.com/this-day-in-history/welles-scares-nation

4. A. Brad Schwartz, 2015, Broadcast Hysteria: Orson Welles's 'War of the Worlds'

and the Art of Fake News (New York: Hill and Wang), p. 8.

5. Schwartz, Broadcast Hysteria, p. 223.

6. D. A. Weintraub, 2014, Religions and Extraterrestrial Life: How Will We Deal With It?(New York: Springer-Praxis Publishing).

7. Epicurus, Letter to Herodotus. Retrieved from http://www.epicurus.net/en/herodutus.html

8. S. J. Dick, 1982, Plurality of Worlds: The Origins of the Extraterrestrial Life Debate from Democritus to Kant(New York: Cambridge University Press), p. 19.

9. M. Maimonides, 1986, Guide for the Perplexed, as quoted in Norman Lamm, Faith and Doubt: Studies in Traditional Jewish Thought, 2nd ed.(New York: KTAV Publishing House), p. 98.

10. N. Cusanus, 1954, Of Learned Ignorance, G. Heron, trans.(New Haven: Yale University Press), pp. 114-115.

11. G. Bruno, On the Infinite Universe and Worlds, 1584. Retrieved from http://www.positiveatheism.org/hist/brunoiuw0.htm #IUWTOC

12. Ingrid D. Rowland, 2008, Giordano Bruno: Philosopher/Heretic(Chicago: University of Chicago Press).

13. David A. Weintraub, 2014, Religions and Extraterrestrial Life(New York: Springer), pp. 23-24.

14. Louis Agassiz, in "Tribune Popular Science," 1874, ed. James Thomas Fields; John Greenleaf Whittier(Boston: H. L. Shepard & Co.).

15. James Jeans, 1942, "Is There Life on the Other Worlds?" Science, 95, 589.

16. Carl Sagan, 1963, "On the Atmosphere and Clouds of Venus," La Physique des Planetes: Communications Presentees au Onzieme Colloque International d'Astrophysique tenu a Liege, pp. 328-330.

17. The Pioneer Venus results were later confirmed by the IUE telescope: Jean-Loup Bertaux and John T. Clarke, 1989, "Deuterium Content of the Venus Atmosphere," Nature, 338, 567.

18. In Michael J. Crowe, 1986, The Extraterrestrial Life Debate(Cambridge: Cambridge University Press).

19. G. Mitri et al., 2014, "Shape, Topography, Gravity Anomalies and Tidal Deformation of Titan," Icarus, 236, 169.

20. NASA press release 15-188, 2015(September 15), "Cassini Finds Global Ocean in Saturn's Moon Enceladus."

21. D. A. Weintraub, 2007, Is Pluto a Planet?(Princeton, NJ: Princeton University Press).

22. D. Rittenhouse(1775, February 24). An oration delivered February 24, 1775, before the American Philosophical Society(Philadelphia: John Dunlap), pp. 19-20.

23. Thomas Paine, 1880, The Age of Reason(London: Freethought Publishing Company), p. 38.

24. Michael J. Crowe, 1986, The Extraterrestrial Life Debate, 1750-1900(Mineola, NY: Dover).

25. Stanford Encyclopedia of Philosophy; http://plato.stanford.edu/entries/whewell/

03_망원경의 시대

1. Camille Flammarion, 1892, La Planete Mars, in translation as Camille Flammarion's The Planet Mars, William Sheehan, ed., Patrick Moore, trans. (London: Springer, 2015), pp. 6-9.

2. 위의 책, pp. 11-12.

3. 위의 책, p. 14.

4. 위의 책

5. 위의 책, pp. 15-17.

6. 위의 책, pp. 30-31.

7. 위의 책, pp. 34-38.

8. William Herschel, Herschel's Second Memoir, 1784, reproduced in Camille Flammarion's The Planet Mars, pp. 48-53.

9. Flammarion, La Planete Mars, pp. 54-74.

04_상상 속의 행성

1. Beer and Mädler, quoted in Flammarion, La Planete Mars, p. 92.

2. Flammarion, La Planete Mars, p. 124.

3. W. R. Dawes, 1865, "On the Planet Mars," Monthly Notices of the Royal Astronomical Society 25, 225-268.

4. Flammarion, La Planete Mars, p. 160.

5. 위의 책, p. 114.

6. W. Noble, 1888, "Richard A. Proctor," The Observatory, 11, pp. 366-368.

7. Hugh H. Kieffer, Bruce M. Jakosky, and Conway W. Snyder, 1992, "The Planet Mars: From Antiquity to the Present," in Mars, ed. H. H. Kiefer et al.(Tucson: University of Arizona Press), p. 28.

05_안개 낀 붉은 땅

1. William Huggins, 1867, "On the Spectrum of Mars, with some Remarks on the Colour of that Planet," Monthly Notices of the Royal Astronomical Society, 27, 178.

2. Flammarion, La Planete Mars, p. 158.

3. Jules Janssen, 1867, Comptes rendus, V. LXIV, p. 1304.

4. https://www.ucolick.org/main/

5. W. W. Campbell, 1894, "The Spectrum of Mars," Publications of the Astronomical Society of the Pacific, 6, 228.

6. William Huggins, 1895, "Notes on the Atmospheric Bands in the Spectrum of Mars," Astrophysical Journal, 1, 193.

7. William Graves Hoyt, 1980, "Vesto Melvin Slipher 1875-1969, A Biographical Memoir"(Washington, DC: National Academy of Sciences).

8. V. M. Slipher, 1908, "The Spectrum of Mars," Astrophysical Journal, 28, 397.

9. W. W. Campbell, 1901, "Water Vapor in the Atmosphere of the Planet Mars," Science, 30, 771, 474.

10. W. W. Campbell and Sebastian Albrecht, "On the Spectrum of Mars as Photographed with High Dispersion," 1910, Astronomical Society of the Pacific, 22, 87.

11. C. C. Kiess, C. H. Corliss, Harriet K. Kiess, and Edith L. R. Corliss, 1957, "High-Dispersion Spectra of Mars," Astrophysical Journal, 126, 579.

12. Carl Sagan, 1961, "The Abundance of Water Vapor on Mars," Astronomical Journal, 66, 52.

13. Lewis D. Kaplan, Guido Münch, and Hyron Spinrad, 1964, "An Analysis of the Spectrum of Mars," Astrophysical Journal, 139, 1.

14. Staff reporter, 1963, "Lower Life Forms May Be Able to Live in Mars Atmosphere, Balloon Findings Show," Wall Street Journal, March 5, p. 11.

15. R. E. Danielson et al., 1964, "Mars Observations from Stratoscope II," Astronomical Journal, 69, 344.

16. Ronald A. Schorn, 1971, "The Spectroscopic Search for Water on Mars: A History," in Planetary Atmospheres, ed. Carl Sagan et al., IAUS, 40, 223-236.

17. Hugh H. Kieffer, Bruce M. Jakosky, and Conway W. Snyder, 1992, "The Planet Mars: From Antiquity to the Present," in Mars, ed. H. H. Kiefer et al.(Tucson: University of Arizona Press), p. 11.

06_지적인 생명체

1. "Life in Mars," 1871, Cornhill(May), 23, 137, 576-585.

2. 위의 책, p. 581.

3. "The Planet Mars-Is It Inhabited," 1873, London Reader(December 1), pp. 69-70.

4. 위의 책, p. 70.

5. "The Planet Mars: An Essay by a Whewellite," 1873, Cornhill(July), pp. 88-100.

6. Flammarion, La Planete Mars, p. 184.

7. 위의 책, p. 186.

8. Camille Flammarion, 1879, "Another World Inhabited Like Our Own," Scientific American Supplement, 175, p. 2787(May 10).

07_그 많던 물은 어디에

1. Wilson, S. A. et al., 2016, "A Cold-Wet Middle-Latitude Environment on Mars During the Hesperian-Amazonian Transition: Evidence from Northern Arabia Valleys and Paleolakes," Journal of Geophysical Research Planets, 121, 1667.

2. David E. Smith, Maria T. Zuber, and Gregory A. Neumann, 2001, "Seasonal Variations of Snow Depth on Mars," Science, 294, 2142.

3. Maria T. Zuber et al., 1998, "Observations of the North Polar Region of Mars from the Mars Orbiter Laser Altimeter," Science, 282, 2053.

4. Jeffrey J. Plaut et al., 2008, "Subsurface Radar Sounding of the South Polar Layered Deposits of Mars," Science, 316, 92.

5. Jeremie Lasue et al., 2013, "Quantitative Assessments of the Martian Hydrosphere," Space Science Reviews, 174, 155.

6. G. L. Villanueva et al., 2015, "Strong Water Isotopic Anomalies in the Martin Atmosphere: Probing Current and Ancient Reservoirs," Science, 348, 6231, 218.

7. Jeremie Lasue et al., 2013, "Quantitative Assessments of the Martian Hydrosphere," Space Science Reviews, 174, 155.

8. "Glacial Lake Missoula and the Ice Age Floods," Montana Natural History Center, www.glaciallakemissoula.org

9. C. M. Stuurman et al., 2016, "SHARAD detection and characterization of subsurface water ice deposits in Utopia Planitia, Mars." Geophysical Research Letters, doi: 10.1002/2016GL070138.

10. NASA press release, 2015, "NASA Mission Reveals Rate of Solar Wind Stripping Martian Atmosphere," November 5.

11. NASA press release, 2016, "NASA's MAVEN Mission Observes Ups and Downs

of Water Escape from Mars," October 19, https://mars.nasa.gov/news/2016/
nasas-maven-mission-observes-ups-and-downs-of-water-escape-from-mars

12. B. M. Jakosky, 2017, "Mars' atmospheric history derived from upper-atmosphere
    measurements of 38Ar/36Ar," Science, 355, 1408.

13. NASA press release, 2002, "Found It! Ice on Mars," May 28.

14. W. C. Feldman et al., 2004, "Global Distribution of Near-Surface Hydrogen on
    Mars," Journal of Geophysical Research, 109, E09006. doi:10.1029/2003JE002160.

15. Roger J. Phillips et al., 2011, "Massive CO2 Ice Deposits Sequestered in the
    South Polar Layered Deposits of Mars," Science, 332, 838; C. J. Bierson et al.,
    2016, "Stratigraphy and Evolution of the Buried CO2 Deposit in the Martian
    South Polar Cap," Geophysical Research Letters, 43, 4172.

16. P. R. Christensen et al., 2000, "Detection of Crystalline Hematite Mineralization
    on Mars by the Thermal Emission Spectrometer: Evidence for Near-Surface
    Water," Journal of Geophysical Research, 105, 9623.

08_운하의 건설자들

1. Flammarion, La Planete Mars, p. 251.

2. 위의 책, pp. 300-301.

3. 위의 책, p. 310.

4. The Astronomical Register: A Medium of Communication for Amateur
   Observers, 236, August 1882, "The Late C. E. Burton," p. 173.

5. Flammarion, La Planete Mars, pp. 333-334.

6. F. Terby, 1892, "Physical Observations of Mars," Astronomy and Astro-
   Physics(trans. Roger Sprague), 11, pp. 555-558.

7. E. P. Martz, Jr., 1938, "Professor William Henry Pickering 1858-1938 An
   Appreciation," Popular Astronomy, 46, p. 299(June-July).

8. William H. Pickering, 1890, "Visual Observation of the Surface of Mars," Sidereal
   Messenger, 9, pp. 369-370.

9. William H. Pickering, 1892, "Mars," Astronomy and Astro-Physics," 11, 849.

10. Giovanni Schiaparelli, "The Planet Mars," p. 719, quoted in William Sheehan and Stephen James O'Meara, 2001, Mars: The Lure of the Red Planet(Amherst, NY: Prometheus Books), p. 122.

11. Flammarion, La Planete Mars, p. 512.

12. William Graves Hoyt, 1976, Lowell and Mars(Tucson: University of Arizona Press), pp. 57-58.

13. 위의 책, p. 64.

14. Leo Brenner, 1896, "The Canals of Mars Observed at Manora Observatory," Journal of the British Astronomical Association, 7, pp. 71-72.

15. Thomas A. Dobbins and William Sheehan, 2007, "Leo Brenner," in Biographical Encyclopedia of Astronomers, ed. Virginia Trimble et al.(New York: Springer-Verlag),p. 169.

16. C. A. Young, 1896, "Is Mars Inhabited?" Boston Herald, October 18(reprinted in Publications of the Astronomical Society of the Pacific, 8, 306, December 1896).

17. Hoyt, Lowell and Mars, p. 109.

18. 위의 책, p. 124.

19. 위의 책, pp. 129-131.

20. 위의 책, p. 155.

21. 위의 책, p. 163.

22. "Mars," 1907, Wall Street Journal(December 28), p. 1.

23. Percival Lowell, 1907, "Mars in 1907," Nature, 76, 446.

24. Hoyt, Lowell and Mars, p. 141.

25. P. Lowell, 1907, "On a General Method for Evaluating the Surface-Temperature of the Planets; with a Special Reference to the Temperature of Mars," Philosophical Magazine and Journal of Science, 14, 79, 161.

26. J. H. Poynting, 1907, "On Professor Lowell's Method for Evaluating the Surface Temperatures of the Planets; with an Attempt to Represent the Effect of Day and

Night on the Temperature of the Earth," Philosophical Magazine and Journal of Science, 14, 84, 749.

27. Arvydas Kliore, Dan L. Cain, Gerald S. Levy, Von R. Eshleman, Gunnar Fjeldbo, and Frank Drake, 1965, "Occultation Experiment: Results of the First Direct Measurement of Mars's Atmosphere and Ionosphere," Science, 149, 1243.

28. Hoyt, Lowell and Mars, p. 81.

29. David Strauss, 2001, Percival Lowell: The Culture and Science of a Boston Brahmin(Boston: Harvard University Press), p. 230.

30. E. E. Barnard, 1896, "Physical Features of Mars, as Seen with the 36-Inch Refractor of the Lick Observatory, 1894," Monthly Notices of the Royal Astronomical Society, 56, 166.

31. Percival Lowell, 1906, "First Photographs of the Canals of Mars," in Proceedings of the Royal Society of London, 77, 132.

32. Percival Lowell, 1906, Mars and Its Canals(New York: MacMillan), p. 277.

33. Hoyt, Lowell and Mars, p. 182.

34. 위의 책

35. 위의 책, p. 198.

36. Strauss, Percival Lowell, pp. 230-232.

37. Simon Newcomb, 1897, "The Problems of Astronomy," Science, 5, 125, 777.

38. Simon Newcomb, 1907, "The Optical and Psychological Principles Involved in the Interpretation of the So-Called Canals of Mars," Astrophysical Journal, 26, 1, 1-17.

39. E. M. Antoniadi, 1898, "Chart of Mars in 1897-1897, Considerations on the Physical Condition of Mars, Indistinct Vision and Gemination," Memoirs of the British Astronomical Association, 6, pp. 99-102.

40. William Sheehan, 1996, The Planet Mars(Tucson: University of Arizona Press), pp. 135-137.

41. E. M. Antoniadi, 1903, "Report of the Mars Section," Memoirs of the British

Astronomical Association, 11, pp. 137-142.

42. E. M. Antoniadi, 1901, "Chart of Mars in 1897-1897, "Chart of Mars in 1898-1899:
Conclusion," Memoirs of the British Astronomical Association, 9, pp. 103-106.

43. Sheehan, 1996, Planet Mars, p. 140.

44. E. M. Antoniadi, 1910, "Sixth Interim Report for 1909, Dealing with Some
Further Notes on the So-Called 'Canals,' "Journal of the British Astronomical
Association, 20, 189.

45. E. M. Antoniadi, 1910, "Considerations of the Physical Appearance of the Planet
Mars," Popular Astronomy, 21, 416.

46. Robert Trumpler, 1924, "Visual and Photographic Observations of Mars,"
Publications of the Astronomical Society of the Pacific, 36, 263.

09_엽록소와 이끼 그리고 조류

1. Danielle Briot, 2013, "The Creator of Astrobotany, Gavriil Adrianovich Tikhov,"
in Astrobiology, History, and Society, ed. Douglas A. Vakoch(Heidelberg:
Springer), pp. 175-185.

2. W. W. Coblentz, 1925, "Measurements of the Temperature of Mars," Scientific
Monthly, 21, 4, pp. 400-404.

3. V. M. Slipher, 1924, "II. Spectrum Observations of Mars," Astronomical Society
of the Pacific, 36, 261.

4. Robert J. Trumpler, 1927, "Mars' Canals Not Man-Made," Science News-Letter,
12, 99.

5. James Stokely, 1926, "Vegetation on Mars?," Science News-Letter, 10, 288, 37.

6. Peter M. Millman, 1939, "Is There Vegetation on Mars," The Sky, 3, 10.

7. Life magazine, 1948(June 28), "Mars in Color," p. 65.

8. Time, 1948, "The Far-Away Lichens"(March 1).

9. O. B. Lloyd, 1948, "Astronomers Find Evidence of Life of Primitive Form in
Study of Mars," Toledo Blade(February 18).

10. S. Byrne and A. Ingersoll, 2003, "A Sublimation Model for Martian South Polar Ice Features," Science, 299, 1051.

11. Gerard P. Kuiper, 1951, "Planetary Atmospheres and Their Origin," in The Atmospheres of the Earth and Planets(Chicago: University of Chicago Press).

12. Gerard P. Kuiper, 1955, "On the Martian Surface Features," Publications of the Astronomical Society of the Pacific, 67, 271.

13. Gerard P. Kuiper, 1957, "Visual Observations of Mars, 1956," Astrophysical Journal, 125, 307.

14. William M. Sinton, 1958, "Spectroscopic Evidence of Vegetation on Mars," Publications of the Astronomical Society of the Pacific, 70, 50.

15. William M. Sinton, 1957, "Spectroscopic Evidence for Vegetation on Mars," Astrophysical Journal, 126, 231.

16. William M. Sinton, 1959, "Further Evidence of Vegetation on Mars," Science, 130, 1234.

17. N. B. Colthup and William M. Sinton, 1961, "Identification of Aldehyde in Mars Vegetation Regions," Science, 134, 529.

18. 위의 책

19. 위의 책

20. D. G. Rea, 1962, "Molecular Spectroscopy of Planetary Atmospheres," Space Science Review, 1, 159.

21. Rea, Belsky, and Calvin, "Interpretation of the 3-to 4-Micron Infrared Spectrum."

22. James S. Shirk, William A. Haseltine, and George C. Pimentel, 1965, "Sinton Bands: Evidence for Deuterated Water on Mars," Science, 147, 48.

23. D. G. Rea, B. T. O'Leary, and W. M. Sinton, 1965, "Mars: The Origin of the 3.58- and 3.69-Micron Minima in the Infrared Spectra," Science, 147, 1286.

24. Ernst J. Öpik, 1966, "The Martian Surface," Science, 153, 255.

25. James B. Pollack and Carl Sagan, 1967, "Secular Changes and Dark-Area Regeneration on Mars," Icarus, 6, 434.

26. Carl Sagan and James B. Pollack, 1969, "Windblown Dust on Mars," Nature, 223, 791.

10_바이킹, 닻을 내리다

1. Tobias Owen et al., 1977, "The Composition of the Atmosphere at the Surface of Mars," Journal of Geophysical Research, 82, 4635.

2. Paul R. Mahaffey et al., 2013, "Abundance and Isotopic Composition of Gases in the Martian Atmosphere from the Curiosity Rover," Science, 341, 263.

3. Heather B. Franz et al., 2017, "Initial SAM Calibration Experiments on Mars: Quadrapole Mass Spectrometer Results and Implications," Planetary and Space Science, 138, 44.

4. Henry S. F. Cooper, Jr., 1980, The Search for Life on Mars: Evolution of an Idea(New York: Holt, Rinehart and Winston), p. 68.

5. 위의 책, pp. 130-132.

6. John Noble Wilford, 1976, "Viking Finds Mars Oxygen is Unexpectedly Abundant," New York Times(August 1).

7. Victor K. McElheny, 1976, "Tests by Viking Strengthen Hint of Life on Mars," New York Times(August 8).

8. Victor K. McElheny, 1976, "Mars Life Theory Receives Set Back," New York Times(August 11).

9. Victor K. McElheny, 1976, "Tests Continuing for Life on Mars," New York Times(August 21).

10. Harold P. Klein et al., 1992, "The Search for Extant Life on Mars," in Mars, ed. Hugh H. Kieffer et al.(Tucson: University of Arizona Press), p. 1221.

11. Klein et al., "Search for Extant Life on Mars," p. 1230.

12. Cooper, Search for Life on Mars, p. 133.

13. Klein et al., "Search for Extant Life on Mars," p. 1227.

14. 위의 책, p. 1230.

15. Gilbert V. Levin, 2015, http://www.gillevin.com/mars.htm

16. G. V. Levin and P. A. Straat, 1979, "Viking Labeled Release Biology Experiment: Interim Results," Science, 194, 1322.

17. G. V. Levin and P. A. Straat, 1988, "A Reappraisal of Life on Mars," in The NASA Mars Conference, Science and Technology Series 71(ed. Duke B. Reiber), pp. 186-210.

18. R. Navarro-Gonzalez
    et al., 2010, "Reanalysis of the Viking Results Suggests Perchlorate and organics at Midlatitudes on Mars," Journal of Geophysical Research, 115, E12010.

19. M. H. Hecht et al., 2009, "Detection of Perchlorate and the Soluble Chemistry of Martian Soil at the Phoenix Lander Site," Science, 325, 64.

20. Mike Wall, 2011(January 6), "Life's Building Blocks May Have Been Found on Mars, Research Finds," http://www.space.com/10418-life-building-blocks-mars-research-finds.html

11_뜨거운 감자

1. Kathy Sawyer, 2006, The Rock from Mars: A Detective Story on Two Planets(New York: Random House).

2. I. Weber et al., 2015, Meteoritics & Planetary Science, doi: 10.1111/maps.12586.

3. David W. Mittlefehldt, 1994, "ALH 84001, a Cumulate Orthopyroxenite Member of the Martian Meteorite Clan," Meteoritics, 29, 214.

4. R. N. Clayton, 1993, "Oxygen Isotope Analysis," Antarctic Meteorite Newsletter, 16(3), ed. R. Score and M. Lindstrom(Houston, TX: Johnson Space Center), p. 4.

5. T. Owen et al., 1977, "The Composition of the Atmosphere at the Surface of Mars," Journal of Geophysical Research, 82, 4635.

6. R. O. Pepin, 1985, "Evidence of Martian Origins," Nature, 317, 473.

7. T. L. Lapen et al., 2010, "A Younger Age for ALH84001 and Its Geochemical

Link to Shergotite Sources in Mars," Science, 328, 346.

8. D. S. McKay et al., 1996, "Search for Past Life on Mars: Possible Relic Biogenic Activity in Martian Meteorite ALH 84001," Science, 273, 924.

9. William Clinton, 1996, "President Clinton Statement Regarding Mars Meteorite Discovery," August 7, http://www2.jpl.nasa.gov/snc/clinton.html

10. Louis Pasteur, 1864(April 7), "On Spontaneous Generation," speech to Sorbonne.

11. Johan August Strindberg, 1887, The Father, in Strindberg: Five Plays, 1983, trans. Harry G. Carslon(Berkeley: University of California Press).

12. B. Nagy, G., Claus, and D. J. Hennessy, 1962, "Organic Particles Embedded in Minerals in the Orgueil and Ivuna Carbonaceous Chondrites," Nature, 4821, 1129

13. E. Anders et al., 1964, "Contaminated Meteorite," Science, 146, 1157.

14. J. Martel et al., 2012, "Biomimetic Properties of Minerals and the Search for Life in the Martian Meteorite ALH 84001," Annual Review of Earth and Planetary Sciences, 40, 167.

15. Kathy Sawyer, 2006, The Rock from Mars(New York: Random House), p. 158.

16. D. S. McKay et al., 1996, "Search for Past Life on Mars: Possible Relic Biogenic Activity in Martian Meteorite ALH 84001," Science, 273, 924.

17. A. Knoll et al., 1999, Size Limits of Very Small Microorganisms: Proceedings of a Small Workshop (Washington, DC: National Academy Press). http://www.nap.edu/read/9638/chapter/1

18. John D. Young and Jan Martel, 2010, "The Rise and Fall of Nanobacteria," Scientific American, 302, pp. 52-59(January).

19. J. Martel et al., "Biomimetic Properties of Minerals," p. 183.

20. 위의 책, p. 169.

21. Ralph P. Harvey and Harry Y. McSween, Jr., 1996, "A Possible High-Temperature Origin for the Carbonates in the Martian Meteorite ALH 84001," Nature, 382, 49.

22. Laurie A. Leshin et al., 1998, "Oxygen Isotopic Constraints on the Genesis of Carbonates from Martian Meteorite ALH 84001," Geochimica et Cosmochimica Acta, 62, 3.

23. Edward R. D. Scott et al., 2005, "Petrological Evidence for Shock Melting of Carbonates in the Martian Meteorite ALH 84001," Nature, 387, 377.

24. J. Martel et al., "Biomimetic Properties of Minerals," p. 175.

25. 위의 책, p. 171.

26. 위의 책, p. 172.

27. Allan H. Treiman, "Traces of Ancient Life in Meteorite ALH 84001: An Outline of Status in 2003," http://planetaryprotection.nasa.gov/summary/ALH 84001

28. J. Martel et al., "Biomimetic Properties of Minerals," p. 187.

12_메탄 발견

1. "Pluto's Methane Snowcaps on the Edge of Darkness," NASA Press release, August 31, 2016, https://www.nasa.gov/feature/pluto-s-methane-snowcaps-on-the-edge-of-darkness

2. R. A. Rasmussen and M.A.K. Khalil, 1983, "Global Methane Production by Termites," Nature, 301, 700.

3. U.S. Environmental Protection Agency, 2016, "Inventory of U.S. Greenhouse Gas Emissions and Sinks: 1990-2014," EPA 430-R-16-002.

4. G. L. Villanueva et al., 2013, "A Sensitive Search For Organics(CH4, CH3OH, H2CO, C2H6, C2H2, C2H4), Hydroperoxyl(HO2), Nitrogen Compounds(N2), NH3, HCN) and Chlorine Species(HCl, CH3Cl) on Mars Using Ground-Based High-Resolution Infrared Spectroscopy," Icarus, 223, 11.

5. S. K. Atreya, P. R. Mahaffy, and A.-S. Wong, 2007, "Methane and Related Trace Species on Mars: Origin, Loss, Implications for Life, and Habitability," Planetary and Space Science, 55, 358.

6. Staff reporter, 1966, "Light Wave Study Revives Hope of Martian Life," New

York Times, October 18, p. 17.

7. I. S. Bengelsdorf, 1966, "New Analyses May Indicate Biological Activity on Mars," Los Angeles Times, October 19, p. 3.

8. W. Sullivan, 1967, "New Readings on Life on Mars," New York Times, February 12, p. 182.

9. J. Connes, P. Connes, and L. D. Kaplan, 1966, "Mars: New Absorption Bands in the Spectrum," Science, 153, 739.

10. L. D. Kaplan, J. Connes, and P. Connes, 1969, "Carbon Monoxide in the Martian Atmosphere," Astrophysical Journal, 157, L187.

11. W. Sullivan, 1969, "2 Gases Associated with Life Found on Mars Near Polar Cap," New York Times, August 8, p. 1.

12. R. Dighton, 1969, "Mariner Hints Life on Mars," Atlanta Constitution, August 8, p. 1A. 13. R. Abramson, 1969, "New Findings Dim Possibility of Mars Life," Los Angeles Times, September 12, p. 3.

13. D. Horn et al., 1972, "The Composition of the Martian Atmosphere: Minor Constituents," Icarus, 16, 543.

14. Rudy Abramson, 1969, "New Findings Dim Possibility of Mars Life," Los Angeles Times, September 12, p. 3; Staff Reporter, 1969, "Unlikelihood of Life on Mars Is Confirmed by Further Study of Mariner 6 and 7 Data," Wall Street Journal, September 12, p. 8.

15. John Noble Wilford, 1972, "Data on Mars Indicate It's a Dynamic Planet; Mars Data Depict a Dynamic Planet That Water Helped Mold; Life Forms Hinted," New York Times, June 15, p. 1.

16. William C. Maguire, 1977, "Martian Isotopic Ratios and Upper Limits for Possible Minor Constituents as Derived from Mariner 9 Infrared Spectrometer Data," Icarus, 32, 85.

13_잡음 감지

1. V. A. Krasnopolsky, G. L. Bjoraker, M. J. Mumma, and D. E. Jennings, 1997, "High-Resolution Spectroscopy of Mars at 3.7 and 8 μm: A Sensitive Search for H_2O_2, H_2CO, HCl, and CH_4, and Detection of HDO," Journal of Geophysical Research, 102, 6525.

2. E. Lellouch et al., 2000, "The 2.4-45 μm Spectrum of Mars Observed with the Infrared Space Observatory," Planetary and Space Science, 48, 1393.

3. V. A. Krasnopolsky, J. P. Maillard, and T. C. Owen, 2004, "Detection of Methane in the Martian Atmosphere: Evidence for Life?" Geophysical Research Abstracts, 6, 06169.

4. Vladimir A. Krasnopolsky, Jean Pierre Maillard, and Tobias C. Owen, 2004, "Detection of Methane in the Martian Atmosphere: Evidence for Life?" Icarus, 172, 537.

5. "Mars Express Confirms Methane in the Martian Atmosphere," ESA press release, March 30, 2004.

6. V. Formisano et al., 2004, "Detection of Methane in the Atmosphere of Mars," Science, 306, 1758.

7. A. Geminale, V. Formisano, and M. Giuranna, 2008, "Methane in Martian Atmosphere: Average Spatial, Diurnal, and Seasonal Behaviour," Planetary and Space Science, 56, 1194.

14_내일은 없다

1. M. J. Mumma et al., 2003, "A Sensitive Search for Methane on Mars," Bulletin of the American Astronomical Society, 35, 937.

2. M. J. Mumma, et al., 2004, "Detection and Mapping of Methane and Water on Mars," Bulletin of the American Astronomical Society, 36, 1127.

3. CNN.com, 2004, "Mars Methane from Biology or Geology?," March 30.

4. David A. Weintraub, 2011, How Old Is the Universe?(Princeton, NJ: Princeton

University Press).

5. M. Peplow, 2004, "Martian Methane Hints at Oases of Life," September 21, http://www.nature.com/news/2004/040920/full/news040920-5.html

6. M. J. Mumma et al., 2005, "Absolute Abundance of Methane and Water on Mars: Spatial Maps," Bulletin of the American Astronomical Society, 37, 669.

7. D. J. Harland, 2005, Water and the Search for Life on Mars(Chichester, UK: Springer), p. 226.

8. M. J. Mumma et al., 2007, "Absolute Measurements of Methane on Mars: The Current Status," Bulletin of the American Astronomical Society, 39, 471.

9. M. J. Mumma et al., 2009, "Strong Release of Methane on Mars in Northern Summer 2003," Science, 323, 1041.

10. K. Chang, 2009, "Paper Details Sites on Mars with Plumes of Methane," New York Times, January 16.

11. Mumma et al., "Strong Release of Methane on Mars."

12. A. Geminale, V. Formisano, and G. Sindoni, 2011, "Mapping Methane in Martian Atmosphere with PFS-MEX
Data," Planetary and Space Science, 59, 137.

13. V. A. Krasnopolsky, 2007, "Long-term Spectroscopic Observations of Mars Using IRTF/CSHELL: Mapping of O2 Dayglow, CO, and Search for CH4," Icarus, 190, 93-102.

14. V. A. Krasnopolsky, 2012, "Search for Methane and Upper Limits to Ethane and SO2 on Mars," Icarus, 217, 144.

15. S. Fonti and G. A. Marzo, 2010, "Mapping the Methane on Mars," Astronomy & Astrophysics, 512, A51.

16. S. Fonti et al., 2015, "Revisiting the Identification of Methane on Mars Using TES Data," Astronomy & Astrophysics, 581, A136.

17. G. L. Villanueva et al. 2013, "A Sensitive Search for Organics."

18. 위의 책

15_큐리오시티와 화성의 냄새

1. http://www.robothalloffame.org/inductees/03inductees/mars.html

2. C. R. Webster et al., 2013, "Low Upper Limit to Methane Abundance on Mars," Science, 342, 355.

3. 위의 책

4. C. R. Webster et al., 2015, "Mars Methane Detection and Variability at Gale Crater," Science, 347, 415.

5. C. Sagan, 1998, Billions and Billions: Thoughts on Life and Death at the Brink of the Millennium(New York: Ballantine), pp. 60 and 85.

6. K. Zahnle, R. S. Freedman, and D. C. Catlin, 2011, "Is There Methane on Mars?," Icarus, 212, 493.

7. https://www.nasa.gov/feature/goddard/2016/maven-observes-ups-and-downs-of-water-escape-from-mars

8. J. A. Holmes, S. R. Lewis, and M. R. Patel, 2015, "Analysing the Consistency of Martian Methane Observations by Investigation of Global Methane Transport," Icarus, 257, 32.

9. J. Bontemps, 2015, "Mystery Methane on Mars: The Saga Continues," Astrobiology Magazine, May 14, http://www.astrobio.net/news-exclusive/mystery-methane-on-mars-the-saga-continues/

10. K. Zahnle, 2015, "Play It Again, SAM," Science, 347, 370.

11. 위의 책, p. 371.

12. C. Oze and M. Sharma, 2005, "Have Olivine, Will Gas: Serpentinization and Abiogenic Production of Methane on Mars," Geophysical Research Letters, 32, L10203.

13. S. K. Atreya, P. R. Mahaffy, and A. S. Wong, 2007, "Methane and Related Trace Species on Mars: Origin, Loss, Implications for Life, and Habitability," Planetary and Space Science, 55, 358.

14. A. Bar-Nun and V. Dimitrov, 2006, "Methane on Mars: A Product of H2O

Photolysis in the Presence of CO," Icarus, 181, 320-322, and 2007, " 'Methane on Mars: A Product of H2O Photolysis in the Presence of CO' Response to V. A. Krasnopolsky," Icarus, 188, 543.

15. F. Keppler et al., 2012, "Ultraviolet-Radiation-Induced Methane Emissions from Meteorites and the Martian Atmosphere," Nature, 486, 93.

16. B. K. Chastain and V. Chevrier, 2007, "Methane Clathrate Hydrates as a Potential Source for Martian Atmospheric Methane," Planetary and Space Science, 55, 1246.

17. NASA press release, May 11, 2016, "Second Cycle of Martian Seasons Completing for Curiosity Rover," https://mars.nasa.gov/news/second-cycle-of-martian-seasons-completing-for-curiosity-rover

16_화성인의 것

1. Raymond E. Arvidson, 2016, "Aqueous History of Mars, as Inferred from Landed Mission Measurements of Rocks, Soils and Water Ice," Journal of Geophysical Research Planets, 121, 1602.

2. www.unoosa.org/oosa/en/ourwork/spacelaw/treaties/introouterspacetreaty.html

3. https://cosparhq.cnes.fr

4. Christopher P. McKay, 2007, "Hard Life for Microbes and Humans on the Red Planet," AdAstra, 31.

5. Carl Sagan, 1980, Cosmos(New York: Random House), ch. 5.

· 찾아보기 ·

ㄱ

가니메데 • 45

가단성 • 47

가브릴 아드리아노비치 티호프 • 156~157, 160

가이거 계수 • 204

갈릴레오 갈릴레이 • 33

개러트 세르비스 • 28

걸리버 존스 중위 • 28

고대 분지 망 • 111

고더드 우주항공센터 • 106~107, 265~266, 269, 286, 292~293, 307, 316

고든 뵤레이커 • 269~270

고양이 펠릭스, 운명의 장난 • 29

골드스톤 천문대 • 193

골디락스 영역 • 10

구상체 • 227, 235~237, 239~240

귀도 뮌치 • 89

그레고리 노이만 • 106

그렉 베어 • 342

극한성 생물 • 229, 344

금성에서 길을 잃다 • 42

금성의 카슨 • 42

금성의 카슨 네이피어 • 43

금성의 해적들 • 42

길버트 레빈 • 203~204, 208~210, 212

ㄴ

나클라이트 • 225~226

남극운석뉴스레터 • 217

내셔널지오그래픽 • 342

너새니얼 그린 • 75~76

노만 콜트헙 • 186~187

노먼 록키어 • 82, 97

노먼 호로위츠 • 205, 208

뉴글렌 • 18

뉴셰퍼드 • 18

뉴욕타임스 • 201, 258, 264, 295

니르갈 • 8

니콜라우스 쿠사누스 • 31
니콜라이 이그나티에프 • 281
닐 델로 루소 • 287
닐 암스트롱 • 258

ㄷ

다른 세상 • 74
다수의 세계에 관하여 • 51
다원주의 • 50~51
다원주의 세상에 관한 대화 • 58
닥터 오메가 • 28
대 시르티스 • 57, 165~166
대니얼 드류 • 136
대생물 • 197~198, 201
대중천문학 • 29, 134, 145, 153
덤으로 주어진 세월 • 25
데이비드 던랩 • 165
데이비드 리튼하우스 • 50~52
데이비드 맥케이 • 227~232, 234~236,
　　238~240, 242~243
데이비드 미틀펠트 • 221~222
데이비드 스미스 • 106, 293
도널드 레아 • 187~189
도널드 제닝스 • 269~271, 287
도플러 이동 • 87, 277, 279, 326
두 번째 회고록 • 62
드래곤 • 16~17
디오제나이트 • 217~218, 220~222

ㄹ

라이프 • 169, 176, 178
런던데일리그래픽 • 146
런던리더 • 98~99
레슬리 멀린 • 291
레오 브레너 • 134
레이 브래드베리 • 43
레이 아비슨 • 334~335
로널드 숀 • 93
로리 레신 • 240
로버타 스코어 • 213~217, 225
로버트 노박 • 286~287, 292~293
로버트 보일 • 33
로버트 클레이튼 • 222~223
로버트 트럼플러 • 154, 160, 162
로버트 포크 • 238
로버트 필 • 51
로버트 훅 • 45
로스코스모스(러시아연방우주청) • 230
로웰 천문대 • 85~86, 133, 136~137,
　　140~146, 159, 160~161, 344
로웰천문대소식 • 145
록히드마틴 • 221
루돌프 하넬 • 265
루이 솔롱 • 125~126
루이 아가시 • 35
루이 파스퇴르 • 232
루이스 스위프트 • 119
루이스 캐플란 • 89, 93, 253~255
리오데자네이루 천문대 • 71

리처드 갠토니 • 29, 71

리처드 제어 • 227~228, 230, 236

리처드 케첨 • 25

리처드 프록터 • 74~76, 100, 121

릭 천문대 • 83, 86~87, 143~144, 154

ㅁ

마노라 천문대 • 134

마딤 • 9

마르스 • 8

마르코 지우라나 • 281

마리아 주버 • 106

마션 • 197, 342

마스 2020 • 229

마스 글로벌 서베이어 • 106, 118, 230,
  266, 269, 302~305, 307, 310

마스 오디세이 • 116~117, 230

마스 옵저버 • 193, 230

마스 익스프레스 • 106~107, 230, 267,
  281~284, 286, 288, 291, 295, 297~298

마스 크라이미트 오비터 • 230

마스 폴라 랜더 • 229

마스 피닉스 랜더 • 229

마스원 • 19

마이크 머마 • 107~111, 267, 269~273,
  286, 288, 291, 295, 297~298

마이클 콜린스 • 258

마젤란 궤도선 • 44

마크 페플로 • 290

마틴 슈바르츠실트 • 91

막스플랑크화학연구소 • 332

망갈라 • 8

매니시 파텔 • 325

매리너 • 141~142, 190, 193, 196~197,
  256~258, 263~267, 269~271, 275,
  279, 300

맥도널드 천문대 • 168~169, 174, 176

메이븐 • 114~117, 230

메탄 클라스레이트 • 230

멜빈 캘빈 • 187~188

모세스 마이모니데스 • 31

뢰동 천문대 • 82, 148, 151, 153

무한 우주와 모든 세계에 관하여 • 31

믿거나 말거나 • 30

ㅂ

바너드별 • 143

바스 란스도르프 • 19

바실리 디미트로프 • 331

바이오스페릭스 • 203, 209

바이킹 • 94, 193, 195

바트 나기 • 233

반사계수 • 150

반스 오야마 • 203~204, 206

방랑하는 별 • 9

번스 지층 노출부 • 335

베르나르 르 보비에 드 퐁트넬 • 58~59

베를린 천문 연감 • 36, 218

베스타 • 64, 218, 220~222

베스토 멜빈 슬라이퍼 • 85~88, 137, 160~161, 165

벤저민 피어스 • 131

벨기에천문학회소식 • 145

보스턴코먼웰스 • 133

보스턴헤럴드 • 135

보이저 • 45, 193

본초 보네브 • 286~287, 292~293

볼로미터 • 90

부르스 야코스키 • 115

불의 별 • 8

브라이언 오리어리 • 189

블라디미르 크라스노폴스키 • 267, 269~283, 286~291, 295, 298~301, 305~309, 339

블럭 1 • 14~15

비토리오 에마누엘레 2세 • 120

비토리오 포르미사노 • 281~284, 288, 297, 325

빌 신턴 • 178~192, 227, 255, 263, 344

빌 클린턴 • 228~229

빌헬름 볼프 베어 • 67~70, 72~75

ㅅ

사문석화 • 248, 329~330, 340

사이드리얼메신저 • 127

사이먼 뉴컴 • 147

사이먼 클레메트 • 230

사이언스 • 110, 184, 186, 190, 209, 227, 231, 234, 256, 282, 293~294, 316, 321

사이언스뉴스 • 29

사이언스뉴스레터 • 162~163

사이언티픽아메리칸 • 29

사이언티픽아메리칸서플먼트 • 102

새뮤얼 부스로이드 • 136

새턴 V • 14

샌드블라스팅 효과 • 15

생명이 사는 화성 • 140

생명체가 사는 세상의 다원주의 • 71

생방송 머큐리 극장 • 23, 26~27

세레스 • 64, 218

세페이드 • 163~164

센츄리앤드코스모폴리탄 • 146

셔고타이트 • 225

셰이크 무함마드 빈 라시드 알 막툼 • 19

소저너 • 229, 312~313

수실 아트레야 • 281

스카이 • 164

스카이앤드텔레스코프 • 164

스크래피의 화성 여행 • 30

스트라토스코프 II • 90~93

스트로마톨라이트 • 11~12

스티븐 루이스 • 325

스페이스엑스 • 16~17, 19

스푸트니크 • 154

스피릿 • 229, 313, 335, 343

시무드 • 9

시아노박테리아 • 11, 170

쌍둥이 행성 • 53

쌍성계 • 34, 60

ㅇ

아놀드 갤로팽 • 28

아레스 • 8

아르곤 동위원소 • 116

아르노 빌더르스 • 19

아마 천문대 • 191

아서 에딩턴 경 • 162

아우구스트 스트린드베리 • 232

아일랜드천문학저널 • 191

아주 검은 알약 • 54

아카쿠 • 8

아키바 바르-눈 • 331

안젤로 세키 • 70~72, 75~76, 130

알마아타 천문대 • 157

앙가라카 • 8

앙리 페로탕 • 125~126

애니 캐넌 • 127

앤드류 더글러스 • 136~137

앨러게니 천문대 • 83, 133

앨런 너트먼 • 11

앨런 셰퍼드 • 18

앨번 클락 • 132

얀 마텔 • 239, 241~242

어빙 벵겔스도프 • 254

에드워드 스콧 • 240

에드워드 에머든 바너드 • 143~144, 146

에드워드 찰스 피커링 • 126~127, 132

에드윈 허블 • 60, 85, 164

에디스 콜리스 • 88

에디슨의 화성 정복 • 28

에뤼투라의 바다 • 139

에른스트 율리우스 외픽 • 190

에릭스의 벽 안에서 • 43

에마뉴엘 클르슈 • 273

에마뉴엘 리에 • 71, 74

에버레트 깁슨 2세 • 227~228, 230

에임스연구센터 • 198, 203, 210, 322, 327

에피쿠로스 • 30

엔셀라두스 • 49, 52, 345

여키스 천문대 • 143~144, 153~154, 168

영국천문학회저널 • 134

예언자의 사랑 • 27

오손 웰스 • 23, 26~27, 30

오트-프로방스 천문대 • 253

오퍼튜니티 • 229, 313, 334~335, 343

온 여름을 이 하루에 • 43

왜소행성 • 37

요제프 폰 프라운호퍼 • 67, 78

요하네스 케플러 • 33, 45, 289

요한 고트프리드 갈레 • 49

요한 엘레르트 보데 • 36

요한 하인리히 폰 매들러 • 67~70, 72~73, 75~76

우리은하 • 34, 60, 85, 161~162, 164

우주생물학 • 291

우주의 지적인 생명체 • 193

우주전쟁 • 23, 25~27

월간애틀랜틱 • 92, 139, 264

월스트리트저널 • 92, 139, 264

월터 설리번 • 258

위르뱅 르베리에 • 49

윌리엄 그레이브스 호이트 • 86

윌리엄 램지 경 • 82

윌리엄 루터 도스 • 73~76, 122

윌리엄 매과이어 • 266, 268, 271, 275

윌리엄 앨런 밀러 • 78

윌리엄 월리스 캠벨 • 82~84, 86, 88, 143,
    146, 276~277

윌리엄 코블렌츠 • 158~160

윌리엄 퍼트넘 • 136~137

윌리엄 해슬타인 • 188

윌리엄 허긴스 • 78~86, 88~89, 94, 96~99,
    101~102, 105, 253

윌리엄 허셜 • 34, 49, 60~62, 64, 72

윌리엄 헨리 피커링 • 126, 128, 133

윌리엄 휴얼 • 51~52

윌버 코그쉘 • 136~137

유기 알데히드 • 186

유로파 • 45~47, 49, 52, 345

유진 안토니아디 • 148~153, 155, 195

유토피아 평원 • 113, 195, 208

이오 44, 47, 190

이카루스 • 276, 281, 289, 308

이타이 할레비 • 240

인사이트 • 230

일론 머스크 • 16~18

ㅈ

자닌 콘 • 253

자비에르 칠리어 • 230

자코모 필리포 마랄디 • 59, 61

장 피에르 마야르 • 275, 277, 286

전구체 • 217

전쟁의 신 • 8

절대 호염균 • 89

제닝스 산 천문대 • 24

제러드 카이퍼 • 168~178, 180, 183, 185,
    196, 255, 344

제럴드 레비 • 141

제레미 라슈 • 107, 109

제로니모 빌라누에바 • 107~111, 267,
    293, 307~310

제올라이트 • 325

제임스 릭 • 83

제임스 셔크 • 188~189

제임스 진스 • 43~44

제임스 킬러 • 83

제임스 폴락 • 193~194

제임스 홈스 • 325

제프리 베조스 • 18

조르다노 브루노 • 31~32

조르주 뒤 모리에 • 27~28

조르주 루이 르클레르 드 뷔퐁 • 34

조반니 도메니코 카시니 • 33, 45, 57~59

조반니 바티스타 리치올리 • 54~55

조반니 스키아파렐리 • 23, 119~134, 144,
    147, 149, 151~153, 255, 337

조지 엘러리 헤일 • 143~144, 153

조지 피멘텔 • 188

존 글렌 • 18

존 맥코이 • 27

존 슈트 • 213

존 쿠치 애덤스 • 49

존 포인팅 • 141, 158

주노 • 45, 64

주자성 • 241

주전원 • 33

주지주의 • 50

지구 분별선 • 223

지구물리학연구저널 • 270

지구와 행성의 대기 • 174, 177

ㅊ

차시그나이트 • 225~226

찰스 영 • 135

천구의 회전에 관하여 • 41

천문식물학 • 158

천문학 지도 • 74

천문학과천체물리학 • 128

천문학소식 • 134, 145

천체물리학저널 • 84~85, 92, 175, 178, 181

초거대망원경 • 308

초상자성 • 236

충만의 원리 • 32~33

침묵의 행성 밖으로 • 28

ㅋ

카미유 플라마리옹 • 69, 71~73, 100~103, 130~132, 148~149

카이퍼 벨트 • 169

카이퍼 항공 천문대 • 169

칼 세이건 • 43, 89, 130, 197, 322, 339, 345

칼 오토 램플런드 • 137, 144~146, 159

칼 톰슨 • 213

칼리스토 • 45

캐시 토머스-케플타 • 227~228, 230

케네디우주센터 • 14, 18, 257

케네스 헤어 • 259

켁-2 망원경 • 288, 308

코로나 질량 분출 • 37

코스모스 • 130, 193

코페르니쿠스 • 41

콘힐 • 96~97, 99

큐리오시티 • 197, 229, 267, 313~315, 317~328, 333, 335, 339, 341

크레이프 고리 • 73

크리세 평원 • 195, 208

크리스토퍼 웹스터 • 316~322, 333

크리스티안 하위헌스 • 33, 48, 56~57

클라도포라 • 188

클라우스 비이만 • 206, 208

클라이드 톰보 • 85, 344

클러스터 분석 • 303, 306

클로드 매튤링 • 230

키트 피크 천문대 • 266, 269, 275

킴 스탠리 로빈슨 • 17, 342

ㅌ

타이탄 • 48~49, 168, 239, 247, 249, 345

타임 • 171~172, 174, 178

탈출 속도 • 39, 219

탐사 임무 • 15

태양풍 • 39, 114~115

태평양천문학회 • 161, 176

테라포밍 • 17, 75, 113

테레스 앙크레나즈 • 281

텍사스인스트루먼트 • 90

토머스 제퍼슨 잭슨 시 • 136

토머스 페인 • 51~52

토비아스 오언 • 275, 277, 280, 286

토성과 토성계 • 74

튀레니의 바다 • 165~166

ㅍ

팔라스 • 64

팜파스 그래스 • 159~160

패스파인더 • 312, 343

팰컨 9 • 16~17

팰컨 헤비 • 16~17

팽창 우주 • 85

퍼시벌 로웰 • 23, 28, 85, 131~156, 158~162, 171, 177~178, 196, 198, 255, 337, 344

퍼트리샤 스트라트 • 209

페르디낭 드 레셉스 • 129

포어옵틱스 체임버 • 314, 318~319, 327

포이베 • 126

폴 마하피 • 316~317, 322

프라운호퍼선 • 67, 181

프란체스코 그리말디 • 54

프란체스코 폰타나 • 45, 54, 75, 131

프랑수아 아라고 • 74

프리드리히 빌헬름 베셀 • 35

프톨레마이오스 • 33

플래시 고든의 화성 여행 • 29

피닉스 착륙선 • 117, 212

피에르 콘 • 253

피터 밀먼 • 160, 163~167

ㅎ

하버드대학천문대소식 • 145

하워드 필립스 러브크래프트 • 43

하이론 스핀라드 • 89

해들리 캔트릴 • 26

해럴드 매저스키 • 265

해럴드 클라인 • 198~200, 204, 206, 208

해리엇 키스 • 88

행성대기연구소 • 266

행성물리연구소 • 281

행성의 궤도 • 74

행운의 토끼 오스왈트: 화성 • 30

허버트 웰스 • 23, 27

헤르츠스프룽–러셀 도표 • 127, 163

헤리오트 셀 • 162~163

헨리 러셀 • 162~163

헨리에타 리비트 • 127

호러스 터틀 • 119

호야톨라 발리 • 230

화성 정찰위성 • 106, 113, 117, 230

화성: 웨웰라이트의 에세이 • 99

화성: 환상의 여행기 • 30

화성과 운하 • 137

화성에 간 뽀빠이 로켓 • 30

화성에서 온 메시지 • 29

화성으로 가는 여행 • 28~29

화성으로부터의 침략 • 26

화성의 공주 • 28

화성의 달 아래서 • 28

화성의 물리적인 관측 • 126

화성의 존 카터 • 28

화성의 지형도 • 76

화성의 호랑이 인간과의 행성 간 전투 • 29

화성인 리코르소 • 342

화성학 • 177

화체설 • 32

흑체 복사 • 179

흡수대 • 84

흡수선 • 78~84, 181~182, 184, 187~188, 190~191, 254, 259, 270, 274, 276~279, 283, 300, 302,. 314, 326

숫자/알파벳

324,000개 항성 지도 • 74

A. 브래드 슈왈츠 • 26

ALH 84001 • 214, 216~218, 220~229, 231, 234~244, 336, 340~341, 344

B. W. 레인 • 150

BFR(빅팰컨로켓) • 17

C. 로버츠 • 150

C. C. 키스 • 88

C. H. 콜리스 • 88

C. S. 루이스 • 28

COSPAR(국제우주공간위원회) • 343

CSHELL • 296, 298, 308

D/H 비율 • 109~113, 118

ESA(유럽우주국) • 48, 106, 230, 273, 281, 292, 302

FTS(푸리에 변환 분광기) • 275

G. A. 마르조 • 302

G. 신도니 • 297, 325

GCMS(가스 크로마토그래프 질량 분석계) • 206~208, 210, 212

IAC(국제 우주비행사 대회) • 16

IAU(국제천문연맹) • 37, 94, 166, 195

IRIS(적외선 간섭계) • 265~266, 271

IRTF(적외선 망원경 시설) • 288, 296, 298, 301, 305

ISO(적외선 우주 천문대) • 273~275, 279, 287

JPL(제트추진연구소) • 93, 107, 253, 258

LA타임스 254, 264

M. 트레피 • 126

NASA(미국항공우주국) • 13~16, 19,
  44~45, 48, 93 94, 105~107, 114,
  116~117, 141, 169, 190, 193~198,
  203, 206, 208, 212~216, 221,
  227~230, 242~243, 255~258, 264,
  286~295, 307, 312~316, 321~322,
  327, 333, 341, 343

OH기 • 250, 331

PAH • 227, 236, 328~239

S. 폰티 • 302, 304~306

SAM(화성 샘플 분석기) • 314, 316~322,
  327~329

SLS(우주 발사 시스템) • 14~15

SMOW(표준 해수) • 223

T. 벨스키 • 187~188

TES(열방출 분광기) • 302~307, 310

TGO(엑소마스 가스 추적 궤도선) • 230

TLS(파장 가변 레이저 분광기) • 314, 318,
  320, 328

마스

화성의 생명체를 찾아서

초판 1쇄 인쇄 2018년 10월 26일
초판 1쇄 발행 2018년 11월 2일

지은이 데이비드 와인트롭
옮긴이 홍경탁
펴낸이 정용수

사업총괄 장충상 본부장 홍서진
편집주간 조민호 편집장 유승현
책임편집 조민호 편집 김은혜 이미순 조문채 진다영
디자인 김지혜
영업·마케팅 윤석오 이기환 정경민 우지영
제작 김동명
관리 윤지연

펴낸곳 ㈜예문아카이브
출판등록 2016년 8월 8일 제2016-000240호
주소 서울시 마포구 동교로18길 10 2층(서교동 465-4)
문의전화 02-2038-3372 주문전화 031-955-0550 팩스 031-955-0660
이메일 archive.rights@gmail.com 홈페이지 yeamoonsa.com
블로그 blog.naver.com/yeamoonsa3 페이스북 facebook.com/yeamoonsa

한국어판 출판권 ⓒ ㈜예문아카이브, 2018
ISBN 979-11-6386-000-6 03440

㈜예문아카이브는 도서출판 예문사의 단행본 전문 출판 자회사입니다. 널리 이롭고 가치 있는 지식을 기록하겠습니다.
이 책의 한국어판 출판권은 EYA(Eric Yang Agency)를 통해 Princeton University Press와 독점 계약한
㈜예문아카이브에 있습니다. 저작권법에 따라 보호를 받는 저작물이므로 무단 전재와 복제를 금합니다.
이 책 내용의 전부 또는 일부를 이용하려면 반드시 저작권자와 ㈜예문아카이브의 서면 동의를 받아야 합니다.
이 책의 국립중앙도서관 출판예정도서목록(CIP)는 서지정보유통지원시스템 홈페이지(seoji.nl.go.kr)와 국가자료공
동목록시스템(nl.go.kr/kolisnet)에서 이용하실 수 있습니다(CIP제어번호 CIP2018032329).

*책값은 뒤표지에 있습니다. 잘못 만들어진 책은 구입하신 곳에서 바꿔드립니다.